Spannungen in Gletschern

Peter Halfar

Spannungen in Gletschern

Verfahren zur Berechnung

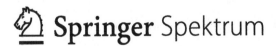 Springer Spektrum

Peter Halfar
Hamburg, Deutschland

ISBN 978-3-662-48021-2   ISBN 978-3-662-48022-9 (eBook)
DOI 10.1007/978-3-662-48022-9

Die Deutsche Nationalbibliothek verzeichnet diese Publikation in der Deutschen Nationalbibliografie; detaillierte bibliografische Daten sind im Internet über http://dnb.d-nb.de abrufbar.

Springer Spektrum
© Springer-Verlag Berlin Heidelberg 2016

Planung: Merlet Behncke-Braunbeck

Gedruckt auf säurefreiem und chlorfrei gebleichtem Papier.

Springer Berlin Heidelberg ist Teil der Fachverlagsgruppe Springer Science+Business Media
(www.springer.com)

Für Dorothea, Harry, Ronnie und Annelie

Vorwort

Man sollte meinen, dass zu einem klassischen Thema wie „Spannungen in Gletschern" eigentlich schon alles gesagt ist. Aber beim Studium dieses Themas entstand bei mir allmählich ein anderer Eindruck, weil mir immer wieder die Einfachheit der Balancebedingungen ins Auge sprang, denen die Kräfte und Drehmomente in Gletschern genügen müssen. Diese Einfachheit der Balancebedingungen – sie bestehen aus der Symmetriebedingung für den Spannungstensor und aus einer Differentialgleichung, in welcher die Divergenz des Spannungstensors vorkommt – führte mich zu der Vermutung, dass es dazu auch eine einfache allgemeine Lösung geben müsste. Tatsächlich fand ich diese allgemeine Lösung, wie erwartet, in einem Handbuch über Festkörpermechanik. Das hier Bemerkenswerte an dieser allgemeinen Lösung war, dass sie noch nie auf die Gletscherdynamik angewandt wurde. Diese Lücke soll im Folgenden geschlossen werden.

Nach der Konstruktion dieser allgemeinen Lösung der Balancebedingungen gehe ich noch einen Schritt weiter und berechne die allgemeine Lösung, welche nicht nur diese Balancebedingungen berücksichtigt, sondern auch die Randbedingungen an freien Gletscheroberflächen und an den Kontaktflächen zu stehenden Gewässern.

Aber weiter als bis zur allgemeinen Lösung dieser Balance- und Randbedingungen kann man bei allgemeinen Spannungsberechnungen nicht gehen, wenn die berücksichtigten Bedingungen zuverlässig und der Rechenaufwand vertretbar bleiben sollen. Wollte man die nur unzureichend bekannten Randbedingungen an der Gletschersohle oder an den Grenzflächen zum benachbarten, nicht betrachteten Teil des Gletschers berücksichtigen, ginge die Zuverlässigkeit verloren. Wollte man die Fließbedingungen – Inkompressibilität des Eises und Fließgesetz – berücksichtigen, hätte das hohen Rechenaufwand zur Folge.

Daher hat man mit dieser allgemeinen Lösung der Balance- und Randbedingungen genau den Teil der Spannungsberechnungen bewältigt, welcher auf zuverlässigen Bedingungen beruht und mit vertretbarem Rechenaufwand durchgeführt werden kann. Diese allgemeine Lösung bildet wegen ihrer Zuverlässigkeit eine solide Ausgangsbasis für alle weitergehenden Berechnungen.

Ich habe versucht, den Begriff des Spannungstensors so ausführlich zu erklären und alle Berechnungsverfahren so detailliert darzustellen, dass ein möglichst in sich geschlossenes Hand- und Lehrbuch zur Berechnung von Spannungen vorliegt, welches ohne Spezialkenntnisse und ohne weitere Literaturstudien verwendet werden kann. Voraussetzung für die Lektüre sind Grundkenntnisse in Analysis, Distributionstheorie, linearer Algebra und klassischer Mechanik. Damit der Leser schnell das finden und verwenden kann, was ihn interessiert, habe ich in Kap. 9 einen Überblick über die allgemeine Lösung sowie ihre Anwendungsmöglichkeiten gegeben und habe außerdem zahlreiche Querverweise durch Fußnoten aufgenommen, um eine selektive Lektüre zu ermöglichen. Auf diese Weise und mit Hilfe des Inhaltsverzeichnisses kann sich der Leser das Buch erschließen. Deshalb habe ich auf einen Index verzichtet.

Ein ziemliches Problem bereiteten die vielen Formeln. Diese Formeln, die doch zum Verständnis der vorgestellten Rechenverfahren beitragen sollen, könnten die geradezu gegenteilige Wirkung entfalten, wenn sie den Text zu sehr durchsetzten und damit zu sehr störten. Ich habe versucht, dieses Problem durch Verlagerung von Berechnungen in den Anhang zu lösen, was jedoch noch nicht genügte. Die Lösung dieses Problems fand ich erst, nachdem ich mir klar gemacht hatte, dass hier zwei Sprachen gesprochen werden, nämlich die Sprache des Textes und die Sprache der Formeln und dass jede Sprache ihre eigene Botschaft hat und dass sich diese Botschaften gegenseitig um so mehr stören, je mehr man die beiden Sprachen vermischt. Daher habe ich in jedem Abschnitt den Text und die Formeln getrennt und habe es vermieden, im Text direkt über die Formeln zu sprechen. So stehen in jedem Abschnitt der Text und die Formeln eigenständig nebeneinander und sind nur locker miteinander verbunden. Diese lockere Verbindung wird durch die in den Text eingestreuten geklammerten Formelnummern hergestellt. Diese Formelnummern sind hochgestellt zum Zeichen dafür, dass sie kein Bestandteil des Textes sind. Auf diese Weise bleibt der Text ungestört von den Formeln und behält seine eigenständige Bedeutung.

Um auch die nur aus Formeln bestehenden Teile in sich möglichst verständlich zu gestalten, sind diese Teile gegliedert. Aus diesem Grund sind auch Gleichheitszeichen gelegentlich – um sie genauer zu spezifizieren – mit einem Hinweis versehen, falls es sich bei einer Gleichheit nicht um eine Bedingung handelt, sondern um eine Gleichheit gemäß Voraussetzung, um eine Gleichheit durch Definition oder um eine mathematische Identität oder falls eine andere Formel zu beachten ist. Eine wichtige Rolle spielen die in Kap. 3 eingeführten speziellen Integrationsvorschriften und deren Symbolisierung durch Integraloperatoren. Damit können nicht nur viele Formeln übersichtlich geschrieben werden, sondern damit lassen sich auch viele Berechnungen besonders leicht durchführen, da diese Integraloperatoren besonders einfachen Rechenregeln genügen. Dabei treten nicht nur gewöhnliche Funktionen, sondern auch Distributionen auf.

Eine Erläuterung und ein Verzeichnis der Symbole befinden sich am Ende des Buches. Hier seien nur die schräg durchgestrichenen Symbole erwähnt, da sie nicht allgemein üblich sind. $\not{u}$ bezeichnet den antisymmetrischen Tensor, welcher einem Vektor $\mathbf{u}$ zugeordnet ist und $\not{H}$ bezeichnet den Vektor, welcher dem antisymmetrischen Teil eines Tensors $\mathbf{H}$ zugeordnet ist.

Glückliche Zufälle, für die ich vielen Personen Dank schulde, haben es mir ermöglicht, dieses Buch zu schreiben. Ganz besonders danke ich meiner Frau Dorothea. Sie war meine erste Lektorin und im Dialog mit ihr habe ich das Buch gestaltet.

Hamburg, im Sommer 2015   Peter Halfar

Inhaltsverzeichnis

Teil I Einführung und Grundlagen

1 Einleitung 3
   1.1 Die Berechnung von Spannungen 3
   1.2 Die physikalischen Mechanismen 3
   1.3 Die gewichtslosen Spannungstensorfelder 4
   1.4 Konzept und Ziel der Untersuchung 5
      1.4.1 Allgemeines 5
      1.4.2 Besonderes 5

2 Balance- und Randbedingungen 7

3 Integraloperatoren 13
   3.1 Beispiel, allgemeine Eigenschaften und minimale Modelle 13
   3.2 Integraloperatoren 16
   3.3 Abhängigkeitskegel und Produkte von Integraloperatoren 20
   3.4 Lösungen von Randwertproblemen partieller Differentialgleichungen .. 21
      3.4.1 Randflächen mit Randbedingungen, Definitionsbereiche und minimale Modelle 22
      3.4.2 Randwertprobleme in minimalen Modellen 23
      3.4.3 Lösungen von Randwertproblemen durch Integral- und Differentialoperatoren 24
   3.5 Integrationen von Distributionen mit Integraloperatoren 25
      3.5.1 Definitionsbereich 26
      3.5.2 Integrationen 27

4 Kräfte und Drehmomente auf Flächen 31
   4.1 Der Satz von Gauß 31
   4.2 Projektionsschatten 33
   4.3 Orientierte Volumenintegrale 34
   4.4 Projektionsmassen und -momente 34

5   Spezielle Lösungen der Balancebedingungen 37
  5.1   Verschwindende xx-, xy- und yy-Komponenten 38
  5.2   Verschwindende nicht-diagonale Komponenten 39

6   Gewichtslose Spannungstensorfelder 41
  6.1   Konstruktion 41
  6.2   Redundanzen und Normierungen 44
        6.2.1   Redundanzfunktionen 44
        6.2.2   Normierungen 45

Teil II   Die allgemeine Lösung der Balance- und Randbedingungen

7   Gewichtslose Spannungstensorfelder mit Randbedingungen 49
  7.1   Begriffe 49
  7.2   Struktur 53
  7.3   Konstruktion 56
  7.4   Redundanzen und Normierungen 59

8   Die allgemeine Lösung der Balance- und Randbedingungen 61
  8.1   Darstellungen mit Spannungsfunktionen 61
  8.2   Darstellungen mit drei unabhängigen Spannungskomponenten 64
        8.2.1   Problemstellung und Lösungsverfahren 64
        8.2.2   Berechnung der Lösungen 65
        8.2.3   Oberflächengestalt und Definitionsbereich 68
        8.2.4   Abhängigkeitskegel der Lösungen 69

9   Modelle und Modellauswahl 71
  9.1   Charakterisierung der Modelle 71
        9.1.1   Modelle mit Spannungsfunktionen 71
        9.1.2   Modelle mit drei ausgewählten, unabhängigen Spannungs-
                komponenten 73
  9.2   Modellauswahl 75
        9.2.1   Schwimmende Gletscher 75
        9.2.2   Landgletscher mit mehrfach zusammenhängender
                freier Oberfläche 76
        9.2.3   Landgletscher mit einfach zusammenhängender freier Oberfläche 77

Teil III   Anwendungen und Beispiele

10   Landgletscher 81

10.1 Gletscher mit einfach zusammenhängender freier Oberfläche: Modelle
mit drei unabhängigen Spannungskomponenten 81

10.1.1 Unabhängige Komponenten S_{xx}, S_{yy}, S_{xy} 81

10.1.2 Unabhängige nicht-diagonale Komponenten 88

10.1.3 Unabhängige deviatorische Komponenten S'_{xx}, S'_{yy}, S_{xy} 92

10.2 Gletscher mit Oberflächenlast und mit zweifach zusammenhängender
freier Oberfläche: Ein Modell mit normierten Spannungsfunktionen ... 96

10.3 Stagnierende Gletscher: Quasistarre Modelle 101

10.3.1 Starre Gletscher 101

10.3.2 Quasistarre Gletschermodelle 102

10.3.3 Das quasistarre Modell mit horizontal wirkendem Schweredruck 104

11   Schwimmende Gletscher 111

11.1 Gletscher im lokalen Schwimmgleichgewicht 112

11.2 Randspannungen auf geschlossenen Berandungen und die globalen
Balancebedingungen für Eisberge 113

11.3 Horizontal isotrop-homogene Tafeleisbergmodelle 115

11.3.1 Horizontal isotrop-homogene Spannungstensorfelder 115

11.3.2 Einfluss des seitlichen Wasserdruckes 116

11.3.3 Fließgeschwindigkeiten und Verzerrungsraten 119

11.3.4 Die eindeutige Lösung, auch bei verallgemeinertem Fließgesetz
und bei verallgemeinerten seitlichen Randbedingungen 121

11.3.5 Das Fließgesetz 126

11.3.6 Berechnung der Lösung 128

Teil IV   Anhang

12   Vektoren und Tensoren 135

13   Tensoranalysis 139

14   Redundanzfunktionen und Normierungen 141

14.1 Redundanzfunktionen 141

14.2 Normierungen 142

14.2.1 xx-yy-zz-Normierung 142

14.2.2 Die Normierungen xx-yy-xy, xx-yy-xz, xx-xy-yz, xy-yz-xz 143

14.3 Normierungen mit Randbedingungen 144

15   Analysis auf gekrümmten Flächen 147
   15.1 Krummlinige Koordinaten 147
   15.2 Differentialoperatoren und Ableitungen 150
   15.3 Die Randfelder 152
   15.4 Die Randfelder als Funktionen krummliniger Flächenkoordinaten 156

16   Berechnung spezieller gewichtsloser Spannungstensorfelder 159
   16.1 Berechnung von $\mathbf{T}_*$ 159
   16.2 Berechnung von $\mathbf{T}_{**}$ 161

17   Die allgemeine Lösung, ausgedrückt durch drei unabhängige Spannungs-
   komponenten 165
   17.1 a) Unabhängige xx-, yy-, zz-Komponenten 167
   17.2 b) Unabhängige xx-, yy-, xy-Komponenten 169
   17.3 c) Unabhängige xx-, yy-, xz-Komponenten 171
   17.4 d) Unabhängige xx-, xy-, yz-Komponenten 173
   17.5 e) Unabhängige xy-, yz-, xz-Komponenten 175
   17.6 f) Unabhängige deviatorische xx-, yy-, xy-Komponenten 177
   17.7 g) Unabhängige deviatorische xx-, yy-, xz-Komponenten 179
   17.8 h) Unabhängige deviatorische xx-, xy-, yz-Komponenten 182

18   Umformungen 185
   18.1 Räumlicher Definitionsbereich 185
   18.2 Heaviside- und Deltafunktion 187
   18.3 Ableitungen 188
   18.4 Integrale 189
   18.5 Umformungen in den Modelltypen „a"–„e" 191
   18.6 Umformungen in den Modelltypen „f"–„g" 193
   18.7 Umformungen im Modelltyp „h" 195

19   Die hyperbolische Differentialgleichung in drei Variablen 197

20   Tafeleisberge 201
   20.1 Die Funktionen K_1, K_2, χ, I_1 und I_2 201
   20.2 Existenz und Eindeutigkeit der Lösung 208
   20.3 Beispiele 209
   20.4 Die Konstanten C_1 und C_2 212
      20.4.1 Räumlich nicht konstante Dichten von Eis und Wasser 212
      20.4.2 Räumlich konstante Dichten von Eis und Wasser 213

Erklärung und Verzeichnis der Symbole 215

Literatur 223

Teil I
Einführung und Grundlagen

1.1 Die Berechnung von Spannungen

Schon lange gibt es ein bekanntes mathematisches Verfahren, das sich zur Berechnung von Spannungen in Gletschern eignet. Es ist aber in der Glaziologie noch nie angewandt worden. Mit diesem Verfahren lassen sich die so genannten gewichtslosen Spannungstensorfelder darstellen.

Diese gewichtslosen Spannungstensorfelder sollen im Folgenden zur Berechnung von Spannungen herangezogen werden. Um das Konzept und das Ziel dieser Untersuchung zu beschreiben, werden zunächst einmal die relevanten physikalischen Mechanismen dargelegt und die gewichtslosen Spannungstensorfelder charakterisiert.

1.2 Die physikalischen Mechanismen

Die folgenden physikalischen Mechanismen sind für die Spannungen in Gletschern maßgeblich [4, S. 258–261]:

Die Balancebedingungen

Die Balancebedingungen für die Kräfte und Drehmomente gelten, weil jeder Teil eines Gletschers beschleunigungsfrei ist. Das stimmt zwar nicht ganz genau, aber doch fast immer in sehr guter Näherung, da Beschleunigungen in Gletschern gegenüber der Erdbeschleunigung fast immer vernachlässigbar sind. Deshalb spürt man in der Regel keine Beschleunigungskräfte, wenn man auf einem Gletscher steht und von seiner Bewegung mitgenommen wird. Das eigene Körpergewicht ist nämlich viel größer als die auf den eigenen Körper wirkende Beschleunigungskraft, weil die Erdbeschleunigung viel größer ist als die Beschleunigung bei der Fließbewegung. Dagegen können bei fühlbar ruckartigen Gletscherbewegungen die Beschleunigungen nicht vernachlässigt werden.

© Springer-Verlag Berlin Heidelberg 2016
P. Halfar, *Spannungen in Gletschern*, DOI 10.1007/978-3-662-48022-9_1

Man kann also unter dynamischen Gesichtspunkten einen Gletscher als beschleunigungsfreies Kontinuum betrachten, welches sich demzufolge in vollkommener statischer Balance befindet. Das bedeutet, dass für jeden beliebigen Teilbereich eines Gletschers sowohl die äußeren Kräfte als auch die äußeren Drehmomente insgesamt verschwinden.

Die Randbedingungen

Unter „Randbedingungen" werden hier die zuverlässig bekannten Randbedingungen verstanden, im Gegensatz zu den im Folgenden genannten unbekannten Randbedingungen. Diese Randbedingungen bestehen aus den Bedingungen verschwindender Randspannungen an freien Gletscheroberflächen und aus den hydrostatischen Randbedingungen auf Randflächen in stehenden Gewässern. Der Luftdruck wird vernachlässigt.

Die unbekannten Randbedingungen

Unbekannte oder zumindest nicht zuverlässig bekannte Randbedingungen treten am Untergrund und an den (fiktiven) Grenzflächen zum nicht betrachteten Gletscherbereich auf.

Die Fließbedingungen: Inkompressibilität und Fließgesetz

Inkompressibilität bedeutet, dass jeder beliebige materielle Teil eines Gletschers während der Fließbewegung sein Volumen beibehält. Mathematisch wird das durch die Divergenzfreiheit des Geschwindigkeitsfeldes der Fließbewegung ausgedrückt.

Das Fließgesetz beschreibt eine Relation zwischen den Verzerrungsraten der Fließbewegung und den Spannungen.

1.3   Die gewichtslosen Spannungstensorfelder

Die gewichtslosen Spannungstensorfelder bilden die allgemeine Lösung der homogenisierten Balancebedingungen, bei denen das spezifische Eisgewicht als formaler Parameter betrachtet und auf Null gesetzt wird. Folglich kann man diese gewichtslosen Spannungstensorfelder als Spannungstensorfelder in fiktiven gewichtslosen Gletschern interpretieren.

Die gewichtslosen Spannungstensorfelder lassen sich mit dem eingangs erwähnten, schon lange bekannten Verfahren berechnen. Mit ihrer Hilfe kann man die allgemeine Lösung der Balancebedingungen angeben, indem man eine spezielle Lösung dieser Balancebedingungen addiert.

1.4 Konzept und Ziel der Untersuchung

1.4.1 Allgemeines

Das allgemeine Untersuchungskonzept besteht in der Entwicklung von Rechenverfahren, die auf zuverlässigen Voraussetzungen beruhen und mit vertretbarem Aufwand durchgeführt werden können. Die allgemeine Lösung der Balance- und Randbedingungen genügt diesem Konzept, weil sie sowohl auf zuverlässigen Voraussetzungen beruht als auch mit vertretbarem Aufwand konstruiert werden kann. Gemäß diesem Konzept können weitere Bedingungen aber nicht berücksichtigt werden, da die übrigen Randbedingungen unbekannt sind und die Fließbedingungen einen unvertretbar hohen Rechenaufwand zur Folge hätten.

Deshalb ist die allgemeine Lösung der Balance- und Randbedingungen das Ziel dieser Untersuchung. Die Berechnung dieser allgemeinen Lösung ist wesentlicher Inhalt des allgemeinen Teils II dieses Buches. Das Kap. 7 ist sein Herzstück, weil in diesem Kapitel die gewichtslosen Spannungstensorfelder mit Randbedingungen konstruiert werden, mit deren Hilfe man sofort die allgemeine Lösung angeben kann. Eine zusammenfassende Beschreibung der allgemeinen Lösung und ihrer Anwendungsmöglichkeiten gibt Kap. 9.

1.4.2 Besonderes

Neben dem grundlegenden Teil I und dem allgemeinen Teil II enthält das Buch noch einen speziellen Teil III. In diesem speziellen Teil werden nicht nur Eigenschaften und Anwendungsmöglichkeiten der allgemeinen Lösung diskutiert, sondern es wird auch der Frage nachgegangen, wie man aus den unendlich vielen Spannungstensorfeldern der allgemeinen Lösung jeweils ein realistisches Spannungstensorfeld auswählt. Da dieses Auswahlproblem wegen seiner Komplexität nicht allgemein gelöst werden kann, werden zwei Aspekte dieses Auswahlproblems exemplarisch behandelt.

Ein praktischer Aspekt betrifft die Aufgabe, bei der Berechnung einer passenden Lösung unnötigen Rechenaufwand zu vermeiden, also nicht durch zu hohen Aufwand eine Präzision anzustreben, die aufgrund unsicherer Voraussetzungen ohnehin nicht erreichbar ist. Wie man diese Aufgabe angehen kann wird am Beispiel der quasistarren Spannungstensorfelder in Abschn. 10.3 demonstriert. Diese quasistarren Spannungstensorfelder können mit relativ geringem Aufwand berechnet werden und sind Kandidaten für realistische Spannungstensorfelder in stagnierenden Gletschern.

Ein theoretischer Aspekt des Auswahlproblems betrifft die Frage nach der idealen Lösung, ob also durch Berücksichtigung der Balance-, Rand- und Fließbedingungen eine eindeutige Lösung definiert werden kann und wie diese aussieht. Solche idealen Lösungen werden für horizontal unendlich ausgedehnte, isotrope und homogene Tafeleisbergmodelle in Abschn. 11.3 berechnet.

Der zu betrachtende Gletscherbereich wird mit Ω, seine geschlossene Berandung mit $\partial\Omega$ bezeichnet.[1] Die Balancebedingungen besagen, dass jeder Teilbereich ω dieses Gletscherbereiches beschleunigungsfrei ist und folglich als starrer Körper angesehen werden kann, der sich in statischer Balance befindet [4, S. 258]. Somit heben sich die auf diesen Teilbereich ω wirkenden Kräfte und Drehmomente insgesamt auf.[2] Diese Kräfte und Drehmomente lassen sich durch Integrale über die differentiellen Kräfte und Drehmomente darstellen, welche auf die differentiellen Eismassen im Inneren des Teilbereiches ω und welche von außen auf die orientierten differentiellen Flächenelemente[3] seiner Berandung $\partial\omega$ wirken.

Die differentielle Kraft, welche unter der Erdbeschleunigung **g** auf eine differentielle Eismasse mit differentiellem Volumen dV und Eisdichte ρ wirkt, ist gleich ihrem differentiellen Gewicht $^{(2.1)}$. Die auf ein orientiertes Flächenelement mit der differentiellen Fläche dA wirkende differentielle Kraft $^{(2.2)}$ wird durch den Spannungsvektor **Sn** definiert, wobei

---

[1] Es wird vorausgesetzt, dass der Modellgletscherbereich Ω die einfache topologische Struktur einer Kugel hat. Ω und die Kugel können also durch eine stetige und umkehrbare Abbildung ineinander übergeführt werden, wobei die geschlossene Berandung $\partial\Omega$ und die Kugeloberfläche ineinander übergehen.

[2] In der klassischen Mechanik ist Beschleunigungsfreiheit eines Systems punktförmiger Teilchen, welche dem zweiten und dritten Bewegungsgesetz von Newton folgen, gleichbedeutend damit, dass für jedes Teilsystem die äußeren Kräfte und Drehmomente insgesamt verschwinden [1, S. 5–7]. Diese charakteristische Eigenschaft beschleunigungsfreier Systeme wird auf die für Gletscher relevante Kontinuumsmechanik übertragen, da diese nur eine phänomenologische Variante der klassischen Mechanik punktförmiger Teilchen ist, welche dem zweiten und dritten Bewegungsgesetz von Newton folgen.

[3] Die Orientierung eines Flächenelementes wird durch die Richtung seiner Normale festgelegt. Diese orientierte Normale ist der zur entsprechenden Seite zeigende und zum Flächenelement senkrechte Einheitsvektor. Ein orientiertes Flächenelement besteht aus dem Flächenelement selbst und seiner orientierten Normale. Hier weist die Normale nach außen.

© Springer-Verlag Berlin Heidelberg 2016
P. Halfar, *Spannungen in Gletschern*, DOI 10.1007/978-3-662-48022-9_2

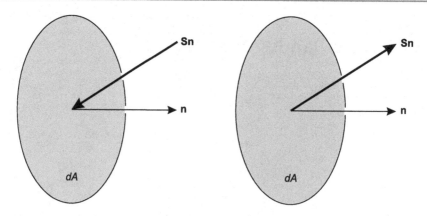

Abb. 2.1 Orientierte differentielle Flächenelemente dA mit ihren orientierten Flächennormalen **n** und mit Spannungsvektoren **Sn**

S den Spannungstensor und **n** die orientierte Flächennormale bezeichnen[4]. Es handelt sich um eine Flächenkraft zwischen den Eismassen, die von beiden Seiten an die differentielle Fläche stoßen. Diese Flächenkraft kommt jeweils von der Eismasse auf einer Seite der differentiellen Fläche und wirkt durch diese differentielle Fläche auf die Eismasse auf der anderen Seite. Bei der jeweiligen Berechnung $^{(2.2)}$ dieser beiden Flächenkräfte weist die Flächennormale **n** zu der Eismasse, von der die Kraft kommt. Diese beiden Flächenkräfte sind wegen Richtungsumkehr der Flächennormale **n** zueinander entgegengesetzt und erfüllen somit das Prinzip „Actio gleich Reactio". In Abb. 2.1 ist der Spannungsvektor **Sn** jeweils auf der Seite der Fläche eingezeichnet, von der die Kraft und damit die Spannung kommt. Stößt der Spannungsvektor auf die Fläche, ist seine Normalkomponente eine durch diese Fläche auf die andere Seite wirkende Druckspannung, andernfalls eine Zugspannung. Aus den differentiellen Kräften erhält man die differentiellen Drehmomente, indem man die Vektorprodukte mit den Ortsvektoren **r** bildet $^{(2.3),\,(2.4)}$.

Die resultierende Kraft und das resultierende Drehmoment, welche auf einen beliebigen Teilbereich ω wirken, ergeben sich durch Integration über alle differentiellen Kräfte $^{(2.1),\,(2.2)}$ und Drehmomente $^{(2.3),\,(2.4)}$ sowohl im Inneren des Teilbereiches ω als auch auf seiner geschlossenen Berandung $\partial\omega$. Diese resultierenden Größen sollen gemäß den Balancebedingungen $^{(2.8),\,(2.9)}$ verschwinden. In diesen Balancebedingungen sind die Flächenintegrale über die geschlossene Berandung $\partial\omega$ gleich der Kraft bzw. dem Drehmoment, welche auf diese Berandung wirken. Die Volumenintegrale über den Teilbereich ω sind gleich der Kraft bzw. dem Drehmoment, welche durch die Gewichtsverteilung in diesem Teilbereich verursacht werden. Diese Volumenintegrale lassen sich durch die Masse m_ω $^{(2.5)}$ bzw. das Moment $\mathbf{M}_\omega$ $^{(2.6)}$ der Massenverteilung im Teilbereich ω ausdrücken

---

[4] Zur Begründung, dass der Spannungsvektor die Form **Sn** hat, s. [5, S. 134–135].

und sind gleich dem Gewicht dieser Masse m_ω bzw. gleich dem Drehmoment der fiktiv in ihrem Schwerpunkt c_ω [2.7] konzentrierten Masse[5].

Um die Balancebedingungen von den integralen Formen [2.8], [2.9] in lokale Formen umzuwandeln, rechnet man die Integrale über die geschlossene Berandung $\partial\omega$ des Bereiches ω mit dem Satz von Gauß in Volumenintegrale [2.10], [2.11] über den Bereich ω um[6]. Damit lassen sich die integralen Balancebedingungen durch reine Volumenintegrale ausdrücken, die für beliebige Teilbereiche ω des betrachteten Gletscherbereiches Ω verschwinden müssen [2.12], [2.13]. Deshalb sind diese integralen Balancebedingungen äquivalent zu den lokalen Balancebedingungen, welche aus einer Differentialgleichung [2.14] und der Symmetriebedingung [2.15] für den Spannungstensor $\mathbf{S}$ bestehen.

Für die Randbedingungen [2.16] werden nur zuverlässig bekannte Daten berücksichtigt, nämlich die Randspannungen $\mathbf{s}$ auf der Randfläche Σ des Gletschers, welche aus seiner freien Oberfläche und seiner Grenzfläche in stehenden Gewässern besteht. Die Randspannungen an der freien Oberfläche verschwinden und die Randspannungen in stehenden Gewässern sind durch den hydrostatischen Druck $\tilde{p}$ gegeben, der entgegengesetzt zum nach außen gerichteten Normalenvektor $\mathbf{n}$ der Fläche Σ wirkt [2.17]. Der Luftdruck wird vernachlässigt[7].

Die allgemeine Lösung $\mathbf{S}$ der Balance- und Randbedingungen [2.14]–[2.16] kann durch Subtraktion irgend einer speziellen Lösung $\mathbf{S}_{bal}$[8] der Balancebedingungen [2.18], [2.19] in die allgemeine gewichtslose Lösung $\mathbf{T}$ [2.20] der einfacheren Balance- und Randbedingungen [2.21]–[2.23] für gewichtslose Spannungstensorfelder transformiert werden. Die Spannungstensorfelder $\mathbf{T}$ werden als „gewichtslos" bezeichnet, weil in der entsprechenden Balancebedingung [2.21] für $\mathbf{T}$ das spezifische Eisgewicht ρg nicht auftritt, im Gegensatz zur entsprechenden Balancebedingung [2.14] für $\mathbf{S}$[9]. Die Randspannungen $\mathbf{t}$ der gewichtslosen Spannungstensorfelder $\mathbf{T}$ auf der Randfläche Σ sind die Differenz [2.24] aus den bekannten Randspannungen $\mathbf{s}$ sowie den Randspannungen des

---

[5] Statt der Momente $\mathbf{M}_\omega$ (2.6) in den Bereichen ω könnte man auch die Vektoren c_ω (2.7) vom Koordinatenursprung zu den Massenschwerpunkten verwenden. Es ist jedoch einfacher, mit diesen Momenten zu arbeiten, da sie sich bei Gebietserweiterungen addieren, die Schwerpunktsvektoren dagegen nicht. Diese Momente $\mathbf{M}_\omega$ (2.6) und auch die Schwerpunktsvektoren c_ω (2.7) hängen von der Position des Koordinatenursprungs ab.

[6] Es bezeichnen div $\mathbf{S}$ (13.8) die zeilenweise gebildete Divergenz des Tensorfeldes $\mathbf{S}$, $\mathbf{\hat{s}}$ (12.11) das zum schiefsymmetrischen Anteil von $\mathbf{S}$ gehörende Vektorfeld. Bei der Balancebedingung für die Drehmomente schreibt man $\mathbf{r} \times \mathbf{Sn}$ als $\not{r}\mathbf{Sn}$ und formt die Divergenz von $\not{r}\mathbf{S}$ gemäß (13.21) um.

[7] Der Luftdruck bewirkt gemäß Archimedischem Prinzip eine Gewichtsverminderung des Eises durch Auftrieb, die dadurch berücksichtigt werden kann, dass die Größe ρ in den Berechnungen nicht als Eisdichte interpretiert wird, sondern als Differenz aus Eisdichte und Luftdichte. Diese Änderung liegt jedoch im Promillebereich und wird daher vernachlässigt.

[8] Für die Darlegungen in diesem Kapitel genügt die Information, dass $\mathbf{S}_{bal}$ die Balancebedingungen (2.18), (2.19) erfüllt, die Lösung selbst braucht nicht bekannt zu sein. In Kap. 5 wird eine solche Lösung konstruiert.

[9] Es handelt sich bei $\mathbf{T}$ genauer gesagt um Spannungstensorfelder in fiktiven, gewichtslosen Medien. Die gewählte Bezeichnung „gewichtslose Spannungstensorfelder" ist etwas ungenau, aber nicht so umständlich.

Tensorfeldes $\mathbf{S}_{bal}$ und sind damit ebenfalls bekannt. Durch Umwandlung der lokalen Balancebedingungen [(2.21), (2.22)] für gewichtslose Spannungstensorfelder $\mathbf{T}$ in ihre integralen Formen [(2.25), (2.26)] wird deutlich, dass gewichtslose Spannungstensorfelder $\mathbf{T}$ auf orientierten, geschlossenen Flächen keine resultierenden Kräfte und Drehmomente erzeugen, da die Bereiche, welche von diesen Flächen eingeschlossen werden, gewichtslos sind und somit keine Beiträge liefern.

$$\rho \cdot \mathbf{g} \cdot dV \tag{2.1}$$

$$\mathbf{Sn} \cdot dA \tag{2.2}$$

$$\mathbf{r} \times \rho \cdot \mathbf{g} \cdot dV \tag{2.3}$$

$$\mathbf{r} \times \mathbf{Sn} \cdot dA \tag{2.4}$$

$$***$$

$$m_\omega \stackrel{\text{def.}}{=} \int_\omega \rho \cdot dV \tag{2.5}$$

$$\mathbf{M}_\omega \stackrel{\text{def.}}{=} \int_\omega \mathbf{r}\rho \cdot dV \tag{2.6}$$

$$\mathbf{c}_\omega \stackrel{\text{def.}}{=} \frac{\mathbf{M}_\omega}{m_\omega} \tag{2.7}$$

$$***$$

$$\oint_{\partial\omega} \mathbf{Sn} \cdot dA + \underbrace{\int_\omega \rho \cdot \mathbf{g} \cdot dV}_{m_\omega \mathbf{g}} = 0; \quad \omega \stackrel{\text{vor.}}{\subseteq} \Omega \tag{2.8}$$

$$\oint_{\partial\omega} \mathbf{r} \times \mathbf{Sn} \cdot dA + \underbrace{\int_\omega \rho \cdot \mathbf{r} \times \mathbf{g} \cdot dV}_{\mathbf{M}_\omega \times \mathbf{g} = \mathbf{c}_\omega \times m_\omega \mathbf{g}} = 0; \quad \omega \stackrel{\text{vor.}}{\subseteq} \Omega \tag{2.9}$$

$$\oint_{\partial\omega} \mathbf{Sn} \cdot dA \overset{\text{id.}}{=} \int_{\omega} \operatorname{div} \mathbf{S} \cdot dV \tag{2.10}$$

$$\oint_{\partial\omega} \mathbf{r} \times \mathbf{Sn} \cdot dA \overset{\text{id.}}{=} \int_{\omega} [\mathbf{r} \times \operatorname{div} \mathbf{S} + 2 \cdot \overset{\times}{\mathbf{S}}] \cdot dV \tag{2.11}$$

$$\int_{\omega} (\operatorname{div} \mathbf{S} + \rho\mathbf{g}) \cdot dV = \mathbf{0}; \qquad \omega \overset{\text{vor.}}{\subseteq} \Omega \tag{2.12}$$

$$\int_{\omega} [\mathbf{r} \times (\operatorname{div} \mathbf{S} + \rho\mathbf{g}) + 2 \cdot \overset{\times}{\mathbf{S}}] \cdot dV = \mathbf{0}; \qquad \omega \overset{\text{vor.}}{\subseteq} \Omega \tag{2.13}$$

$$\operatorname{div} \mathbf{S} + \rho\mathbf{g} = \mathbf{0} \tag{2.14}$$

$$\mathbf{S} = \mathbf{S}^T \tag{2.15}$$

$$\mathbf{S}|_{\Sigma} \cdot \mathbf{n} = \mathbf{s} \tag{2.16}$$

$$\mathbf{s} \overset{\text{def.}}{=} \begin{cases} \mathbf{0} & \text{an freien Oberflächen} \\ -\tilde{p} \cdot \mathbf{n} & \text{in stehenden Gewässern} \end{cases} \tag{2.17}$$

$$*\,*\,*$$

$$\operatorname{div} \mathbf{S}_{\text{bal}} + \rho\mathbf{g} = \mathbf{0} \tag{2.18}$$

$$\mathbf{S}_{\text{bal}} = \mathbf{S}_{\text{bal}}^T \tag{2.19}$$

$$\mathbf{T} \overset{\text{def.}}{=} \mathbf{S} - \mathbf{S}_{\text{bal}} \tag{2.20}$$

$$\operatorname{div} \mathbf{T} = \mathbf{0} \tag{2.21}$$

$$\mathbf{T} = \mathbf{T}^T \tag{2.22}$$

$$\mathbf{T}|_{\Sigma} \cdot \mathbf{n} = \mathbf{t} \tag{2.23}$$

$$\mathbf{t} \overset{\text{def.}}{=} \mathbf{s} - \mathbf{S}_{\text{bal}}|_{\Sigma} \cdot \mathbf{n} \tag{2.24}$$

$$\oint_{\partial\omega} \mathbf{Tn} \cdot dA = \mathbf{0}; \qquad \omega \overset{\text{vor.}}{\subseteq} \Omega \tag{2.25}$$

$$\oint_{\partial\omega} \mathbf{r} \times \mathbf{Tn} \cdot dA = \mathbf{0}; \qquad \omega \overset{\text{vor.}}{\subseteq} \Omega \tag{2.26}$$

Integraloperatoren

3

3.1 Beispiel, allgemeine Eigenschaften und minimale Modelle

Im Vergleich zu konventionellen Integralen lassen sich mit Integraloperatoren Formeln übersichtlicher gestalten und Berechnungen leichter durchführen.

Diese Vorteile der Integraloperatoren sollen an einem typischen Beispiel demonstriert werden. Eine Funktion f wird über einen Pfad integriert, der von einem Punkt im Gletscher in z-Richtung an seine freie Oberfläche führt. Am Ergebnis ändert sich nichts, wenn diese Funktion f oberhalb der freien Oberfläche verschwindet [(3.1)] und man die Integration bis ins Unendliche fortsetzt [(3.2)]. Kehrt man das Vorzeichen um, so erhält man eine Rechenoperation [(3.3)], die invers zur Differentiation ist und deshalb durch ∂_z^{-1} symbolisiert wird[1]. Dieser Integraloperator ∂_z^{-1} ist mit allen Differentialoperatoren vertauschbar [(3.4)] und seine Multiplikation mit dem Differentialoperator ∂_z ergibt 1 [(3.5)]. Die wiederholte Anwendung dieses Integraloperators ∂_z^{-1} kann als negative Potenz des Differentialoperators ∂_z definiert werden [(3.6)], so dass alle ganzzahligen Potenzen des Differentialoperators ∂_z erklärt sind, wobei die nullte Potenz, wie üblich, gleich 1 sein soll [(3.7)]. Für die Multiplikation dieser ganzzahligen Potenzen gelten die bekannten Rechenregeln [(3.8)]. Diese Vertauschungs- [(3.4)] und Potenzregeln [(3.8)] für die Integraloperatoren erleichtern das Rechnen ganz besonders, im Gegensatz zu der schwerfälligen Form [(3.9)] der Vertauschungsregeln und der noch umständlicheren Form der Potenzregeln in konventioneller Schreibweise.

Um die Äquivalenz zwischen den Vertauschungsregeln [(3.4)] für den Integraloperator ∂_z^{-1} und den konventionellen Vertauschungsregeln [(3.9)] zu demonstrieren, schreibt man die Funktion f als Produkt [(3.10)] aus einer Funktion f_c und einer Sprungfunktion. Die Funktion f_c ist überall stetig und differenzierbar und stimmt im Gletscherbereich mit der Funktion f überein. Die Sprungfunktion verschwindet oberhalb der freien Oberfläche und

---

[1] Der Differentialoperator ∂_z ist invertierbar, weil nur Funktionen zugelassen sind, die oberhalb der freien Oberfläche verschwinden, wodurch die Integrationskonstante festgelegt ist.

© Springer-Verlag Berlin Heidelberg 2016
P. Halfar, *Spannungen in Gletschern*, DOI 10.1007/978-3-662-48022-9_3

hat sonst den Wert 1 und sorgt dafür, dass die Funktion f oberhalb der freien Oberfläche verschwindet. Diese Sprungfunktion kann mit Hilfe der Heavisidefunktion θ $^{(3.11)}$ dargestellt werden, die für negative Argumente verschwindet und sonst den Wert 1 hat. Damit lässt sich zeigen, dass Umformungen $^{(3.13)}$ mithilfe der Vertauschungsregeln $^{(3.4)}$ für den Integraloperator ∂_z^{-1} zu dem gleichen Ergebnis führen, wie Umformungen $^{(3.9)}$ mithilfe der konventionellen Vertauschungsregeln. Dabei tritt als Ableitung der Heavisidefunktion die Deltafunktion δ $^{(3.12)}$ auf.

Es können auch mehrere Integraloperatoren auftreten, beispielsweise ∂_z^{-1} und ∂_y^{-1}, wobei diese nur auf Funktionen angewandt werden, welche die Konvergenz der entsprechenden Integrale zulassen, und diese verschiedenen Integraloperatoren sind sowohl untereinander als auch mit allen Differentialoperatoren vertauschbar.

Aus diesem Beispiel lassen sich bereits einige der folgenden charakteristischen Eigenschaften erkennen, die allen hier auftretenden Integraloperatoren gemeinsam sind:

1. Mit Integraloperatoren lassen sich Formeln übersichtlich gestalten und Berechnungen leicht durchführen. Dabei ist die Klasse der so genannten „zulässigen Funktionen und Distributionen" anzugeben, auf welche die Integraloperatoren durch Integrationen wirken dürfen und aus denen sie andere Funktionen erzeugen. Zu dieser Klasse zulässiger Funktionen und Distributionen gehören auch die Deltafunktion und ihre Ableitungen, die durch Ableitungen von Funktionen mit Unstetigkeitsstufen entstehen.
2. Die zulässigen Funktionen und Distributionen sind in einem Bereich definiert, der größer als der betrachtete Gletscherbereich ist und der den so genannten „Bereich verschwindender Funktionswerte" enthält, auf dem alle zulässigen Funktionen und Distributionen verschwinden müssen. Alle durch Integraloperatoren definierten Integrationen erstrecken sich über Bereiche, die fast ganz[2] im Bereich verschwindender Funktionswerte liegen, wodurch die Konvergenz aller Integrale garantiert ist.
3. Die Klasse zulässiger Funktionen und Distributionen ist unter Linearkombinationen und unter den Anwendungen der auftretenden Integraloperatoren sowie den Anwendungen aller Differentialoperatoren abgeschlossen.[3] Deshalb kann man beliebige Linearkombinationen bilden und die Integral- und alle Differentialoperatoren beliebig oft anwenden, so dass sich viele Gestaltungsmöglichkeiten ergeben.
4. Folgende Regeln vereinfachen die Berechnungen: Alle auftretenden Integraloperatoren sind die Inversen von Differentialoperatoren und das Produkt eines Integraloperators mit dem dazu inversen Differentialoperator ergibt die Eins. Für die auftretenden Integraloperatoren und alle Differentialoperatoren gilt das Kommutativgesetz.[4]
5. Die Beschränkung auf zulässige Funktionen und Distributionen soll keine Funktionen ausschließen, die zur Beschreibung der Spannungen notwendig sein könnten. Wir wollen annehmen, dass dazu alle im betrachteten Gletscherbereich glatten (beliebig oft

---

[2] „Fast ganz" bedeutet „ganz, bis auf endliche Teilbereiche".
[3] Das bedeutet, dass diese Operationen wieder auf zulässige Funktionen und Distributionen führen.
[4] Alle genannten Operatoren sind untereinander vertauschbar.

differenzierbaren) Funktionen gehören.[5] Der Definitionsbereich der zulässigen Funktionen und Distributionen wird in der Regel größer sein als der betrachtete Gletscherbereich[6] und die auf dem betrachteten Gletscherbereich beliebig oft differenzierbaren Funktionen werden durch den Wert Null in den übrigen Definitionsbereich fortgesetzt.

Zu jedem Modell mit diesen Eigenschaften gibt es das minimale Modell, welches durch die minimale Klasse zulässiger Funktionen und Distributionen definiert wird. Diese minimale Klasse besteht aus den im betrachteten Gletscherbereich glatten und außerhalb davon verschwindenden Funktionen sowie aus allen Funktionen und Distributionen, welche daraus durch beliebige Polynome der auftretenden Integraloperatoren und aller Differentialoperatoren erzeugt werden[7].

$$f(x, y, z) = 0; \quad z > z_0(x, y) \tag{3.1}$$

$$\int\limits_z^{z_0(x,y)} dz' \cdot f(x, y, z') = \int\limits_z^{\infty} dz' \cdot f(x, y, z') \tag{3.2}$$

$$***$$

$$\partial_z^{-1} f \stackrel{\text{def.}}{=} -\int\limits_z^{\infty} dz' \cdot f(x, y, z') \tag{3.3}$$

$$\partial_i \partial_z^{-1} = \partial_z^{-1} \partial_i; \quad i = x, y, z \tag{3.4}$$

$$\partial_z \partial_z^{-1} = \partial_z^{-1} \partial_z = 1 \tag{3.5}$$

$$\partial_z^{-m} \stackrel{\text{def.}}{=} (\partial_z^{-1})^m; \quad m = 1, 2, \ldots \tag{3.6}$$

$$\partial_z^0 \stackrel{\text{def.}}{=} 1 \tag{3.7}$$

$$\partial_z^m \partial_z^n = \partial_z^{m+n}; \quad m, n = \ldots, -1, 0, 1, \ldots \tag{3.8}$$

---

[5] In der Praxis kann man mit noch kleineren Funktionsklassen auskommen, indem man beispielsweise nicht von allen glatten Funktionen ausgeht, sondern nur von allen Polynomen.
[6] S. das Beispiel in Abschn. 3.1.
[7] Diese Klasse zulässiger Funktionen und Distributionen wird als minimal bezeichnet, da jede andere Klasse gemäß den oben unter den Ziffern 3 und 5 genannten Eigenschaften diese minimale Klasse enthält.

***

$$\partial_i \int\limits_z^{z_0} dz' \cdot f = \int\limits_z^{z_0} dz' \cdot \partial_i f + [f]_{z=z_0} \cdot \partial_i (z_0 - z); \quad i = x, y, z \qquad (3.9)$$

$$f(x, y, z) = f_c(x, y, z) \cdot \theta(z_0 - z) \qquad (3.10)$$

$$\theta(z) \stackrel{\text{def.}}{=} \begin{cases} 1; & 0 \leq z \\ 0; & z < 0 \end{cases} \qquad (3.11)$$

$$\partial_z \theta(z) = \delta(z) \qquad (3.12)$$

$$\partial_i \int\limits_z^{z_0} dz' \cdot f = -\partial_i \partial_z^{-1} [f_c \cdot \theta(z_0 - z)]$$

$$= -\partial_z^{-1} \partial_i [f_c \cdot \theta(z_0 - z)]$$

$$= -\partial_z^{-1} [\theta(z_0 - z) \cdot \partial_i f_c + f_c \cdot \delta(z_0 - z) \cdot \partial_i (z_0 - z)]$$

$$= \int\limits_z^{z_0} dz' \cdot \partial_i f_c + [f_c]_{z=z_0} \cdot \partial_i (z_0 - z); \quad i = x, y, z \qquad (3.13)$$

3.2 Integraloperatoren

Es treten nur die mit $(\mathbf{a}\nabla)^{-1}$ und $\Box_z^{-1}$ bezeichneten Integraloperatoren auf, die invers zu den Differentialoperatoren $\mathbf{a}\nabla$ [(3.14)] und $\Box_z$ [(3.16)] sind[8]. Diese Integraloperatoren sind jeweils durch ihren konvexen Integrationskegel[9] und eine auf diesem Kegel definierte Gewichtsfunktion charakterisiert und erzeugen aus einer Funktion eine neue Funktion, indem sie jedem Punkt das Integral über den von diesem Punkt ausgehenden Integrationskegel[10] zuweisen, wobei im Integranden die ursprüngliche Funktion steht, multipliziert mit der Gewichtsfunktion. Der Integraloperator $(\mathbf{a}\nabla)^{-1}$ [(3.17)] hat einen eindimensionalen, vom

---

[8] Hinzu kommen die Fälle, welche sich durch Umbenennung der Ortskoordinaten ergeben.

[9] Der Begriff „konvexer Kegel" bezeichnet ein geometrisches Gebilde mit definierter Form und Orientierung. Dieser Begriff wird sowohl konkret verwendet zur Bezeichnung eines solchen Gebildes an einer bestimmten Position im Raum, welche durch die Position der Kegelspitze festgelegt ist, als auch abstrakt ohne Berücksichtigung seiner Position.

[10] Die Spitze dieses Kegels liegt in diesem Punkt.

Vektor $\mathbf{a}$ erzeugten Integrationskegel[11]. Seine Gewichtsfunktion ist konstant und durch die negative inverse Länge des Vektors $\mathbf{a}$ gegeben. Der Integraloperator $\Box_z^{-1}$ (3.19) hat einen mit $K_z^\circleftarrow$ bezeichneten dreidimensionalen, rotationssymmetrischen Integrationskegel, dessen Rotationshalbachse in positive z-Richtung weist und dessen Öffnungswinkel gleich einem rechten Winkel ist. Die Gewichtsfunktion G (3.20) des Integraloperators $\Box_z^{-1}$ hat auf dem Kegelmantel eine integrierbare Singularität[12].

Liegen einige Integraloperatoren dieses Typs vor, so gibt es immer ein Modell und damit auch ein minimales Modell mit den geforderten Eigenschaften, wenn diese Integraloperatoren die folgende Bedingung erfüllen:[13]

- Es gibt eine orientierte Ebene, so dass diese Ebene und jeder Integrationskegel des Modells jeweils quer und synchron zueinander sind.
  Ein Kegel und eine orientierte Ebene sind definitionsgemäß genau dann quer zueinander, wenn alle Geraden parallel zu den Kegelstrahlen die Ebene genau einmal schneiden. Sie sind synchron zueinander, wenn der Durchtritt der Kegelstrahlen durch die Ebene in Richtung der orientierten Normale der Ebene erfolgt.
  Somit sind alle Integrationskegel des Modells so ausgerichtet, dass sie asymptotisch enthalten sind in dem Halbraum[14], der durch die genannte Ebene begrenzt wird und in den die orientierte Normale dieser Ebene zeigt.

Um zu zeigen, dass unter dieser Voraussetzung beipielsweise das minimale Modell[15] existiert, verschiebt man die in der Bedingung genannte Ebene und den von ihr begrenzten, alle Integrationskegel asymptotisch enthaltenden Halbraum parallel so weit in Richtung der Kegelstrahlen, dass dieser Halbraum vollständig außerhalb des betrachteten Gletscherbereiches liegt. Somit verschwinden in diesem Halbraum die im betrachteten Gletscherbereich beliebig oft differenzierbaren und sonst verschwindenden Funktionen und damit alle Funktionen, welche aus diesen Funktionen durch die Integral- und alle Differentialoperatoren erzeugt werden, also alle zulässigen Funktionen und Distributionen des

---

[11] Im Folgenden wird auch der Integraloperator $(-\mathbf{a}\nabla)^{-1}$ durch $-(\mathbf{a}\nabla)^{-1}$ definiert. Somit ist ein Integraloperator $(\mathbf{b}\nabla)^{-1}$ erst dann definiert, wenn sein eindimensionaler Integrationskegel festgelegt ist und damit feststeht, welcher der beiden Vektoren $\mathbf{b}$ oder $-\mathbf{b}$ ein Kegelvektor ist.

[12] Diese Gewichtsfunktion $G(\mathbf{r}' - \mathbf{r})$ (3.20) auf dem Integrationskegel mit Spitze im Punkt $\mathbf{r}$ ist eine Funktion der Kegelvektoren $\mathbf{r}' - \mathbf{r}$, die von der Spitze im Punkt $\mathbf{r}$ zu den übrigen Punkten $\mathbf{r}'$ des Kegels führen. Diese Funktion ist auch für Punkte $\mathbf{r}'$ außerhalb des Kegels definiert, wo sie zusammen mit der Sprungfunktion in ihrem Zähler verschwindet, weshalb sich die Integration (3.19) formal über den ganzen Raum erstreckt.

[13] Diese für die Existenz von Modellen mit den Eigenschaften 1 bis 5 in Abschn. 3.1 hinreichende Bedingung ist vermutlich auch notwendig, was jedoch nicht weiter untersucht wird. Sie trifft für jedes Modell in dieser Abhandlung zu (jedoch nicht gleichzeitig für alle Modelle).

[14] Das bedeutet, dass jeweils der ganze Integrationskegel in dem Halbraum liegt, wenn seine Spitze darin liegt und dass sich der Kegel in den Halbraum hinein erstreckt, wenn seine Spitze nicht in dem Halbraum liegt.

[15] S. Abschn. 3.1.

minimalen Modells. Alle durch die Integraloperatoren definierten Integrale über die Integrationskegel konvergieren, da alle Integrationskegel asymptotisch in diesem Halbraum verschwindender Funktionswerte enthalten sind. Aus dieser Konstruktion des minimalen Modells folgt, dass es die erforderlichen Eigenschaften[16] hat, bis auf die Vertauschbarkeit aller Operatoren. Dass es auch diese Eigenschaft hat, dass also die Integral- und alle Differentialoperatoren miteinander vertauschbar sind, folgt aus der Vertauschbarkeit aller Differentialoperatoren und daraus, dass die Integraloperatoren die eindeutigen Inversen [(3.21)] entsprechender Differentialoperatoren sind. Deren eindeutige Invertierbarkeit wird dadurch erzwungen, dass alle zulässigen Funktionen und Distributionen in einem Halbraum verschwinden müssen, in dem alle Integrationskegel asymptotisch enthalten sind[17].

Wenn alle Integrationskegel asymptotisch in einem Halbraum enthalten sind, dann gilt das auch für den so genannten Modellkegel, der von allen im jeweiligen Modell vorkommenden Integrationskegeln erzeugt wird[18]. Somit sind für alle Kegelvektoren $\mathbf{k}$ des Modellkegels die Integraloperatoren $(\mathbf{k}\nabla)^{-1}$ definiert. Wenn die Integraloperatoren $(\mathbf{k}\nabla)^{-1}$ oder $\Box_z^{-1}$ definiert sind, dann werden auch die Integraloperatoren $(-\mathbf{k}\nabla)^{-1}$ bzw. $(-\Box)_z^{-1}$ definiert [(3.22)], indem jeweils das Vorzeichen der Gewichtsfunktion geändert wird, wobei der Integrationskegel derselbe bleibt[19]. Für die Basisvektoren gilt die Vereinbarung, dass alle Basisvektoren, die parallel zu einem Kegelstrahl des Modellkegels sind, so orientiert werden, dass sie zugleich Kegelvektoren sind. Somit können negative Basisvektoren niemals Kegelvektoren des Modellkegels sein. Potenzen von Integraloperatoren sind negative Potenzen [(3.24)] der entsprechenden Differentialoperatoren, wobei die 0-ten Potenzen gleich 1 [(3.23)] sind. Alle Operatoren sind miteinander vertauschbar [(3.25)] und für Potenzen von Operatoren gelten bekannte Rechenregeln [(3.26), (3.27)][20].

Aus diesen Darlegungen folgt, dass man bei der Konstruktion eines Modells vor allem darauf achten muss, dass es einen Halbraum gibt, in dem alle Integrationskegel des Modells und damit auch der von diesen Integrationskegeln erzeugte Modellkegel asymptotisch enthalten sind. Damit steht das minimale Modell[21] zur Verfügung, das in der Regel zur Modellierung realer Situationen ausreicht. Dieses Modell enthält die minimale Klasse

---

[16] Das sind die in Abschn. 3.1 unter den Nummern 1 bis 5 genannten Eigenschaften.

[17] Der Beweis der eindeutigen Invertierbarkeit (3.21) ist für $\mathbf{a}\nabla$ ebenso leicht zu erbringen wie in der Fußnote 1 in Abschn. 3.1 für ∂_z. Für $\Box_z$ folgt dieser Beweis aus der Theorie der hyperbolischen Differentialgleichungen.

[18] Alle auftretenden Kegel sind konvex. Ein erzeugter konvexer Kegel ist der kleinste konvexe Kegel, der alle erzeugenden konvexen Kegel enthält. Seine Kegelvektoren bestehen aus allen Linearkombinationen von Kegelvektoren der erzeugenden Kegel mit nicht negativen Koeffizienten. Die Kegelvektoren eines konvexen Kegels sind die Vektoren, welche von der Kegelspitze zu den Kegelpunkten führen.

[19] S. Fußnote 11.

[20] Die Rechenregeln (3.25)–(3.27) gelten für alle Differentialoperatoren und alle ihre ganzzahligen Potenzen, jedoch mit der Einschränkung, dass ein Differentialoperator mit negativer Potenz nur dann auftreten darf, wenn seine (−1)-te Potenz als Integraloperator zum Modell gehört.

[21] S. Abschn. 3.1.

zulässiger Funktionen und Distributionen, die aus allen im betrachteten Gletscherbereich beliebig oft differenzierbaren und außerhalb davon verschwindenden Funktionen besteht und außerdem aus den Funktionen und Distributionen, welche sich daraus durch beliebige Polynome der auftretenden Integraloperatoren und aller Differentialoperatoren erzeugen lassen. Dazu gehören auch verallgemeinerte Funktionen wie Deltafunktionen und ihre Ableitungen, die durch Differenzieren von gewöhnlichen Funktionen mit Unstetigkeitsstufen entstehen. Beliebige Polynome der Integral- und aller Differentialoperatoren sind auf dieser minimalen Klasse zulässiger Funktionen und Distributionen definiert und erzeugen wieder Funktionen aus dieser Klasse. Dadurch ergeben sich viele Gestaltungsmöglichkeiten, mit denen sich gut rechnen lässt, weil alle Operatoren miteinander vertauschbar sind [3.25] und weil die Rechenregeln [3.26], [3.27] für Potenzen von Operatoren gelten.

$$\mathbf{a}\nabla = a_x\partial_x + a_y\partial_y + a_z\partial_z \tag{3.14}$$

$$[(\mathbf{a}\nabla)f](\mathbf{r}) = (a_x\partial_x + a_y\partial_y + a_z\partial_z)f(\mathbf{r})$$

$$= |\mathbf{a}|\cdot\left[\partial_s f\left(\mathbf{r}+s\frac{\mathbf{a}}{|\mathbf{a}|}\right)\right]_{s=0}$$

$$= [\partial_\alpha f(\mathbf{r}+\alpha\cdot\mathbf{a})]_{\alpha=0} \tag{3.15}$$

$$\Box_z \overset{\text{def.}}{=} \partial_z^2 - \partial_x^2 - \partial_y^2 \tag{3.16}$$

$$***$$

$$[(\mathbf{a}\nabla)^{-1}f](\mathbf{r}) \overset{\text{def.}}{=} -\int_0^\infty d\alpha\cdot f(\mathbf{r}+\alpha\mathbf{a})$$

$$= -\frac{1}{|\mathbf{a}|}\int_0^\infty ds\cdot f\left(\mathbf{r}+s\frac{\mathbf{a}}{|\mathbf{a}|}\right) \tag{3.17}$$

$$s = |\alpha\cdot\mathbf{a}| \tag{3.18}$$

$$[\Box_z^{-1}f](\mathbf{r}) \overset{\text{def.}}{=} \int dx'dy'dz'\cdot G(\mathbf{r}'-\mathbf{r})\cdot f(\mathbf{r}') \tag{3.19}$$

$$G(\mathbf{r}'-\mathbf{r}) \overset{\text{def.}}{=} \frac{1}{2\pi}\cdot\frac{\theta\left[(z'-z)-\sqrt{(x'-x)^2+(y'-y)^2}\right]}{\sqrt{(z'-z)^2-(x'-x)^2-(y'-y)^2}} \tag{3.20}$$

$$***$$

$$(\mathbf{a}\nabla) \cdot (\mathbf{a}\nabla)^{-1} = (\mathbf{a}\nabla)^{-1} \cdot (\mathbf{a}\nabla) = \square_z \cdot \square_z^{-1} = \square_z^{-1} \cdot \square_z = 1 \qquad (3.21)$$

$$***$$

$$(-\mathbf{a}\nabla)^{-1} \overset{\text{def.}}{=} -(\mathbf{a}\nabla)^{-1}; \qquad (-\square_z)^{-1} \overset{\text{def.}}{=} -\square_z^{-1} \qquad (3.22)$$

$$(\mathbf{a}\nabla)^0 \overset{\text{def.}}{=} 1; \qquad \square_z^0 \overset{\text{def.}}{=} 1 \qquad (3.23)$$

$$m = 1, 2, \dots :$$
$$(\mathbf{a}\nabla)^{-m} \overset{\text{def.}}{=} [(\mathbf{a}\nabla)^{-1}]^m; \qquad \square_z^{-m} \overset{\text{def.}}{=} (\square_z^{-1})^m \qquad (3.24)$$

$$***$$

$$m, n = \dots, -1, 0, 1, \dots :$$
$$(\mathbf{a}\nabla)^m (\mathbf{b}\nabla)^n = (\mathbf{b}\nabla)^n (\mathbf{a}\nabla)^m; \qquad (\mathbf{a}\nabla)^m \cdot \square_z^n = \square_z^n \cdot (\mathbf{a}\nabla)^m \qquad (3.25)$$
$$(\mathbf{a}\nabla)^m (\mathbf{a}\nabla)^n = (\mathbf{a}\nabla)^{n+m}; \qquad \square_z^n \cdot \square_z^m = \square_z^{n+m} \qquad (3.26)$$

$$\lambda \neq 0 :$$
$$(\lambda \cdot \mathbf{a}\nabla)^m = \lambda^m \cdot (\mathbf{a}\nabla)^m; \qquad (\lambda \cdot \square_z)^m = \lambda^m \cdot \square_z^m \qquad (3.27)$$

3.3 Abhängigkeitskegel und Produkte von Integraloperatoren

Wendet man einen Integraloperator auf eine Funktion an, dann hängt das Ergebnis in jedem Punkt nur von den Funktionswerten im Integrationskegel ab, der von diesem Punkt ausgeht. Deshalb wird der konvexe Integrationskegel eines Integraloperators auch als sein „Abhängigkeitskegel" bezeichnet. Ein Produkt von Integraloperatoren hat ebenfalls einen konvexen Abhängigkeitskegel und dieser wird von den konvexen Abhängigkeitskegeln der Faktoren erzeugt[22]. Dieser Abhängigkeitskegel eines Produktes ist quer und synchron zu der orientierten Ebene, zu der auch die Abhängigkeitskegel der Faktoren quer und synchron sind[23].

---

[22] S. Fußnote 18.
[23] S. die Bedingung in Abschn. 3.2.

Im Gegensatz zu den Integraloperatoren selbst kann ein Produkt von Integraloperatoren in der Regel nicht als Integral über seinen Abhängigkeitskegel dargestellt werden. Eine Ausnahme machen Produkte, deren Faktoren vom Typ $(\mathbf{a}\nabla)^{-1}$ sind, wobei die Vektoren $\mathbf{a}, \ldots$ der Faktoren linear unabhängig sind und im Modellkegel liegen. Der Integraloperator $(\mathbf{a}\nabla)^{-1}$ (3.17) bewirkt eine Pfadintegration über den vom Vektor $\mathbf{a}$ erzeugten eindimensionalen Kegel, dividiert durch die negative Länge des Vektors $\mathbf{a}$. Das Produkt $(\mathbf{a}\nabla)^{-1}(\mathbf{b}\nabla)^{-1}$ (3.28) bewirkt eine Flächenintegration über den von seinen Randvektoren $\mathbf{a}$ und $\mathbf{b}$ erzeugten zweidimensionalen Kegel, dividiert durch die Fläche des von $\mathbf{a}$ und $\mathbf{b}$ erzeugten Parallelogramms. Das Produkt $(\mathbf{a}\nabla)^{-1}(\mathbf{b}\nabla)^{-1}(\mathbf{c}\nabla)^{-1}$ (3.30) bewirkt eine Volumenintegration über den von seinen Kantenvektoren $\mathbf{a}$, $\mathbf{b}$ und $\mathbf{c}$ erzeugten dreidimensionalen Kegel, dividiert durch das negative Volumen des von $\mathbf{a}$, $\mathbf{b}$ und $\mathbf{c}$ erzeugten Spates.

$$[(\mathbf{a}\nabla)^{-1}(\mathbf{b}\nabla)^{-1}f](\mathbf{r}) = \int\limits_{0}^{\infty}\int\limits_{0}^{\infty} d\alpha \cdot d\beta \cdot f(\mathbf{r} + \alpha\mathbf{a} + \beta\mathbf{b})$$

$$= \frac{1}{|\mathbf{a}\times\mathbf{b}|}\int dA' \cdot f(\mathbf{r} + \alpha\mathbf{a} + \beta\mathbf{b}) \tag{3.28}$$

$$dA' = |d\alpha \cdot \mathbf{a} \times d\beta \cdot \mathbf{b}| \tag{3.29}$$

$$[(\mathbf{a}\nabla)^{-1}(\mathbf{b}\nabla)^{-1}(\mathbf{c}\nabla)^{-1}f](\mathbf{r}) = -\int\limits_{0}^{\infty}\int\limits_{0}^{\infty}\int\limits_{0}^{\infty} d\alpha \cdot d\beta \cdot d\gamma \cdot f(\mathbf{r} + \alpha\mathbf{a} + \beta\mathbf{b} + \gamma\mathbf{c})$$

$$= -\frac{1}{|(\mathbf{a}\times\mathbf{b})\cdot\mathbf{c}|}\int dV' \cdot f(\mathbf{r} + \alpha\mathbf{a} + \beta\mathbf{b} + \gamma\mathbf{c}) \tag{3.30}$$

$$dV' = |(d\alpha \cdot \mathbf{a} \times d\beta \cdot \mathbf{b}) \cdot d\gamma \cdot \mathbf{c}| \tag{3.31}$$

3.4 Lösungen von Randwertproblemen partieller Differentialgleichungen

Jedes der hier auftretenden Randwertprobleme linearer, partieller Differentialgleichungen zweiter Ordnung besteht darin, als Lösung eine Funktion zu finden, die sowohl der Differentialgleichung als auch den Randbedingungen genügt. Diese Randbedingungen bestehen aus verschwindenden Randwerten auf einer Randfläche Σ für die Funktion selbst und für ihre Normalableitung. Es ist notwendig, solche Randwertprobleme zu diskutieren, da sie in einigen Darstellungen der allgemeinen Lösung der Balance- und Randbedingungen [(2.14)–(2.16)] eine Rolle spielen. Die Lösungen dieser Randwertprobleme lassen sich durch Integral- und Differentialoperatoren darstellen. Das soll im Folgenden skizziert werden[24].

3.4.1 Randflächen mit Randbedingungen, Definitionsbereiche und minimale Modelle

Es treten nur homogene Randbedingungen[25] auf. Diese gelten auf einer Randfläche Σ, welche hier die freie Oberfläche des betrachteten Gletscherbereiches ist. Ein Randwertproblem hat eine eindeutige Lösung, wenn sowohl die Gestalt der freien Oberfläche Σ als auch der betrachtete Gletscherbereich Ω Bedingungen erfüllen, die durch den Modellkegel geprägt sind. Dieser Modellkegel ist konvex und wird von den konvexen Integrationskegeln aller Integraloperatoren[26] erzeugt, welche zur Lösung des Randwertproblems benötigt werden. Die genannten Bedingungen lauten:

1. Der Modellkegel und die orientierte freie Oberfläche Σ sind quer und synchron zueinander.
   Ein Kegel und eine orientierte Fläche Σ sind definitionsgemäß genau dann quer zueinander, wenn alle Geraden parallel zu den Kegelstrahlen die Fläche höchstens einmal schneiden. Sie sind synchron zueinander, wenn der Durchtritt der Kegelstrahlen durch die orientierte Fläche Σ zu der Seite hin erfolgt, zu der die orientierte Normale der Fläche weist. Die orientierte Normale der freien Oberfläche Σ soll dabei nach außen gerichtet sein.
2. Der betrachtete Gletscherbereich Ω ist mit dem Modellkegel und der orientierten Randfläche Σ verträglich.
   Das bedeutet, dass jeder von diesem Bereich Ω ausgehende Kegelstrahl des Modellkegels ununterbrochen im Bereich Ω verläuft, bis er auf die Randfläche Σ trifft.

Sind diese Bedingungen erfüllt, steht für die Lösung des Randwertproblems das minimale Modell zur Verfügung mit den Vertauschbarkeitsregeln [(3.25)] und Potenzregeln [(3.26), (3.27)] für die Integraloperatoren und für alle Differentialoperatoren[27]. Der Definitionsbereich Ω_{def} dieses minimalen Modells soll alle Modellkegel enthalten und

---

[24] Solche Randwertprobleme werden im Abschn. 8.2 auftreten. Dort und in Kap. 17 stehen die detaillierten Formulierungen und Lösungen, während hier eine Skizze genügt.

[25] Die Funktionen und ihre ersten Ableitungen verschwinden auf der Randfläche Σ.

[26] S. Abschn. 3.2.

[27] Die Bedingung in Abschn. 3.2, dass es eine orientierte Ebene gibt, so dass gilt, dass diese Ebene und jeder Integrationskegel des Modells jeweils quer und synchron zueinander sind, ist erfüllt. Denn jede Tangentialebene der Randfläche Σ stellt eine solche Ebene dar. Deshalb ist das minimale Modell verfügbar, welches in Abschn. 3.1 charakterisiert wird.

entsteht durch Erweiterung des Gletscherbereiches Ω, indem man alle von diesem Gletscherbereich Ω ausgehenden Modellkegel[28] hinzunimmt. Somit besteht dieser Definitionsbereich Ω_{def} des minimalen Modells aus dem Gletscherbereich Ω und dem so genannten externen Bereich Ω_{ext} jenseits seiner freien Oberfläche Σ, der durch alle Modellkegel überdeckt wird, welche von dieser freien Oberfläche Σ ausgehen[29]. Im externen Bereich Ω_{ext} verschwinden alle zulässigen Funktionen und Distributionen des minimalen Modells. Die Klasse dieser zulässigen Funktionen und Distributionen enthält alle Funktionen, die im Gletscherbereich Ω beliebig oft differenzierbar sind und im externen Bereich Ω_{ext} jenseits der freien Oberfläche Σ verschwinden. Sie enthält außerdem die Funktionen und Distributionen, welche sich aus den zuvor genannten Funktionen durch beliebige Polynome der auftretenden Integraloperatoren und aller Differentialoperatoren erzeugen lassen.

Dieses minimale Modell, das unter den oben unter Ziffer 1 und 2 genannten Voraussetzungen verfügbar ist, bildet den Rahmen, in dem die eindeutige Lösung des Randwertproblems durch Integral- und Differentialoperatoren dargestellt werden kann.

3.4.2 Randwertprobleme in minimalen Modellen

Es treten homogene Randwertprobleme für Systeme von jeweils drei Differentialgleichungen mit drei gesuchten Funktionen auf. Um ein solches Randwertproblem übersichtlich darzustellen, schreibt man es in Matrixform, indem man die drei gesuchten Funktionen als drei Komponenten einer Spaltenmatrixfunktion $\mathbf{f}$ definiert und einen quadratischen Matrixoperator $\mathcal{L}$ verwendet, dessen neun Matrixelemente jeweils aus Differentialoperatoren zweiter Ordnung bestehen. Ein Randwertproblem in Matrixform besteht darin, zu einer auf dem Gletscherbereich Ω gegebenen beliebig oft differenzierbaren Spaltenmatrixfunktion $\mathbf{q}$ eine Spaltenmatrixfunktion $\mathbf{f}$ zu bestimmen, die einer Matrix-Differentialgleichung zweiter Ordnung mit dem Matrixoperator $\mathcal{L}$ genügt $^{(3.32)}$ und die an der freien Oberfläche Σ homogene Randbedingungen $^{(3.33)}$ erfüllt.

Setzt man die zunächst nur auf dem Gletscherbereich Ω definierten Spaltenmatrixfunktionen $\mathbf{q}$ und $\mathbf{f}$ durch den Wert Null in den externen Bereich Ω_{ext} jenseits der freien Oberfläche Σ fort, dann gilt die Differentialgleichung $^{(3.32)}$ auch auf dem gesamten Definitionsbereich Ω_{def}, da die gesuchte Funktion $\mathbf{f}$ zusammen mit ihren ersten Ableitungen wegen der homogenen Randbedingungen $^{(3.33)}$ auf dem gesamten Definitionsbereich Ω_{def} stetig ist[30]. Damit liegt das Randwertproblem in einer äquivalenten Form vor und besteht nur noch aus einer Matrix-Differentialgleichung $^{(3.34)}$, jedoch auf dem gesamten Defini-

---

[28] Das sind alle Modellkegel mit Spitze in Ω.

[29] Im minimalen Modell könnte man als Definitionsbereich den ganzen Raum nehmen. Jedoch wird der Definitionsbereich Ω_{def} hier enger gefasst, da es aufgrund der Problemstellung nur auf diesen engeren Definitionsbereich ankommt.

[30] Wegen dieser Stetigkeit von $\mathbf{f}$ und ihrer ersten Ableitungen auf Σ können die zweiten Ableitungen zwar unstetig sein, haben jedoch auf Σ keine deltafunktionsartigen Anteile.

tionsbereich Ω_{def}. Dieses Randwertproblem ist im Rahmen des minimalen Modells zu lösen, wobei sowohl die gegebene Funktion **q** als auch die gesuchte Funktion **f** im externen Bereich Ω_{ext} jenseits der freien Oberfläche verschwinden müssen. Die eindeutige Lösung dieses Problems wird im folgenden Abschnitt beschrieben und erfüllt auch die homogenen Randbedingungen [(3.33)] an der freien Oberfläche Σ.

$$\mathcal{L}\mathbf{f} = \mathbf{q}; \quad \mathbf{r} \in \Omega \tag{3.32}$$

$$\mathbf{f}|_\Sigma = 0; \quad \partial_n \mathbf{f}|_\Sigma = 0 \tag{3.33}$$

$$\mathcal{L}\mathbf{f} = \mathbf{q}; \quad \mathbf{r} \in \Omega_{\text{def}} \stackrel{\text{def.}}{=} \Omega \cup \Omega_{\text{ext}} \tag{3.34}$$

3.4.3 Lösungen von Randwertproblemen durch Integral- und Differentialoperatoren

Die Lösung der Matrix-Differentialgleichung [(3.34)] auf dem Definitionsbereich Ω_{def} erfolgt im Rahmen des minimalen Modells, in dem nur Funktionen und Distributionen zugelassen sind, die jenseits der freien Oberfläche Σ verschwinden. Dabei werden keine Randbedingungen mehr gestellt, sondern die im Definitionsbereich Ω_{def} berechnete Lösung der Matrix-Differentialgleichung [(3.34)] erfüllt automatisch die homogenen Randbedingungen [(3.33)] an der freien Oberfläche Σ.

Zur Lösung[31] der Matrix-Differentialgleichung [(3.34)] konstruiert man den zum Matrixoperator $\mathcal{L}$ inversen Operator $\mathcal{L}^{-1}$ aus dem adjungierten Matrixoperator $\mathcal{L}_{\text{adj}}$, dessen Elemente aus Differentialoperatoren vierter Ordnung bestehen und aus der Determinante $\det(\mathcal{L})$, die ein Differentialoperator sechster Ordnung ist. Diese Determinante besteht aus Faktoren invertierbarer Differentialoperatoren des Typs $\mathbf{a}\nabla$ oder $\square_z$ und kann somit ebenfalls invertiert werden. Ihre Inverse $[\det(\mathcal{L})]^{-1}$ ist ein Produkt aus Integraloperatoren des Typs $(\mathbf{a}\nabla)^{-1}$ oder $\square_z^{-1}$. Damit lässt sich der zum Matrixoperator $\mathcal{L}$ inverse Operator $\mathcal{L}^{-1}$ [(3.35)] angeben und die Lösung **f** [(3.36)] der Matrix-Differentialgleichung [(3.34)] berechnen[32].

---

[31] Dieses Lösungsverfahren wird in Abschn. 8.2 und in Abschn. 17.1–17.8 verwendet. Es handelt sich hier nicht um eine allgemeine Abhandlung über Randwertprobleme von Matrix-Differentialgleichungen, sondern nur die Matrix-Differentialgleichungen werden untersucht und gelöst, welche in dieser Abhandlung auftreten.

[32] $\mathcal{L}_{\text{adj}}$ und $\det(\mathcal{L})$ sind eindeutig definiert, da alle Differentialoperatoren miteinander kommutieren. Es werden nur solche Operatoren $\mathcal{L}$ auftreten, deren Determinante $\det(\mathcal{L})$ ein Produkt invertierbarer Differentialoperatoren ist. Alle Ausdrücke sind wohldefiniert, da alle Differentialoperatoren und

Eine so konstruierte Lösung **f** erfüllt an der freien Oberfläche Σ auch die homogenen Randbedingungen $^{(3.33)}$, da diese Lösung aus Produkten von Integral- und Differential-operatoren besteht, welche auf zulässige Funktionen wirken und dabei an der freien Oberfläche Σ Nullstellen von mindestens zweiter Ordnung erzeugen. Das lässt sich wie folgt erklären:

Ein Integraloperator des Typs $(\mathbf{a}\nabla)^{-1}$ erzeugt an der freien Oberfläche Σ eine Nullstelle erster Ordnung oder erhöht die Ordnung einer Nullstelle um eins und der Integraloperator $\square_z^{-1}$ zählt doppelt, da er die Ordnung einer Nullstelle um zwei erhöht oder eine Nullstelle zweiter Ordnung erzeugt[33]. Dagegen erniedrigt jeder Differentialoperator erster Ordnung die Ordnung einer Nullstelle, jedoch höchstens um eins[34]. Da in den Operatorprodukten der Lösung die Integraloperatoren in entsprechender Überzahl auftreten, erzeugen diese Operatorprodukte jeweils eine Nullstelle von mindestens zweiter Ordnung an der freien Oberfläche Σ.

$$\mathcal{L}^{-1} = [\det(\mathcal{L})]^{-1} \cdot \mathcal{L}_{\text{adj}} \tag{3.35}$$

$$\mathbf{f} = \mathcal{L}^{-1} \cdot \mathbf{q}; \quad \mathbf{r} \in \Omega_{\text{def}} \tag{3.36}$$

3.5 Integrationen von Distributionen mit Integraloperatoren

Die Integraloperatoren waren bisher nur auf Funktionen definiert. Die Rechenregeln[35] für Integral- und Differentialoperatoren gelten für beliebige Produkte von Integral- und Differentialoperatoren, wobei es auf die Reihenfolge der Operatoren nicht ankommt[36]. Da die Differentialoperatoren aus den zulässigen Funktionen auch Distributionen erzeugen können, die keine gewöhnlichen Funktionen sind[37], bleiben die genannten Rechenregeln

---

alle auftretenden invertierten Differentialoperatoren – das sind die auftretenden Integraloperatoren – miteinander kommutieren.

[33] Das gilt insbesonders, wenn man sich vom Gletscherbereich her der freien Oberfläche Σ nähert, denn jenseits der freien Oberfläche verschwinden ohnehin alle zulässigen Funktionen.

[34] Die Ordnung der Nullstelle wird deshalb höchstens um eins erniedrigt, weil die Differentiation nicht nur quer, sondern auch parallel zu Randfläche Σ erfolgen kann, was in der Regel keine Erniedrigung der Nullstellenordnung zur Folge hat. Dagegen führen die Integraloperatoren immer zur Erhöhung der Nullstellenordnung, da die Integrationskegel immer quer zur Randfläche Σ liegen.

[35] S. (3.21)–(3.27).

[36] Ein Produkt von Operatoren bedeutet, dass diese Operatoren nacheinander anzuwenden sind, wobei es hier auf die Reihenfolge nicht ankommt, da alle Operatoren miteinander kommutieren.

[37] Im Folgenden werden die hier zulässigen gewöhnlichen Funktionen – also die glatten Funktionen – auch als Distributionen bezeichnet, so dass die Klasse aller zulässigen Distributionen eine Erweiterung der Klasse zulässiger gewöhnlicher Funktionen ist.

nur dann uneingeschränkt gültig, wenn die Integraloperatoren auch auf allen zulässigen Distributionen definiert werden. Das soll in diesem Kapitel durchgeführt werden.

3.5.1　Definitionsbereich

Die Anforderungen an den räumlichen Definitionsbereich Ω_{def} der Distributionen werden von den konvexen Integrationskegeln der jeweils auftretenden Integraloperatoren beeinflusst. Die Gesamtheit dieser Integraloperatoren ist dadurch gekennzeichnet, dass es eine orientierte Ebene gibt, zu der alle konvexen Integrationskegel quer und synchron sind. Diese konvexen Integrationskegel erzeugen den ebenfalls konvexen Modellkegel, der der kleinste konvexe Kegel ist, in dem alle konvexen Integrationskegel enthalten sind[38].

Der räumliche Definitionsbereich Ω_{def}[39] der Distributionen soll so gestaltet sein, dass beliebige Produkte der Integraloperatoren definiert sind. Deshalb soll der Definitionsbereich Ω_{def} alle von ihm ausgehenden Modellkegel enthalten, die außerdem alle in einen so genannten äußeren Teilbereich Ω_{ext}[40] des Definitionsbereiches hineinlaufen. In diesem äußeren Teilbereich Ω_{ext} des Definitionsbereiches verschwinden alle zugelassenen Distributionen. Ω_{ext} enthält ebenfalls alle von ihm ausgehenden Modellkegel.

Unter diesen Voraussetzungen kann man alle Integrationen ausführen, konvergieren alle Integrationen und sind beliebige Produkte von Integraloperatoren definiert:

- Alle Integrationen kann man ausführen, da alle vom Definitionsbereich ausgehenden Integrationskegel im Modellkegel und damit im Definitionsbereich liegen.
- Alle Integrationen konvergieren, da die Integrationskegel in den externen Teilbereich Ω_{ext} verschwindender Distributionen hineinlaufen.
- Beliebige Produkte von Integraloperatoren sind definiert, weil jeder Integraloperator aus Distributionen, die im externen Teilbereich Ω_{ext} verschwinden, wieder solche Distributionen erzeugt.

Das gilt zunächst nur für Distributionen, die Funktionen sind, kann aber auf alle Distributionen verallgemeinert werden, nachdem man im Folgenden die Anwendung der Integraloperatoren auf Distributionen definiert hat.

Obwohl der externe Teilbereich Ω_{ext} wegen dort verschwindender Distributionen keine Informationen enthält, ist er nicht überflüssig, sondern wird zur Definition der Integraloperatoren benötigt. Alle Informationen sind in dem zum externen Teilbereich komplementären, internen Teilbereich Ω des Definitionsbereiches Ω_{def} enthalten, da nur dort die Distributionen nicht verschwinden müssen. Dieser interne Teilbereich Ω soll der betrachtete Gletscherbereich sein. Die orientierte Abgrenzungsfläche vom internen Teilbereich Ω

---

[38] S. Abschn. 3.2.

[39] Der Definitionsbereich soll eine offene Menge sein. Diese Anforderung hat mathematische Gründe und ist für die praktischen Rechnungen von geringer Bedeutung.

[40] Dieser äußere Teilbereich soll auch eine offene Menge sein.

zum externem Teilbereich Ω_{ext} gehört definitionsgemäß zum internen Teilbereich und ist quer und synchron[41] zum Modellkegel. Der interne Teilbereich Ω ist mit dem Modellkegel und seiner Abgrenzungsfläche zum externem Teilbereich Ω_{ext} verträglich[42].

3.5.2 Integrationen

Die Distributionen χ sind durch die Testergebnisse [(3.37)] definiert, die man erhält, wenn man sie mit so genannten Testfunktionen τ testet. Testfunktionen sind alle auf dem Definitionsbereich Ω_{def} erklärten glatten Funktionen, deren Träger kompakt ist[43]. Dass die Distributionen χ im externen Bereich Ω_{ext} verschwinden, bedeutet, dass die Testergebnisse mit allen Testfunktionen τ verschwinden, deren Träger supp(τ) im externen Bereich liegt [(3.38)].

Um die Integraloperatoren auf die Distributionen anzuwenden, werden die assoziierten Integraloperatoren $(\mathbf{a}\nabla)^{-1*}$ [(3.40)] bzw. $\Box_z^{-1*}$ [(3.43)] eingeführt, welche nur auf die Testfunktionen τ wirken. Diese assoziierten Integraloperatoren entstehen aus den ursprünglichen Integraloperatoren $(\mathbf{a}\nabla)^{-1}$ [(3.39)] bzw. $\Box_z^{-1}$ [(3.42)] durch Punktspiegelung ihrer Integrationskegel. Für diese assoziierten Integraloperatoren gelten die gleichen Rechenregeln wie für die ursprünglichen Integraloperatoren[44], insbesondere sind die assoziierten Integraloperatoren $(\mathbf{a}\nabla)^{-1*}$ und $\Box_z^{-1*}$ invers zu den entsprechenden Differentialoperatoren $\mathbf{a}\nabla$ bzw. $\Box_z$.

Als Testfunktionen werden nicht nur alle glatten Funktionen herangezogen, deren kompakter Träger im Definitionsbereich Ω_{def} liegt, sondern auch alle Funktionen τ, die man mit Hilfe beliebiger Produkte assoziierter Integraloperatoren erzeugen kann. Mit den so erzeugten Funktionen τ kann man nämlich ebenfalls die Distributionen χ testen [(3.37)], obwohl diese Funktionen τ in der Regel keinen kompakten Träger mehr haben[45]. Die so definierte Menge von Testfunktionen ist unter den assoziierten Integraloperatoren abgeschlossen, das heißt, diese assoziierten Integraloperatoren erzeugen aus Testfunktionen wieder Testfunktionen.

---

[41] S. die Definition von „quer und synchron" unter Ziff. 1, Abschn. 3.4.1.

[42] S. die Verträglichkeitsdefinition unter Ziff. 2, Abschn. 3.4.1.

[43] Der Träger supp(τ) einer Testfunktionen τ ist die Menge aller Punkte, in denen τ nicht verschwindet, erweitert um ihre Häufungspunkte. Kompakt bedeutet, dass der Träger räumlich beschränkt ist.

[44] S. Abschn. 3.2.

[45] Der Träger einer Funktion τ, welche durch assoziierte Integration aus einem Integranden mit kompaktem Träger erzeugt wird, liegt in dem Bereich, der vom kompakten Träger des Integranden durch die Modellkegel bestrahlt wird, der also von allen Strahlen der Modellkegel überdeckt wird, welche von allen Punkten des kompakten Trägers ausgehen. Der unendlich lange Schwanz dieses bestrahlten Bereiches erstreckt sich in den externen Bereich Ω_{ext} hinein, wo alle Distributionen verschwinden. Daher kann diese Funktion τ bei allen Tests durch eine Ersatzfunktion mit räumlich beschränktem Träger vertreten werden, die sich von der ursprünglichen Funktion τ nur im externen Bereich Ω_{ext} unterscheidet, wo die Distributionen verschwinden.

Mit Hilfe dieser Testfunktionsmenge lassen sich die Integraloperatoren auch auf Distributionen anwenden und auf diese Weise Integrale von Distributionen erzeugen, indem man bei den Tests dieser Integrale die Integraloperatoren von den Distributionen χ auf die Testfunktionen τ wälzt und durch ihre assoziierten Integraloperatoren ersetzt [(3.44), (3.45)]. Die so definierte Anwendung von Integraloperatoren auf Distributionen ist konsistent mit der bereits feststehenden Anwendung auf gewöhnliche Funktionen χ [(3.46)–(3.49)].

Die Rechenregeln für die Anwendung von Differential- und Integraloperatoren auf Funktionen gelten auch für die Anwendung auf Distributionen[46]. Beliebige Polynome von Differential- und Integraloperatoren sind definiert, da diese Operatoren aus Distributionen, die im externen Bereich verschwinden, wieder solche Distributionen erzeugen.

$$\int dV \cdot \tau \cdot \chi \tag{3.37}$$

$$\int dV \cdot \tau \cdot \chi = 0; \quad \mathrm{supp}(\tau) \overset{\mathrm{vor.}}{\subset} \Omega_{\mathrm{ext}} \tag{3.38}$$

$$*\,*\,*$$

$$[(\mathbf{a}\nabla)^{-1}\chi](\mathbf{r}) \overset{\mathrm{def.}}{=} -\int\limits_{0}^{\infty} d\alpha \cdot \chi(\mathbf{r} + \alpha\mathbf{a}) \tag{3.39}$$

$$[(\mathbf{a}\nabla)^{-1*}\tau](\mathbf{r}) \overset{\mathrm{def.}}{=} \int\limits_{-\infty}^{0} d\alpha \cdot \tau(\mathbf{r} + \alpha\mathbf{a}) \tag{3.40}$$

$$G(\mathbf{r}' - \mathbf{r}) \overset{(3.20)}{=} \frac{1}{2\pi} \cdot \frac{\theta\left[(z' - z) - \sqrt{(x' - x)^2 + (y' - y)^2}\right]}{\sqrt{(z' - z)^2 - (x' - x)^2 - (y' - y)^2}} \tag{3.41}$$

$$[\Box_z^{-1}\chi](\mathbf{r}) \overset{\mathrm{def.}}{=} \int dV' \cdot G(\mathbf{r}' - \mathbf{r}) \cdot \chi(\mathbf{r}') \tag{3.42}$$

$$[\Box_z^{-1*}\tau](\mathbf{r}) \overset{\mathrm{def.}}{=} \int dV' \cdot G(\mathbf{r} - \mathbf{r}') \cdot \tau(\mathbf{r}') \tag{3.43}$$

---

[46] Begründung: Diese in Abschn. 3.2 durch (3.21)–(3.27) gegebenen Rechenregeln lassen sich durch „Überwälzen" der Integraloperatoren gemäß (3.44)–(3.45) von den Distributionen auf die Testfunktionen beweisen.

$$***$$

$$(\mathbf{a}\nabla)^{-1}\chi: \quad \int dV \cdot \tau \cdot (\mathbf{a}\nabla)^{-1}\chi \overset{\text{def.}}{=} -\int dV \cdot [(\mathbf{a}\nabla)^{-1*}\tau] \cdot \chi \tag{3.44}$$

$$\Box_z^{-1}\chi: \quad \int dV \cdot \tau \cdot \Box_z^{-1}\chi \overset{\text{def.}}{=} \int dV \cdot [\Box_z^{-1*}\tau] \cdot \chi \tag{3.45}$$

$$***$$

$$0 = \int dV \cdot \mathbf{a}\nabla\{(\mathbf{a}\nabla)^{-1*}\tau \cdot (\mathbf{a}\nabla)^{-1}\chi\}$$

$$\overset{\text{id.}}{=} \int dV \cdot \tau \cdot (\mathbf{a}\nabla)^{-1}\chi + \int dV \cdot \chi \cdot (\mathbf{a}\nabla)^{-1*}\tau \tag{3.46}$$

$$p \overset{\text{def.}}{=} \Box_z^{-1*}\tau \tag{3.47}$$

$$q \overset{\text{def.}}{=} \Box_z^{-1}\chi \tag{3.48}$$

$$0 = \int dV \cdot \partial_z(\partial_z p \cdot q - p \cdot \partial_z q)$$

$$- \int dV \cdot \partial_x(\partial_x p \cdot q - p \cdot \partial_x q)$$

$$- \int dV \cdot \partial_y(\partial_y p \cdot q - p \cdot \partial_y q)$$

$$\overset{\text{id.}}{=} \int dV [q \cdot \Box_z p - p \cdot \Box_z q]$$

$$\overset{\text{id.}}{=} \int dV \cdot \tau \cdot \Box_z^{-1}\chi - \int dV \cdot \chi \cdot \Box_z^{-1*}\tau \tag{3.49}$$

Kräfte und Drehmomente auf Flächen

4

Mit den folgenden Umformungen und Begriffen lassen sich die Kräfte und Drehmomente berechnen, welche ein Spannungstensorfeld auf orientierten Flächen erzeugt.

4.1 Der Satz von Gauß

Zunächst werden nur solche orientierten Flächen Γ betrachtet, deren Flächennormalen **n** überall nicht-positive z-Komponenten haben. Wendet man den Satz von Gauß auf den so genannten Projektionsschatten $\omega_z(\Gamma)$ an, der von der Fläche Γ in positive z-Richtung geworfen wird, so lässt sich die Kraft [(4.1)] auf der orientierten Fläche Γ als Differenz aus einem Volumenintegral über den Projektionsschatten und aus der Kraft auf der orientierten[1] zylinderförmigen Mantelfläche Γ' des Projektionsschattens schreiben. Für das Drehmoment [(4.2)] gilt Entsprechendes. Dabei wird vorausgesetzt, dass **S** im ganzen Raum definiert ist und identisch verschwindet, wenn man weit genug in positive z-Richtung geht, so dass die Volumenintegrale über den unendlich langen Projektionsschatten $\omega_z(\Gamma)$ und die Flächenintegrale über seine unendlich lange Mantelfläche Γ' endlich sind[2].

Das Flächenelement dA [(4.3)] der Mantelfläche Γ' ist durch die Differentiale der z-Koordinate und der Bogenlänge l auf den Linien mit konstantem z gegeben. Damit lassen sich die Kraft und das Drehmoment auf dieser Mantelfläche Γ' in Wegintegrale [(4.6), (4.7)] über die orientierte Randkurve $\partial\Gamma$ der Fläche Γ umrechnen. Folglich ist die Kraft auf der orientierten Fläche Γ gleich der Summe [(4.8)] aus einem Volumenintegral über den Projektionsschatten $\omega_z(\Gamma)$ der Fläche und aus einem Wegintegral über die orientierte Randkurve $\partial\Gamma$ der Fläche. Für das Drehmoment [(4.9)] gilt Entsprechendes.

---

[1] Die Normale ist nach außen gerichtet.
[2] S. (2.10) und (2.11). Bei den Umformungen (4.1)–(4.9) handelt es sich um identische Umformungen eines im ganzen Raum definierten Matrixfeldes **S**, unabhängig davon, ob dieses Feld Balancebedingungen erfüllt.

© Springer-Verlag Berlin Heidelberg 2016
P. Halfar, *Spannungen in Gletschern*, DOI 10.1007/978-3-662-48022-9_4

Diese bisher auf orientierte Flächen Γ mit überall negativen z-Komponenten ihrer Flächennormalen beschränkten Relationen können auf beliebige orientierte Flächen Γ übertragen werden, indem man die Projektionsschatten $\omega_z(\Gamma)$ der orientierten Flächen Γ als orientierte, additive Gebilde und die Volumenintegrale über die Projektionsschatten als orientierte, additive Funktionen der orientierten Flächen Γ definiert. Das wird im Folgenden ausgeführt.

$$\int_\Gamma \mathbf{Sn} \cdot dA \stackrel{\text{id.}}{=} \int_{\omega_z(\Gamma)} \text{div}\mathbf{S} \cdot dV - \int_{\Gamma'} \mathbf{Sn} \cdot dA \tag{4.1}$$

$$\int_\Gamma \mathbf{r} \times \mathbf{Sn} \cdot dA \stackrel{\text{id.}}{=} \int_{\omega_z(\Gamma)} [\mathbf{r} \times \text{div}\mathbf{S} + 2 \cdot \mathbf{\$}] \cdot dV - \int_{\Gamma'} \mathbf{r} \times \mathbf{Sn} \cdot dA \tag{4.2}$$

$$***$$

$$dA \stackrel{\text{id.}}{=} dz \cdot dl \tag{4.3}$$

$$\mathbf{n} \cdot dl \stackrel{\text{id.}}{=} \mathbf{e}_z \times d\mathbf{r} \stackrel{\text{id.}}{=} \mathbf{\not{e}}_z \cdot d\mathbf{r} \tag{4.4}$$

$$\partial_z^{-1}(\mathbf{\not{r}S}) \stackrel{\text{id.}}{=} \mathbf{\not{r}} \cdot \partial_z^{-1}\mathbf{S} - \partial_z^{-1}[\underbrace{(\partial_z \mathbf{\not{r}})}_{\mathbf{\not{e}}_z} \cdot \partial_z^{-1}\mathbf{S}] \tag{4.5}$$

$$\int_{\Gamma'} \mathbf{Sn} \cdot dA \stackrel{\text{id.}}{=} \int_{\Gamma'} \mathbf{Sn} \cdot dz \cdot dl \stackrel{\text{id.}}{=} -\oint_{\partial\Gamma} \partial_z^{-1}\mathbf{S} \cdot \mathbf{\not{e}}_z \cdot d\mathbf{r} \tag{4.6}$$

$$\int_{\Gamma'} \mathbf{r} \times \mathbf{Sn} \cdot dA \stackrel{\text{id.}}{=} \int_{\Gamma'} \mathbf{\not{r}} \cdot \mathbf{Sn} \cdot dz \cdot dl \stackrel{\text{id.}}{=} -\oint_{\partial\Gamma} \partial_z^{-1}(\mathbf{\not{r}S}) \cdot \mathbf{\not{e}}_z \cdot d\mathbf{r}$$

$$\stackrel{\text{id.}}{=} \oint_{\partial\Gamma} (-\mathbf{\not{r}} \cdot \partial_z^{-1}\mathbf{S} + \mathbf{\not{e}}_z \cdot \partial_z^{-2}\mathbf{S}) \cdot \mathbf{\not{e}}_z \cdot d\mathbf{r} \tag{4.7}$$

$$***$$

$$\int_{\Gamma} \mathbf{Sn} \cdot dA \overset{\text{id.}}{=} \int_{\omega_z(\Gamma)} \text{div}\mathbf{S} \cdot dV + \oint_{\partial\Gamma} \partial_z^{-1}\mathbf{S} \cdot \mathbf{\not e}_z \cdot d\mathbf{r} \tag{4.8}$$

$$\int_{\Gamma} \mathbf{r} \times \mathbf{Sn} \cdot dA \overset{\text{id.}}{=} \int_{\omega_z(\Gamma)} [\mathbf{r} \times \text{div}\mathbf{S} + 2 \cdot \mathbf{\not S}] \cdot dV + \oint_{\partial\Gamma} (\mathbf{\not r} \cdot \partial_z^{-1}\mathbf{S} - \mathbf{\not e}_z \cdot \partial_z^{-2}\mathbf{S}) \cdot \mathbf{\not e}_z \cdot d\mathbf{r} \tag{4.9}$$

4.2 Projektionsschatten

Die in positive z-Richtung geworfenen Projektionsschatten (Abb. 4.1) $\omega_z(\Gamma)$ orientierter Flächen Γ werden auf folgende Weise zu orientierten und additiven Gebilden erklärt:

- Ändert sich die Orientierung der Fläche, kehrt sich auch die Orientierung ihres Schattens um.

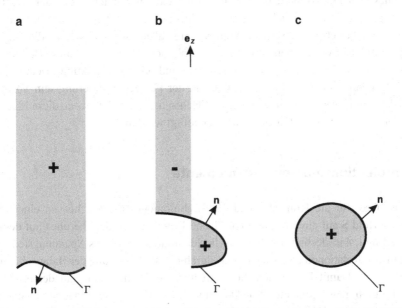

Abb. 4.1 In positive z-Richtung geworfene orientierte Projektionsschatten orientierter Flächen Γ. Die Bilder zeigen Schnitte parallel zur z-Richtung durch orientierte Flächen Γ und durch ihre Projektionsschatten. **a** Die orientierten Flächennormalen **n** haben keine positiven z-Komponenten und der Projektionsschatten der orientierten Fläche Γ ist daher positiv orientiert. **b** Die orientierte Fläche Γ hat kompliziertere Gestalt und ihr Projektionsschatten besteht aus zwei Teilen mit unterschiedlicher Orientierung. **c** Der Projektionsschatten der geschlossenen Fläche besteht aus dem von ihr eingeschlossenen Gebiet und hat positive Orientierung, da die Flächennormalen nach außen zeigen

- Fügt man zwei orientierte Flächen zu einer größeren orientierten Fläche zusammen[3], vereinigen sich auch ihre orientierten Schatten, wobei Überlagerungen mit unterschiedlicher Orientierung wegfallen.
- Die Schatten von Flächen, deren Flächennormalen keine positiven z-Komponenten haben, sind positiv orientiert.

Wegen ihrer Additivität können die Projektionsschatten beliebiger orientierter Flächen dadurch erzeugt werden, dass man die orientierten Schatten ihrer Flächenelemente vereinigt, wobei Überlagerungen mit unterschiedlicher Orientierung wegfallen.

4.3 Orientierte Volumenintegrale

Das orientierte Volumenintegral über einen orientierten Projektionsschatten $\omega_z(\Gamma)$ ist definitionsgemäß gleich dem gewöhnlichen Integral, versehen mit dem Orientierungsvorzeichen des Projektionsschattens. Besteht der Projektionsschatten $\omega_z(\Gamma)$ der orientierten Fläche Γ aus mehreren Bereichen mit unterschiedlicher Orientierung, wie in Figur b der Abb. 4.1, dann besteht das orientierte Volumenintegral aus der Summe über die mit Orientierungsvorzeichen versehenen gewöhnlichen Volumenintegrale über diese Bereiche. Ein orientiertes Volumenintegral ist eine orientierte und additive Funktion orientierter Flächen Γ. Der Funktionswert ändert bei Umkehr der Flächenorientierung sein Vorzeichen und die Funktionswerte zweier orientierten Flächen addieren sich, wenn diese Flächen zu einer größeren orientierten Fläche zusammengefügt werden.

4.4 Projektionsmassen und -momente

Die Ausdrücke für die Kraft [(4.8)] und das Drehmoment [(4.9)], welche von einem Spannungstensorfeld **S** auf einer orientierten Fläche Γ erzeugt werden, beruhen auf dem Satz von Gauß und sind deshalb mathematische Identitäten für dieses Spannungstensorfeld. Physikalische Relationen entstehen daraus durch Berücksichtigung der Balancebedingungen [(2.14), (2.15)]. Damit lassen sich die Kraft und das Drehmoment auf der orientierten Fläche Γ durch die so genannte Projektionsmasse $m_z(\Gamma)$ [(4.10)] bzw. das so genannte Projektionsmoment $\mathbf{M}_z(\Gamma)$ [(4.11)] dieser Fläche und durch Wegintegrale über ihren orientierten Rand $\partial\Gamma$ ausdrücken [(4.12), (4.13)].

Die Projektionsmasse $m_z(\Gamma)$ [(4.10)] einer orientierten Fläche Γ ist das orientierte Volumenintegral der Eisdichte ρ und ist gleich der im orientierten Projektionsschatten von Γ gelegenen gewöhnlichen Eismasse, versehen mit dem Orientierungsvorzeichen des Schattens. Dabei wird die Eisdichte ρ zu einer im ganzen Raum definierten Funktion, indem

---

[3] Eine größere orientierte Fläche setzt sich aus zwei kleineren orientierten Flächen zusammen, wenn man diese beiden kleineren Flächen durch Zerschneiden der größeren Fläche erhält.

sie in das Gebiet außerhalb des betrachteten endlichen Gletscherbereiches durch den Wert Null fortgesetzt wird, so dass die Projektionsmassen immer definiert und endlich sind, auch bei unendlich ausgedehntem Projektionsschatten. Besteht der Schatten der orientierten Fläche Γ aus mehreren Bereichen mit unterschiedlicher Orientierung (Abb. 4.1b), dann besteht die Projektionsmasse $m_z(\Gamma)$ aus der Summe über die mit Orientierungsvorzeichen versehenen Massen in diesen Bereichen. Im Sonderfall einer geschlossenen, orientierten Fläche mit nach außen zeigenden Normalen (Abb. 4.1c) besteht die Projektionsmasse aus der gewöhnlichen eingeschlossenen Masse. Für die Projektionsmomente $\mathbf{M}_z(\Gamma)$ [(4.11)] gilt Entsprechendes.

Die so definierten Projektionsmassen $m_z(\Gamma)$ und Projektionsmomente $\mathbf{M}_z(\Gamma)$ sind orientierte und additive Funktionen von orientierten Flächen Γ. Ihr Funktionswert ändert bei Umkehr der Flächenorientierung ($\Gamma \to -\Gamma$) sein Vorzeichen [(4.14)] und die Funktionswerte zweier orientierten Flächen Γ_1 und Γ_2 addieren sich, [(4.15)] wenn diese Flächen zu einer größeren orientierten Fläche $\Gamma_1 + \Gamma_2$ zusammengefügt werden. Wegen ihrer Additivität können Projektionsmassen und Projektionsmomente von beliebigen orientierten Flächen auch dadurch berechnet werden, dass man über die differentiellen Projektionsmassen und Projektionsmomente der orientierten Flächenelemente integriert.

Projektionsmassen und Projektionsmomente bezüglich anderer Projektionsrichtungen können entsprechend definiert werden. Im Folgenden werden noch die Projektionsmassen und Projektionsmomente $m_x(\Gamma)$ und $\mathbf{M}_x(\Gamma)$ bzw. $m_y(\Gamma)$ und $\mathbf{M}_y(\Gamma)$ bei Projektion in positive x- bzw. y-Richtung auftreten.

$$m_z(\Gamma) \stackrel{\text{def.}}{=} \int_{\omega_z(\Gamma)} \rho \cdot dV \tag{4.10}$$

$$\mathbf{M}_z(\Gamma) \stackrel{\text{def.}}{=} \int_{\omega_z(\Gamma)} \mathbf{r} \cdot \rho \cdot dV \tag{4.11}$$

$* * *$

$$\int_{\Gamma} \mathbf{Sn} \cdot dA \stackrel{(4.8),(2.14)}{=} -m_z(\Gamma) \cdot \mathbf{g} + \oint_{\partial\Gamma} \partial_z^{-1}\mathbf{S} \cdot \not{e}_z \cdot d\mathbf{r} \tag{4.12}$$

$$\int_{\Gamma} \mathbf{r} \times \mathbf{Sn} \cdot dA \stackrel{(4.9),(2.14)}{=} -\mathbf{M}_z(\Gamma) \times \mathbf{g} + \oint_{\partial\Gamma} (\not{r} \cdot \partial_z^{-1}\mathbf{S} - \not{e}_z \cdot \partial_z^{-2}\mathbf{S}) \cdot \not{e}_z \cdot d\mathbf{r} \tag{4.13}$$

$* * *$

$$m_z(\Gamma) = -m_z(-\Gamma); \qquad \mathbf{M}_z(\Gamma) = -\mathbf{M}_z(-\Gamma) \qquad\qquad (4.14)$$

$$m_z(\Gamma_1 + \Gamma_2) = m_z(\Gamma_1) + m_z(\Gamma_2); \qquad \mathbf{M}_z(\Gamma_1 + \Gamma_2) = \mathbf{M}_z(\Gamma_1) + \mathbf{M}_z(\Gamma_2) \qquad (4.15)$$

Spezielle Lösungen der Balancebedingungen   5

Als erster Schritt zur Konstruktion der allgemeinen Lösung der Balance- und Randbedingungen sollen zwei spezielle Lösungen der Balancebedingungen $^{(2.14),\,(2.15)}$ berechnet werden[1]. Da es hier nur darauf ankommt, irgend eine spezielle Lösung zu finden, können die beiden Lösungen so konstruiert werden, dass ihre mathematische Struktur einfach ist: Jeweils drei ihrer sechs unabhängigen Komponenten verschwinden und die drei nicht verschwindenden Komponenten bestehen aus ganzzahligen Potenzen der Differentialoperatoren, angewandt auf die Eisdichte ρ $^{(5.1)}$. Dabei wird der Definitionsbereich dieser Funktion ρ auf den ganzen Raum ausgedehnt, indem ihr außerhalb des betrachteten endlichen Gletscherbereiches der Wert Null zugewiesen wird[2]. Für die Operatorprodukte und ihre ganzzahligen Potenzen gelten einfache Rechenregeln $^{(5.2),\,(5.3)}$[3].

$$\partial_x^l \cdot \partial_y^m \cdot \partial_z^n \cdot \rho; \quad l, m, n = \ldots -1, 0, 1 \ldots \tag{5.1}$$

$$\partial_i^l \cdot \partial_k^m = \partial_k^m \cdot \partial_i^l; \quad l, m = \ldots -1, 0, 1 \ldots; \quad i, k = x, y, z \tag{5.2}$$

$$\partial_i^l \cdot \partial_i^m = \partial_i^{l+m}; \quad l, m = \ldots -1, 0, 1 \ldots; \quad i = x, y, z \tag{5.3}$$

---

[1] S. Fußnote 8 in Abschn. 2.

[2] Die Vektoren $\mathbf{e}_x$, $\mathbf{e}_y$ und $\mathbf{e}_z$ sind gemäß der Vereinbarung in Abschn. 3.2 Vektoren der eindimensionalen Integrationskegel der Integraloperatoren ∂_x^{-1}, ∂_y^{-1} und ∂_z^{-1}. Gemäß Abschn. 3.2 sind diese Integraloperatoren und damit alle ganzzahligen Potenzen der Differentialoperatoren auf der Eisdichte ρ definiert, da diese Funktion ρ außerhalb des betrachteten endlichen Gletscherbereiches verschwindet.

[3] S. (3.25) und (3.26).

© Springer-Verlag Berlin Heidelberg 2016   37
P. Halfar, *Spannungen in Gletschern*, DOI 10.1007/978-3-662-48022-9_5

5.1 Verschwindende xx-, xy- und yy-Komponenten

Das Spannungstensorfeld $\mathbf{S}_b$ [(5.4)] ist eine überall definierte spezielle Lösung der Balancebedingungen [(2.14), (2.15)] mit verschwindenden xx-, xy- und yy-Komponenten[4]. Mit Hilfe der Rechenregeln für die ganzzahligen Potenzen der Differentialoperatoren [(5.2), (5.3)] erkennt man sofort, dass $\mathbf{S}_b$ die Balancebedingungen erfüllt. Die Kräfte [(4.12)] und Drehmomente [(4.13)], welche vom Spannungstensorfeld $\mathbf{S}_b$ auf orientierten Flächen Γ erzeugt werden, [(5.8), (5.9)] hängen von den Projektionsmassen $m_z(\Gamma)$ bzw. Projektionsmomenten $\mathbf{M}_z(\Gamma)$ dieser Flächen ab und von Wegintegralen über die orientierten Randkurven $\partial\Gamma$ dieser Flächen mit dem Doppelintegral $\partial_z^{-2}\rho$ der Eisdichte im Integranden.

Bei vertikal orientierter z-Achse ist die zz-Komponente die einzige nicht verschwindende Komponente [(5.10)] und die Kräfte [(5.11)] und Drehmomente [(5.12)] auf orientierten Flächen Γ hängen in diesem Fall nur von den Projektionsmassen $m_z(\Gamma)$ bzw. Projektionsmomenten $\mathbf{M}_z(\Gamma)$ dieser Flächen ab.

$$\mathbf{S}_b = \mathbf{S}_b^T \stackrel{\text{def.}}{=} \begin{bmatrix} 0 & 0 & -g_x \cdot \partial_z^{-1} \\ 0 & 0 & -g_y \cdot \partial_z^{-1} \\ * & * & (g_x \cdot \partial_x + g_y \cdot \partial_y)\partial_z^{-2} - g_z \cdot \partial_z^{-1} \end{bmatrix} \cdot \rho$$

$$\stackrel{\text{id.}}{=} [-(\mathbf{g}\mathbf{e}_z^T + \mathbf{e}_z\mathbf{g}^T) \cdot \partial_z^{-1} + \mathbf{e}_z\mathbf{e}_z^T \cdot \partial_z^{-2} \cdot (\mathbf{g}^T\nabla)] \cdot \rho \qquad (5.4)$$

$$***$$

$$m = \ldots -1, 0, 1 \ldots :$$

$$\partial_z^m \mathbf{S}_b \cdot \mathbf{\not{e}}_z \stackrel{\text{id.}}{=} \mathbf{e}_z(\mathbf{e}_z \times \mathbf{g})^T \cdot \partial_z^{m-1}\rho \qquad (5.5)$$

$$-\mathbf{\not{r}} \cdot \partial_z^m \mathbf{S}_b \cdot \mathbf{\not{e}}_z \stackrel{\text{id.}}{=} (\mathbf{e}_z \times \mathbf{r})(\mathbf{e}_z \times \mathbf{g})^T \cdot \partial_z^{m-1}\rho \qquad (5.6)$$

$$\mathbf{\not{e}}_z \cdot \partial_z^m \mathbf{S}_b \cdot \mathbf{\not{e}}_z \stackrel{\text{id.}}{=} \mathbf{0} \qquad (5.7)$$

$$***$$

---

[4] Die Bezeichnung $\mathbf{S}_b$ wurde gewählt, damit Übereinstimmung mit den Bezeichnungen in Abschn. 8.2 besteht. Dieses Spannungstensorfeld $\mathbf{S}_b$ hängt von der Orientierung der z-Achse ab, dagegen ist es invariant gegenüber Drehungen des Koordinatensystems um die z-Achse, da sich in diesem Fall die Tensorkomponenten von $\mathbf{S}_b$ dieser Drehung entsprechend transformieren. Es handelt sich bei $\mathbf{S}_b$ somit eigentlich um unendlich viele Spannungstensorfelder, nämlich je eines zu jeder Orientierung der z-Achse.

$$\int_\Gamma \mathbf{S}_b \mathbf{n} \cdot dA \overset{(4.12)}{=} -m_z(\Gamma) \cdot \mathbf{g} + \mathbf{e}_z \cdot \oint_{\partial\Gamma} \partial_z^{-2}\rho \cdot (\mathbf{e}_z \times \mathbf{g}) \cdot d\mathbf{r} \tag{5.8}$$

$$\int_\Gamma \mathbf{r} \times \mathbf{S}_b \mathbf{n} \cdot dA \overset{(4.13)}{=} -\mathbf{M}_z(\Gamma) \times \mathbf{g} - \mathbf{e}_z \times \oint_{\partial\Gamma} \partial_z^{-2}\rho \cdot \mathbf{r} \cdot [(\mathbf{e}_z \times \mathbf{g}) \cdot d\mathbf{r}] \tag{5.9}$$

$$***$$

$$\mathbf{g} \overset{\text{vor.}}{=} g_z \cdot \mathbf{e}_z :$$

$$\mathbf{S}_b = \mathbf{S}_b^T \overset{\text{def.}}{=} \begin{bmatrix} 0 & 0 & 0 \\ 0 & 0 & 0 \\ 0 & 0 & -g_z \cdot \partial_z^{-1}\rho \end{bmatrix} \overset{\text{id.}}{=} -g_z \cdot \partial_z^{-1}\rho \cdot \mathbf{e}_z \mathbf{e}_z^T \tag{5.10}$$

$$\int_\Gamma \mathbf{S}_b \mathbf{n} \cdot dA \overset{\text{id.}}{=} -m_z(\Gamma) \cdot \mathbf{g} \tag{5.11}$$

$$\int_\Gamma \mathbf{r} \times \mathbf{S}_b \mathbf{n} \cdot dA \overset{\text{id.}}{=} -\mathbf{M}_z(\Gamma) \times \mathbf{g} \tag{5.12}$$

5.2 Verschwindende nicht-diagonale Komponenten

Das Spannungstensorfeld $\mathbf{S}_e$ [(5.13)] ist eine überall definierte spezielle Lösung der Balancebedingungen [(2.14), (2.15)] und seine Komponenten außerhalb der Diagonale verschwinden[5]. Wie schon beim Spannungstensorfeld $\mathbf{S}_b$ lässt sich auch hier mithilfe der einfachen Rechenregeln [(5.2), (5.3)] für die ganzzahligen Potenzen der Differentialoperatoren nachweisen, dass $\mathbf{S}_e$ die Balancebedingungen erfüllt. Die Kräfte und Drehmomente auf orientierten Flächen Γ sollen diesmal nicht nach dem oben beschriebenen Verfahren [(4.12), (4.13)] berechnet werden, sondern durch einen Vergleich mit den Kräften [(5.11)] und Drehmomenten [(5.12)] für das Spannungstensorfeld $\mathbf{S}_b$ [(5.10)]. Somit können die Kraft [(5.14)] und das Drehmoment [(5.15)], die vom Spannungstensorfeld $\mathbf{S}_e$ auf einer orientierten Fläche Γ erzeugt werden, durch die drei Projektionsmassen $m_i(\Gamma)$ bzw. die drei Projektionsmomente $\mathbf{M}_i(\Gamma)$ ($i = x, y, z$) dieser Fläche Γ ausgedrückt werden.

---

[5] Die Bezeichnung $\mathbf{S}_e$ wurde gewählt, damit Übereinstimmung mit den Bezeichnungen in Abschn. 8.2 besteht. Das diagonale Spannungstensorfeld $\mathbf{S}_e$ hängt im Allgemeinen von der Orientierung des Koordinatensystems ab. Nur im trivialen Sonderfall horizontal homogener Eisdichte und horizontaler, freier Eisoberfläche ist $\mathbf{S}_e$ unabhängig von der Orientierung des Koordinatensystems und stimmt mit der trivialen starren Lösung überein, wobei die Basis- und Integrationskegelvektoren $\mathbf{e}_i$ nach oben zeigen sollen.

$$\mathbf{S}_e = \mathbf{S}_e^T \stackrel{\text{def.}}{=} - \left[\begin{array}{c|c|c} g_x \cdot \partial_x^{-1} & 0 & 0 \\ \hline 0 & g_y \cdot \partial_y^{-1} & 0 \\ \hline 0 & 0 & g_z \cdot \partial_z^{-1} \end{array} \right] \cdot \rho \tag{5.13}$$

$$\int_\Gamma \mathbf{S}_e \mathbf{n} \cdot dA \stackrel{\text{id.}}{=} -g_x \cdot m_x(\Gamma) \cdot \mathbf{e}_x - g_y \cdot m_y(\Gamma) \cdot \mathbf{e}_y - g_z \cdot m_z(\Gamma) \cdot \mathbf{e}_z \tag{5.14}$$

$$\int_\Gamma \mathbf{r} \times \mathbf{S}_e \mathbf{n} \cdot dA \stackrel{\text{id.}}{=} -g_x \cdot \mathbf{M}_x(\Gamma) \times \mathbf{e}_x - g_y \cdot \mathbf{M}_y(\Gamma) \times \mathbf{e}_y - g_z \cdot \mathbf{M}_z(\Gamma) \times \mathbf{e}_z \tag{5.15}$$

Gewichtslose Spannungstensorfelder 6

Die Berechnung der allgemeinen Lösung der Balance- und Randbedingungen $^{(2.14)-(2.16)}$ konnte durch Subtraktion einer speziellen Lösung[1] auf das einfachere Problem zurückgeführt werden, die allgemeine gewichtslose Lösung der Balance- und Randbedingungen $^{(2.21)-(2.23)}$ für gewichtslose Spannungstensorfelder zu berechnen[2].

Als erster Schritt zur Konstruktion dieser allgemeinen gewichtslosen Lösung der Balance- und Randbedingungen $^{(2.21)-(2.23)}$ wird in diesem Kapitel die allgemeine gewichtslose Lösung nur der Balancebedingungen $^{(2.21)-(2.22)}$ mit Hilfe eines schon lange bekannten Verfahrens [2, S. 53–57] konstruiert. Diese allgemeine Lösung besteht definitionsgemäß aus allen gewichtslosen Spannungstensorfeldern.

6.1 Konstruktion

Die gewichtslosen Spannungstensorfelder $\mathbf{T}$ können dadurch charakterisiert werden, dass sie auf geschlossenen Flächen keine Kräfte $^{(2.25)}$ und Drehmomente $^{(2.26)}$ erzeugen. Das bedeutet, dass die Zeilen der Matrixfelder $\mathbf{T}$ und $\not{r} \cdot \mathbf{T}$ verschwindende Divergenzen haben und als transponierte Rotationen $^{(6.1),\,(6.2)}$ von Matrixfeldern $\mathbf{B}$ bzw. $\mathbf{C}$ geschrieben werden können[3]. Durch Umformungen $^{(6.3)-(6.8)}$ lassen sich alle gewichtslosen Spannungstensorfelder $\mathbf{T}$ aus Matrixfeldern $\mathbf{A}$ durch Ableitungen zweiter Ordnung $^{(6.9)}$ gewinnen. Die Matrixfelder $\mathbf{A}$ werden als Spannungsfunktionen [2, S. 54] oder $\mathbf{A}$-Felder bezeichnet. Diese Form der Darstellbarkeit gewichtsloser Spannungstensorfelder $\mathbf{T}$ durch Spannungs-

---

[1] Solche speziellen Lösungen sind beispielsweise die Spannungstensorfelder $\mathbf{S_b}$ (5.4) und $\mathbf{S_e}$ (5.13).

[2] S. Kap. 2.

[3] Die Rotation rot $\mathbf{B}$ eines Matrixfeldes ist dadurch definiert, dass man $\mathbf{B}$ zunächst transponiert und dann die drei Spalten dieses transponierten Matrixfeldes jeweils durch deren Rotation ersetzt. (S. (13.9) und [2, S. 11].) Somit bestehen die Zeilen des Matrixfeldes $(\text{rot}\,\mathbf{B})^T$ aus den Rotationen der Zeilen von $\mathbf{B}$, was die gewünschte Darstellung der Zeilen von $\mathbf{T}$ als Rotationen ergibt. Analoges gilt für $\not{r} \cdot \mathbf{T}$.

© Springer-Verlag Berlin Heidelberg 2016   41
P. Halfar, *Spannungen in Gletschern*, DOI 10.1007/978-3-662-48022-9_6

funktionen **A** ist nicht nur eine notwendige Bedingung, sondern in dem Sinne auch eine hinreichende, als jedes beliebige **A**-Feld Matrixfelder **B** [(6.8)], **T** [(6.9)] und **C** [(6.10)] definiert, welche die an sie gestellten Anforderungen [(6.1)]–[(6.2)] erfüllen.

Alle so definierten **T**-Felder [(6.9)] bilden die Gesamtheit der gewichtslosen Spannungstensorfelder. Damit liegt eine einfache Darstellung dieser Spannungstensorfelder vor und diese Darstellung hängt nur von den symmetrischen Anteilen A_+ der **A**-Felder ab[4]. Diese gewichtslosen Spannungstensorfelder **T** erzeugen auf orientierten Flächen Γ Kräfte [(6.12)] und Drehmomente [(6.13)], die nach dem Satz von Stokes durch Wegintegrale der **B**- [(6.8)] bzw. **C**-Felder [(6.10)] über den orientierten Rand $\partial\Gamma$ dieser Fläche gegeben sind, wobei auch hier nur die symmetrischen Anteile der **A**-Felder eine Rolle spielen.

Wenn Matrixfelder **B** und **C** wie oben beschrieben durch ein Matrixfeld **A** definiert sind [(6.14)], [(6.15)], sollen sie als „von **A** abstammend" oder als „Nachfolger von **A**" bezeichnet werden. Dann müssen sie die Abstammungsbedingung [(6.16)] erfüllen. Diese Abstammungsbedingung ist nicht nur notwendig, sondern auch hinreichend für diese Abstammungsrelationen. Liegen nämlich zwei Matrixfelder **B** und **C** vor, welche diese Abstammungsbedingung [(6.17)] erfüllen, dann gibt es auch ein Matrixfeld **A** [(6.18)], von dem sie abstammen. Daher können die gewichtslosen Spannungstensorfelder **T** auch aus allen Paaren **B** und **C** von Matrixfeldern gewonnen werden, welche die Abstammungsbedingung [(6.17)] erfüllen, was der Ausgangspunkt zur Konstruktion der gewichtslosen Spannungstensorfelder **T** war [(6.1)], [(6.2)].

$$\mathbf{T} = (\operatorname{rot}\mathbf{B})^T \tag{6.1}$$

$$\not{r} \cdot \mathbf{T} = (\operatorname{rot}\mathbf{C})^T \tag{6.2}$$

$$***$$

$$\not{r} \cdot (\operatorname{rot}\mathbf{B})^T \overset{\mathrm{id.}}{=} [\operatorname{rot}(\not{r} \cdot \mathbf{B})]^T + \mathbf{B}^T - \operatorname{Spur}(\mathbf{B}) \cdot \mathbf{1} \tag{6.3}$$

---

[4] Das gewichtslose Spannungstensorfeld **T** ist die zweifache Rotation des symmetrischen Tensorfeldes A_+, wobei die zweifache Rotation eines Matrixfeldes durch (13.24) gegeben ist. Gurtin [2, S. 54, 57] bezeichnet diese Form eines gewichtslosen Spannungstensorfeldes als „Lösung von Beltrami".

$$\mathbf{B}^T - \mathrm{Spur}(\mathbf{B}) \cdot \mathbf{1} = [\mathrm{rot} \, \underbrace{(\mathbf{C} - \mathbf{r} \cdot \mathbf{B})}_{\mathbf{A}}]^T \tag{6.4}$$

$$\mathbf{A} \stackrel{\text{def.}}{=} \mathbf{C} - \mathbf{r} \cdot \mathbf{B} \tag{6.5}$$

$$\mathbf{B}^T - \mathrm{Spur}(\mathbf{B}) \cdot \mathbf{1} = (\mathrm{rot}\,\mathbf{A})^T \tag{6.6}$$

$$\mathrm{Spur}(\mathbf{B}) = -\frac{1}{2} \cdot \mathrm{Spur}(\mathrm{rot}\,\mathbf{A}) \tag{6.7}$$

$$* * *$$

$$\mathbf{B} = \mathrm{rot}\,\mathbf{A} - \frac{1}{2} \cdot \mathrm{Spur}(\mathrm{rot}\,\mathbf{A}) \cdot \mathbf{1} \stackrel{\text{id.}}{=} \mathrm{rot}\,\mathbf{A}_+ - \mathrm{grad}\,\mathbf{A} \tag{6.8}$$

$$\mathbf{T} = (\mathrm{rot}\,\mathbf{B})^T = \mathrm{rot}\,\mathrm{rot}\,\mathbf{A}_+ \stackrel{\text{id.}}{=} [\mathrm{rot}\,\mathrm{rot}\,\mathbf{A}]_+ \stackrel{\text{id.}}{=} \mathbf{T}^T \tag{6.9}$$

$$\mathbf{C} = \mathbf{r} \cdot \mathbf{B} + \mathbf{A} = \mathbf{r} \cdot [\mathrm{rot}\,\mathbf{A} - \frac{1}{2} \cdot \mathrm{Spur}(\mathrm{rot}\,\mathbf{A}) \cdot \mathbf{1}] + \mathbf{A}$$

$$\stackrel{\text{id.}}{=} \mathbf{r} \cdot \mathrm{rot}\,\mathbf{A}_+ + \mathbf{A}_+ - \mathrm{grad}\,(\mathbf{r} \cdot \mathbf{A}) \tag{6.10}$$

$$\mathbf{r}\mathbf{T} = (\mathrm{rot}\,\mathbf{C})^T = [\mathrm{rot}\,(\mathbf{r} \cdot \mathrm{rot}\,\mathbf{A}_+ + \mathbf{A}_+)]^T \tag{6.11}$$

$$* * *$$

$$\int_{\Gamma} \mathbf{T}\mathbf{n} \cdot dA = \oint_{\partial\Gamma} \mathbf{B} \cdot d\mathbf{r} = \oint_{\partial\Gamma} \mathrm{rot}\,\mathbf{A}_+ \cdot d\mathbf{r} \tag{6.12}$$

$$\int_{\Gamma} \mathbf{r}\mathbf{T}\mathbf{n} \cdot dA = \oint_{\partial\Gamma} \mathbf{C} \cdot d\mathbf{r} = \oint_{\partial\Gamma} (\mathbf{r} \cdot \mathrm{rot}\,\mathbf{A}_+ + \mathbf{A}_+) \cdot d\mathbf{r} \tag{6.13}$$

$$* * *$$

$$\mathbf{B} \stackrel{\text{def.}}{=} \mathrm{rot}\,\mathbf{A} - \frac{1}{2} \cdot \mathrm{Spur}(\mathrm{rot}\,\mathbf{A}) \cdot \mathbf{1} \tag{6.14}$$

$$\mathbf{C} \stackrel{\text{def.}}{=} \mathbf{r} \cdot \mathbf{B} + \mathbf{A} \tag{6.15}$$

$$(\mathrm{rot}\,\mathbf{C})^T \stackrel{(13.22)}{=} \mathbf{r} \cdot (\mathrm{rot}\,\mathbf{B})^T \tag{6.16}$$

$$***$$

$$(\mathrm{rot}\,\mathbf{C})^T \overset{\mathrm{vor.}}{=} \not{\mathbf{f}}\cdot(\mathrm{rot}\,\mathbf{B})^T \tag{6.17}$$

$$\mathbf{A} \overset{\mathrm{def.}}{=} \mathbf{C} - \not{\mathbf{f}}\cdot\mathbf{B} \tag{6.18}$$

$$\mathbf{B} \overset{(13.22)}{=} \mathrm{rot}\,\mathbf{A} - \frac{1}{2}\cdot\mathrm{Spur}(\mathrm{rot}\,\mathbf{A})\cdot\mathbf{1} \tag{6.19}$$

6.2 Redundanzen und Normierungen

6.2.1 Redundanzfunktionen

Zwei verschiedene **A**-Felder können auf das gleiche gewichtslose Spannungstensorfeld **T** [(6.9)] führen. Das ist genau dann der Fall, wenn sich die beiden **A**-Felder durch eine so genannte Redundanzfunktion **A**• unterscheiden, die dadurch gekennzeichnet ist, dass ihr **T**-Feld **T**• verschwindet. Beliebige Linearkombinationen von Redundanzfunktionen sind ebenfalls Redundanzfunktionen. Die Redundanzfunktionen **A**• erzeugen aus jedem **A**-Feld durch Addition weitere **A**-Felder, die jedoch redundant sind, da sie das gleiche **T**-Feld haben. Auf dieses **T**-Feld aber nur kommt es an.

Alle Redundanzfunktionen **A**• [(6.20)] lassen sich durch zwei beliebige Vektorfelder **u** und **v** darstellen[5]. Diese Redundanzfunktionen können aber auch dadurch charakterisiert werden, dass ihre symmetrischen Teile **A**•+ [(6.21)] symmetrisierte Gradienten beliebiger Vektorfelder und ihre antisymmetrischen Teile **A**•− [(6.22)] beliebig sind. Ihre **B**- und **C**-Felder **B**• [(6.23)] bzw. **C**• [(6.24)] sind Gradientenfelder, deren Integrale über die geschlossenen Randkurven beliebiger Flächen verschwindende Kräfte [(6.12)] und Drehmomente [(6.13)] auf diesen Flächen ergeben, was gleichbedeutend damit ist, dass die Spannungstensorfelder **T**• [(6.25)] verschwinden.

$$\mathbf{A}^{\bullet} = \not{\mathbf{u}} + \mathrm{grad}\,\mathbf{v} \tag{6.20}$$

$$\mathbf{A}_{+}^{\bullet} = \frac{1}{2}[\mathrm{grad}\,\mathbf{v} + (\mathrm{grad}\,\mathbf{v})^T] \tag{6.21}$$

$$\mathbf{A}_{-}^{\bullet} = \frac{1}{2}[\mathrm{grad}\,\mathbf{v} - (\mathrm{grad}\,\mathbf{v})^T] + \not{\mathbf{u}} \tag{6.22}$$

$$\mathbf{B}^{\bullet} = \mathrm{rot}\,\mathbf{A}^{\bullet} - \frac{1}{2}\cdot\mathrm{Spur}(\mathrm{rot}\,\mathbf{A}^{\bullet})\cdot\mathbf{1} = -\mathrm{grad}\,\mathbf{u} \tag{6.23}$$

---

[5] S. Abschn. 14.1. $\not{\mathbf{u}}$ bezeichnet das schiefsymmetrische Tensorfeld, welches dem Vektorfeld **u** zugeordnet ist.

$$\mathbf{C}^\bullet = \mathbf{A}^\bullet + \not{r}\mathbf{B}^\bullet = \mathrm{grad}\,(\mathbf{v} - \not{r}\mathbf{u}) = \mathrm{grad}\,(\mathbf{v} - \mathbf{r} \times \mathbf{u}) \tag{6.24}$$

$$\mathbf{T}^\bullet = (\mathrm{rot}\,\mathbf{B}^\bullet)^T = \mathbf{0} \tag{6.25}$$

6.2.2 Normierungen

Man kann Redundanzen verringern, indem man die A-Felder normiert. Zur Darstellung aller gewichtslosen Spannungstensorfelder **T** werden dann nicht mehr alle A-Felder herangezogen, sondern nur solche, die eine bestimmte Normierungsbedingung erfüllen, wobei die Menge dieser normierten A-Felder immer noch groß genug sein soll, um daraus alle gewichtslosen Spannungstensorfelder **T** zu erzeugen. Eine Normierung soll also insofern zulässig sein, als dadurch keine gewichtslosen Spannungstensorfelder **T** verloren gehen. Um diese Zulässigkeit zu garantieren, genügt der Nachweis, dass jedes A-Feld durch Addition einer Redundanzfunktion[6] in ein normiertes A-Feld übergeführt werden kann.

Eine mögliche Normierung der A-Felder lässt nur symmetrische A-Felder als normierte A-Felder zu. Diese Normierung ist zulässig, da jedes andere A-Feld durch Subtraktion einer Redundanzfunktion, nämlich seines antisymmetrischen Teiles $\mathbf{A}_-$, in ein symmetrisches A-Feld übergeführt werden kann. Gurtin [2, S. 54] bezeichnet diese Darstellung aller gewichtslosen Spannungstensorfelder **T** [(6.9)] durch symmetrische A-Matrixfelder als „Lösung von Beltrami".

Auch unter den symmetrischen A-Feldern gibt es noch Redundanzen, die durch Normierung reduziert werden können. Verschiedene Normierungen der symmetrischen A-Felder sind möglich, die jeweils darin bestehen, dass nur drei ihrer sechs unabhängigen Komponenten nicht verschwinden. Jede Auswahl von drei solchen Komponenten stellt eine mögliche Normierung dar, mit Ausnahme der Fälle, in denen die drei nicht verschwindenden Komponenten alle in der gleichen Matrixzeile oder -spalte stehen[7]. Im Folgenden werden fünf solche Normierungen angegeben, also fünf Kombinationen von drei nicht verschwindenden Matrixelementen unter den sechs unabhängigen Matrixelementen einer symmetrischen Matrix **A**. Diese Normierungen werden durch die Indices xx-yy-zz usw. ihrer drei nicht verschwindenden Komponenten bezeichnet. Jede dieser fünf Normierungen gehört zu einem von fünf Normierungstypen „A" bis „E", die im Folgenden definiert werden. Die nicht angegebenen Normierungen eines Typs unterscheiden sich von der angegebenen Normierung nicht wesentlich, sondern entstehen aus dieser durch Umbenennen der Ortskoordinaten[8]:

---

[6] Oder Subtraktion, die der Addition einer Redundanzfunktion mit umgekehrtem Vorzeichen entspricht.

[7] S. Abschn. 14.2.

[8] Diese Umbenennungen sind gleichbedeutend mit synchronen Vertauschungen von Zeilen und von Spalten der Matrix **A**.

A) Normierungstyp: drei diagonale Elemente
    Anzahl der Normierungen dieses Typs: 1

$$\text{xx-yy-zz-Normierung: } \mathbf{A} = \mathbf{A}^T = \begin{bmatrix} * & 0 & 0 \\ 0 & * & 0 \\ 0 & 0 & * \end{bmatrix}$$

B) Normierungstyp: zwei diagonale Elemente und eines in deren Kreuzungsfeld
    Anzahl der Normierungen dieses Typs: 3

$$\text{xx-yy-xy-Normierung: } \mathbf{A} = \mathbf{A}^T = \begin{bmatrix} * & * & 0 \\ * & * & 0 \\ 0 & 0 & 0 \end{bmatrix}$$

C) Normierungstyp: zwei diagonale Elemente und eines nicht in deren Kreuzungsfeld
    Anzahl der Normierungen dieses Typs: 6

$$\text{xx-yy-xz-Normierung: } \mathbf{A} = \mathbf{A}^T = \begin{bmatrix} * & 0 & * \\ 0 & * & 0 \\ * & 0 & 0 \end{bmatrix}$$

D) Normierungstyp: ein diagonales Element
    Anzahl der Normierungen dieses Typs: 6

$$\text{xx-xy-yz-Normierung: } \mathbf{A} = \mathbf{A}^T = \begin{bmatrix} * & * & 0 \\ * & 0 & * \\ 0 & * & 0 \end{bmatrix}$$

E) Normierungstyp: Kein diagonales Element
    Anzahl der Normierungen dieses Typs: 1

$$\text{xy-yz-xz-Normierung: } \mathbf{A} = \mathbf{A}^T = \begin{bmatrix} 0 & * & * \\ * & 0 & * \\ * & * & 0 \end{bmatrix}$$

Also gibt es insgesamt siebzehn Normierungen. Es handelt sich um die zwanzig kombinatorischen Möglichkeiten, aus sechs unabhängigen Matrixelementen einer symmetrischen Matrix drei auszuwählen, abzüglich der drei „verbotenen" Fälle, in denen die drei Matrixelemente jeweils in einer Zeile bzw. Spalte stehen.

Alle gewichtslosen Spannungstensorfelder $\mathbf{T}$ [(6.9)] lassen sich also durch $\mathbf{A}$-Felder darstellen, welche eine dieser Normierungen aufweisen. Gurtin [2, S. 54, 55] bezeichnet die Darstellung mit der Normierung xx-yy-zz als „Lösung von Maxwell" und die Darstellung mit der Normierung xy-yz-xz als „Lösung von Morera".

Teil II
Die allgemeine Lösung der Balance- und Randbedingungen

Gewichtslose Spannungstensorfelder mit Randbedingungen

7

In diesem Kapitel werden die gewichtslosen Spannungstensorfelder mit gegebenen Rand-spannungen konstruiert. Diese Spannungstensorfelder bilden die allgemeine gewichtslose Lösung der Balance- und Randbedingungen $^{(2.21)-(2.23)}$ für gewichtslose Spannungstensor-felder. Damit hat man auch die Hauptaufgabe dieser Abhandlung gelöst, die allgemeine Lösung der Balance- und Randbedingungen $^{(2.14)-(2.16)}$ zu konstruieren, da man diese Hauptaufgabe auf die Konstruktion der allgemeinen gewichtslosen Lösung zurückführen kann, indem man eine bereits bekannte spezielle Lösung nur der Balancebedingungen[1] subtrahiert.

Die gewichtslosen Spannungstensorfelder mit gegebenen Randspannungen werden konstruiert, indem man unter allen gewichtslosen Spannungstensorfeldern $\mathbf{T}$ – diese sind bereits bekannt – diejenigen auswählt, welche die Randbedingung $^{(2.23)}$ erfüllen. Da die gewichtslosen Spannungstensorfelder $\mathbf{T}$ als zweite Ableitungen von beliebigen Matrix-feldern $\mathbf{A}$ gegeben sind, wird diese Auswahl durch Identifikation passender $\mathbf{A}$-Felder getroffen. Diese Identifikation erfolgt durch Randbedingungen für die Randwerte der $\mathbf{A}$-Felder und ihrer ersten Ableitungen.

7.1 Begriffe

Folgende Begriffe spielen bei der Diskussion der gewichtslosen Spannungstensorfelder mit gegebenen Randspannungen eine Rolle:

- $\mathbf{A}$-$\partial_n\mathbf{A}$-Randfeld
- $\mathbf{B}$-$\mathbf{C}$-Randfeld
- $\mathbf{A}$-Lösungsmenge eines $\mathbf{A}$-$\partial_n\mathbf{A}$-Randfeldes

---

[1] Solche speziellen Lösungen sind beispielsweise die Spannungstensorfelder $\mathbf{S}_b$ (5.4) und $\mathbf{S}_e$ (5.13).

© Springer-Verlag Berlin Heidelberg 2016
P. Halfar, *Spannungen in Gletschern*, DOI 10.1007/978-3-662-48022-9_7

- **T**-Lösungsmenge eines **A**-∂_n**A**-Randfeldes und seiner **A**-Lösungsmenge
- Randverteilung von Kräften und Drehmomenten

A-∂_nA-Randfelder, B-C-Randfelder, A- und T-Lösungsmengen

Ein **A**-∂_n**A**-Randfeld beschreibt die Randwerte **A**$_\Sigma$ und ∂_n**A** eines **A**-Feldes und seiner Normalableitungen auf der Randfläche Σ. Ein **B-C**-Randfeld besteht aus den Randfeldern **B**$_\Sigma$ und **C**$_\Sigma$ der Felder **B** [(6.8)] und **C** [(6.10)] eines **A**-Feldes. Die **A**-Lösungsmenge eines **A**-∂_n**A**-Randfeldes besteht aus allen **A**-Feldern, welche zusammen mit ihren Normalableitungen auf der Randfläche Σ die entsprechenden Werte dieses **A**-∂_n**A**-Randfeldes annehmen und die **T**-Lösungsmenge besteht aus allen **T**-Feldern [(6.9)] dieser **A**-Felder.

Randverteilungen von Kräften und Drehmomenten

Eine Randverteilung von Kräften und Drehmomenten bezeichnet die Gesamtheit der Kräfte und Drehmomente, welche das betrachtete gewichtslose Spannungstensorfeld **T** auf der Randfläche Σ gegebener Randspannungen und auf den zusammenhängenden Bestandteilen ihres Komplementes Λ erzeugt. Dieses Komplement Λ besteht aus dem Teil der einfach geschlossenen Berandung $\partial\Omega$ des betrachteten Gletscherbereiches, auf dem keine Randbedingungen gestellt sind. Die zusammenhängenden Bestandteile dieses Komplementes Λ werden mit $\Lambda_0, \ldots, \Lambda_n$ bezeichnet. Mögliche Konfigurationen hängen von der topologischen Struktur der Randfläche Σ ab (Abb. 7.1). Diese Konfigurationen können in vier Fallgruppen eingeteilt werden:

- Im einfachsten Fall sind Λ und Σ einfach zusammenhängend und haben somit jeweils nur einen einzigen separaten, zusammenhängenden Bestandteil. In diesem Fall ist $\Lambda_0 = \Lambda$. (Abb. 7.1a)
- Ist Σ unzusammenhängend und besteht aus lauter separaten, einfach zusammenhängenden Teilen, so ist Λ mehrfach zusammenhängend, hat also ebenfalls nur einen einzigen separaten, zusammenhängenden Bestandteil $\Lambda_0 = \Lambda$. (Abb. 7.1b)
- Ist Σ mehrfach zusammenhängend, so besteht Λ aus mehreren separaten, einfach zusammenhängenden Teilen $\Lambda_0, \ldots, \Lambda_n$. (Abb. 7.1c)
- Sind Σ und Λ unzusammenhängend, so besteht Λ aus mehreren separaten, zusammenhängenden Teilen $\Lambda_0, \ldots, \Lambda_n$, von denen einige mehrfach zusammenhängend sind. (Abb. 7.1d)

In allen Fällen bestehen die Ränder $\partial\Lambda_0, \ldots, \partial\Lambda_n$ der separaten, zusammenhängenden Bestandteile von Λ jeweils aus einer oder mehreren geschlossenen Kurven[2]. Diese Randkurven sind zugleich Randkurven von Σ.

---

[2] Die Orientierungen dieser Kurven sind in Abb. 7.1 durch Pfeile dargestellt. Sie ergeben sich aus dem Umlaufsinn auf $\partial\Omega$, der entgegengesetzt zum Uhrzeigersinn ist, wenn man von außen blickt und werden durch die nach außen zeigenden Normalenvektoren auf $\partial\Omega$ festgelegt.

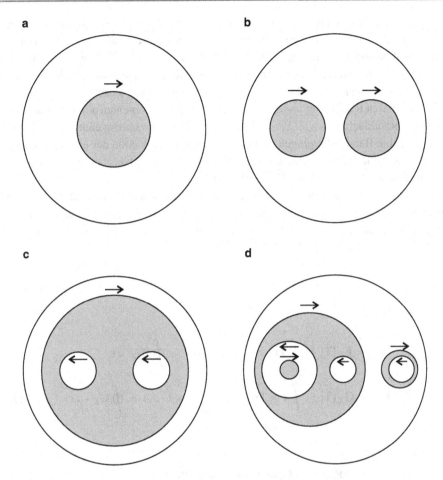

Abb. 7.1 Schematische Darstellungen der Randfläche gegebener Randspannungen. Der betrachtete Gletscherbereich ist schematisch als Kugel dargestellt. Auf der Kugeloberfläche liegen die schattierte Randfläche gegebener Randspannungen und die weiße Fläche unbekannter Randspannungen. Die Pfeile bezeichnen die Orientierungen auf den Randkurven der weißen Fläche. Die schattierte bzw. die weiße Fläche sind **a** zusammenhängend bzw. zusammenhängend, **b** unzusammenhängend bzw. zusammenhängend, **c** zusammenhängend bzw. unzusammenhängend, **d** unzusammenhängend bzw. unzusammenhängend

Eine Randverteilung von Kräften und Drehmomenten besteht somit aus der Kraft $\mathbf{F}_\Sigma$ [(7.1)] und dem Drehmoment $\mathbf{G}_\Sigma$ [(7.2)] auf der Randfläche Σ^3 sowie den Kräften $\mathbf{F}_0, \ldots, \mathbf{F}_n$ [(7.3), (7.5)] und Drehmomenten $\mathbf{G}_0, \ldots, \mathbf{G}_n$ [(7.4), (7.6)] auf den zusammenhängenden Randflächen $\Lambda_0, \ldots, \Lambda_n$, auf denen keine Randbedingungen gestellt sind. Die Summen aller Kräfte [(7.7)] bzw. aller Drehmomente [(7.8)] dieser Randverteilung müssen ver-

---

[3] $\mathbf{F}_\Sigma$ und $\mathbf{G}_\Sigma$ sind bekannt, da sie durch die gegebenen Randspannungen **t** definiert werden.

schwinden, da ein gewichtsloses Spannungstensorfeld auf der geschlossenen Berandung $\partial\Omega$ keine Kraft und kein Drehmoment erzeugt, so dass diese Kräfte bzw. Drehmomente nicht unabhängig sind. Dagegen sind die Kräfte $\mathbf{F}_1,\ldots,\mathbf{F}_n$ [(7.5)] bzw. Drehmomente $\mathbf{G}_1,\ldots,\mathbf{G}_n$ [(7.6)] unabhängig, da sie im Rahmen der allgemeinen Lösung beliebig vorgegeben werden können. Sie sind freie Parameter der allgemeinen Lösung und beschreiben die frei wählbaren Randverteilungen von Kräften und Drehmomenten auf den zusammenhängenden Randflächen $\Lambda_1,\ldots,\Lambda_n$, also auf allen zusammenhängenden Randflächen, auf denen keine Randbedingungen gestellt werden, mit Ausnahme der einen zusammenhängenden Randfläche Λ_0. Auf dieser sind die Kraft $\mathbf{F}_0$ [(7.3)] und das Drehmoment $\mathbf{G}_0$ [(7.4)] durch die Balancebedingungen [(7.7), (7.8)] definiert[4].

Wenn die Randfläche Σ gegebener Randspannungen einfach zusammenhängt oder aus separaten, einfach zusammenhängenden Teilen besteht, ist ihr Komplement $\Lambda = \Lambda_0$ zusammenhängend. In diesen Fällen gibt es keine freien Parameter und nur eine Randverteilung [(7.9)] von Kräften und Drehmomenten.

$$\mathbf{F}_\Sigma = \mathbf{F}_\Sigma[\mathbf{T}] = \int_\Sigma \mathbf{Tn}\cdot dA = \int_\Sigma \mathbf{t}\cdot dA = \oint_{\partial\Sigma} \mathbf{B}_\Sigma \cdot d\mathbf{r} \qquad (7.1)$$

$$\mathbf{G}_\Sigma = \mathbf{G}_\Sigma[\mathbf{T}] = \int_\Sigma \mathbf{r}\times\mathbf{Tn}\cdot dA = \int_\Sigma \mathbf{r}\times\mathbf{t}\cdot dA = \oint_{\partial\Sigma} \mathbf{C}_\Sigma \cdot d\mathbf{r} \qquad (7.2)$$

$$\mathbf{F}_0 = \mathbf{F}_0[\mathbf{T}] = \int_{\Lambda_0} \mathbf{Tn}\cdot dA = \oint_{\partial\Lambda_0} \mathbf{B}_\Sigma \cdot d\mathbf{r} \qquad (7.3)$$

$$\mathbf{G}_0 = \mathbf{G}_0[\mathbf{T}] = \int_{\Lambda_0} \mathbf{r}\times\mathbf{Tn}\cdot dA = \oint_{\partial\Lambda_0} \mathbf{C}_\Sigma \cdot d\mathbf{r} \qquad (7.4)$$

$$\mathbf{F}_\nu = \mathbf{F}_\nu[\mathbf{T}] = \int_{\Lambda_\nu} \mathbf{Tn}\cdot dA = \oint_{\partial\Lambda_\nu} \mathbf{B}_\Sigma \cdot d\mathbf{r}; \qquad \nu = 1,\ldots,n \qquad (7.5)$$

$$\mathbf{G}_\nu = \mathbf{G}_\nu[\mathbf{T}] = \int_{\Lambda_\nu} \mathbf{r}\times\mathbf{Tn}\cdot dA = \oint_{\partial\Lambda_\nu} \mathbf{C}_\Sigma \cdot d\mathbf{r}; \qquad \nu = 1,\ldots,n \qquad (7.6)$$

[4] Welche unter den zusammenhängenden Randflächen, auf denen keine Randbedingungen gestellt werden, man mit Λ_0 bezeichnet, spielt im Prinzip keine Rolle.

$$\mathbf{F}_\Sigma + \mathbf{F}_0 \cdots + \mathbf{F}_n = 0 \tag{7.7}$$

$$\mathbf{G}_\Sigma + \mathbf{G}_0 \cdots + \mathbf{G}_n = 0 \tag{7.8}$$

$$*\,*\,*$$

$$\mathbf{F}_\Sigma; \quad \mathbf{F}_0 = -\mathbf{F}_\Sigma; \quad \mathbf{G}_\Sigma; \quad \mathbf{G}_0 = -\mathbf{G}_\Sigma \tag{7.9}$$

7.2 Struktur

Zwischen den oben erklärten Begriffen bestehen Relationen, welche die Struktur der allgemeinen gewichtslosen Lösung prägen, die aus allen gewichtslosen Spannungstensorfeldern mit gegebenen Randspannungen besteht. Diese Struktur ist in Abb. 7.2 dargestellt und wird im Folgenden erläutert[5].

A-Lösungsmengen, A-∂_nA-Randfelder und T-Lösungsmengen
A-Lösungsmengen zu verschiedenen A-∂_nA-Randfeldern sind offensichtlich disjunkt. Dagegen sind die T-Lösungsmengen zu verschiedenen A-∂_nA-Randfeldern bzw. verschiedenen A-Lösungsmengen entweder disjunkt oder gleich[6]. Der Aufbau der allgemeinen

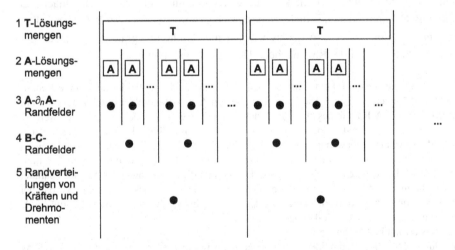

Abb. 7.2 Die Struktur der allgemeinen gewichtslosen Lösung der Balance- und Randbedingungen wird durch die Spaltenstruktur der Abbildung wiedergegeben

---

[5] Damit der Text nicht zu schwerfällig wird, werden in der folgenden Diskussion die Begriffe und ihre Symbole synonym verwendet.

[6] Wenn zwei T-Lösungsmengen, die aus zwei A-Lösungsmengen bzw. aus zwei A-∂_nA-Randfeldern entstehen, ein T-Feld gemeinsam haben, dann gibt es in jeder der beiden A-Lösungsmengen ein

Lösung aus disjunkten **T**-Lösungsmengen stellt eine Klassierung dieser allgemeinen Lösung dar, wobei jede **T**-Lösungsmenge eine Klasse definiert. Diese Klassierung kann auf die **A**-Lösungsmengen und die **A**-∂_n**A**-Randfelder übertragen werden, wobei eine Klasse jeweils aus denjenigen **A**-Lösungsmengen bzw. **A**-∂_n**A**-Randfeldern besteht, welche auf die gleiche **T**-Lösungsmenge führen.

Die Klassen von **A**-Lösungsmengen und **A**-∂_n**A**-Randfeldern können auch ohne Berücksichtigung ihrer **T**-Lösungsmengen definiert werden: Zwei **A**-Lösungsmengen liegen genau dann in einer Klasse, wenn sie durch Addition bzw. Subtraktion einer Redundanzfunktion **A**$^\bullet$ ineinander übergeführt werden können und zwei **A**-∂_n**A**-Randfelder liegen genau dann in einer Klasse, wenn sie durch Addition bzw. Subtraktion des **A**-∂_n**A**-Randfeldes einer Redundanzfunktion **A**$^\bullet$ ineinander übergehen.

B-C-Randfelder

Jedes **A**-∂_n**A**-Randfeld definiert ein **B-C**-Randfeld[7]. Da **A**-∂_n**A**-Randfelder, welche das gleiche **B-C**-Randfeld definieren, in der gleichen Klasse liegen[8], kann die Klassierung auch auf die **B-C**-Randfelder übertragen werden: Eine Klasse von **B-C**-Randfeldern entsteht aus allen **A**-∂_n**A**-Randfeldern einer Klasse.

Die Klassen von **B-C**-Randfeldern können auch ohne Berücksichtigung der **A**-∂_n**A**-Randfelder definiert werden: Zwei **B-C**-Randfelder liegen genau dann in einer Klasse, wenn sie sich voneinander durch das **B-C**-Randfeld **B**$^\bullet_\Sigma$, **C**$^\bullet_\Sigma$ einer Redundanzfunktion **A**$^\bullet$ unterscheiden[9], was gleichbedeutend damit ist, dass sie sich voneinander durch ein Gradientenfeld[10] unterscheiden. Somit kann diese Klassierung der auf der Randfläche Σ definierten **B-C**-Randfelder auch dadurch beschrieben werden, dass zwei **B-C**-Randfelder genau dann zur gleichen Klasse gehören, wenn ihre Umlaufintegrale[11] über jeden geschlossenen Pfad, der auf der Randfläche Σ läuft, übereinstimmen.

A-Feld, welches auf dieses **T**-Feld führt, so dass sich diese beiden **A**-Felder durch eine Redundanzfunktion **A**$^\bullet$ unterscheiden. Dann können die beiden **A**-∂_n**A**-Randfelder durch Addition bzw. Subtraktion des **A**-∂_n**A**-Randfeldes dieser Redundanzfunktion **A**$^\bullet$ ineinander umgewandelt werden, damit können auch beide **A**-Lösungsmengen durch Addition bzw. Subtraktion dieser Redundanzfunktion **A**$^\bullet$ ineinander umgewandelt werden und daher sind die beiden **T**-Lösungsmengen gleich.

[7] Die Randfelder **B**$_\Sigma$ und **C**$_\Sigma$ werden durch die Randwerte des **A**-Feldes und seiner ersten Ableitungen ausgedrückt. Diese ersten Ableitungen lassen sich durch die Ableitungen des **A**-Feldes parallel und senkrecht zur Randfläche Σ ausdrücken, also durch Ableitungen des Randfeldes **A**$_\Sigma$ parallel zur Randfläche und durch die Normalableitung ∂_n**A**. Damit sind sie durch die auf der Randfläche Σ erklärten Funktionen **A**$_\Sigma$ und ∂_n**A** definiert.

[8] Der Beweis erfolgt in Abschn. 15.3.

[9] Begründung: Zwei **B-C**-Randfelder liegen genau dann in einer Klasse, wenn die zwei **A**-∂_n**A**-Randfelder in einer Klasse liegen, aus denen sie entstehen und diese unterscheiden sich durch das **A**-∂_n**A**-Randfeld einer Redundanzfunktion **A**$^\bullet$, so dass sich die beiden **B-C**-Randfelder durch das **B-C**-Randfeld **B**$^\bullet_\Sigma$, **C**$^\bullet_\Sigma$ dieser Redundanzfunktion unterscheiden.

[10] Dieses Gradientenfeld besteht aus den Feldern **B**$^\bullet_\Sigma$ (6.23) und **C**$^\bullet_\Sigma$ (6.24), die Gradienten von Vektorfeldern sind.

[11] Gemeint sind die Umlaufintegrale der Randfelder **B**$_\Sigma$ und **C**$_\Sigma$, aus denen das jeweilige **B-C**-Randfeld besteht.

Nicht nur die Klassen der **B**-**C**-Randfelder, sondern auch diese Randfelder selbst können ohne Berücksichtigung der **A**-∂_n**A**-Randfelder definiert werden. Die Integrale der **B**-**C**-Randfelder $\mathbf{B}_\Sigma$ und $\mathbf{C}_\Sigma$ über die orientierten Randkurven $\partial\Gamma$ von orientierten Teilflächen Γ der Randfläche Σ müssen nämlich mit den Kräften [(7.10)] bzw. Drehmomenten [(7.11)] übereinstimmen, die von den Randspannungen **t** auf diesen Teilflächen Γ erzeugt werden. Das kann nach dem Satz von Stokes auch durch Differentialgleichungen [(7.12)], [(7.13)] zum Ausdruck gebracht werden[12]. Diese Eigenschaften der **B**-**C**-Randfelder sind nicht nur eine notwendige, sondern auch eine im folgenden Sinne hinreichende Bedingung: Wenn zwei Randfelder $\mathbf{B}_\Sigma$, $\mathbf{C}_\Sigma$ diese Differentialgleichungen erfüllen, dann bilden sie das **B**-**C**-Randfeld von **A**-∂_n**A**-Randfeldern[13]. Somit können die **B**-**C**-Randfelder allein durch diese Differentialgleichungen [(7.12)], [(7.13)] charakterisiert werden.

Randverteilungen von Kräften und Drehmomenten
Da verschiedene **B**-**C**-Randfelder genau dann in einer Klasse liegen, wenn ihre Pfadintegrale über beliebige geschlossene Kurven auf der Randfläche Σ übereinstimmen, erzeugen alle **B**-**C**-Randfelder aus einer Klasse die gleiche Randverteilung [(7.1)]–[(7.6)] von Kräften und Drehmomenten. Es gilt auch die Umkehrung: Erzeugen zwei **B**-**C**-Randfelder die gleiche Randverteilung von Kräften und Drehmomenten, dann liegen sie in der gleichen Klasse[14]. Also charakterisieren die Randverteilungen von Kräften und Drehmomenten die Klassen der allgemeinen Lösung. Die **T**-Lösungsmenge einer Klasse besteht aus denjenigen gewichtslosen Lösungen der Balance- und Randbedingungen, welche die gleiche Randverteilung von Kräften und Drehmomenten erzeugen, nämlich die Randverteilung dieser Klasse.

Enthält die Randfläche Σ gegebener Randspannungen keine mehrfach zusammenhängenden Teile, dann gibt es nur eine Klasse, nur eine Randverteilung [(7.9)] von Kräften und Drehmomenten und keine freien Parameter.

---

[12] In (7.12), (7.13) treten nur Ableitungen tangential zur Randfläche Σ auf, die allein durch die Randwerte $\mathbf{B}_\Sigma$ und $\mathbf{C}_\Sigma$ definiert sind.

[13] S. Abschn. 15.3.

[14] Die Pfadintegrale über die orientierten Randkurven $\partial\Gamma$ beliebiger Teilflächen Γ der Randfläche Σ stimmen voraussetzungsgemäß überein, da sie gleich den von den Randspannungen auf den Teilflächen Γ erzeugten Kräften und Drehmomenten sind. Wegen der gleichen Randverteilung von Kräften und Drehmomenten müssen auch die Integrale über die Randkurven der zusammenhängenden Flächen übereinstimmen, auf denen keine Randbedingungen gestellt sind. Somit stimmen auch die Integrale über beliebige geschlossene Pfade auf der Randfläche Σ überein.

$$\oint_{\partial\Gamma} \mathbf{B}_\Sigma \cdot d\mathbf{r} = \int_\Gamma \mathbf{t} \cdot dA; \quad \Gamma \overset{\text{vor.}}{\subseteq} \Sigma \tag{7.10}$$

$$\oint_{\partial\Gamma} \mathbf{C}_\Sigma \cdot d\mathbf{r} = \int_\Gamma \mathbf{r} \times \mathbf{t} \cdot dA; \quad \Gamma \overset{\text{vor.}}{\subseteq} \Sigma \tag{7.11}$$

$$(\text{rot}\mathbf{B}_\Sigma)^T \cdot \mathbf{n} \overset{\text{def.}}{=} \overset{\downarrow}{\mathbf{B}}_\Sigma \cdot (\mathbf{n} \times \nabla) = \mathbf{t} \tag{7.12}$$

$$(\text{rot}\mathbf{C}_\Sigma)^T \cdot \mathbf{n} \overset{\text{def.}}{=} \overset{\downarrow}{\mathbf{C}}_\Sigma \cdot (\mathbf{n} \times \nabla) = \mathbf{r}_\Sigma \times \mathbf{t} \tag{7.13}$$

7.3 Konstruktion

Konstruktion aller gewichtslosen Spanunungstensorfelder mit vorgegebenen Randspannungen – diese Spanunungstensorfelder bilden die allgemeine gewichtslose Lösung der
Balance- und Randbedingungen für gewichtslose Spannungstensorfelder – bedeutet, zu
jeder Randverteilung von Kräften und Drehmomenten alle Lösungen $\mathbf{T}$ der Balance- und
Randbedingungen $^{(2.21)-(2.23)}$ für gewichtslose Spannungstensorfelder anzugeben, welche
diese Randverteilung von Kräften und Drehmomenten erzeugen[15]. Diese Randverteilung
wird durch die Werte der freien Parameter definiert, welche die Kräfte $^{(7.5)}$ und Drehmomente $^{(7.6)}$ auf allen – ausgenommen einer – separaten, zusammenhängenden Randflächen bezeichnen, auf denen keine Randbedingungen gestellt werden. Also bestehen diese
Lösungen aus allen gewichtslosen Spannungstensorfeldern $\mathbf{T}$ $^{(6.9)}$, welche sowohl diese
Kräfte $^{(7.5)}$ und Drehmomente $^{(7.6)}$ als auch die vorgegebenen Randspannungen $\mathbf{t}$ $^{(2.23)}$
erzeugen. Tritt auf der Randfläche Σ vorgegebener Randspannungen kein mehrfacher
Zusammenhang[16] auf, dann gibt es keine freien Parameter und die entsprechenden Relationen für die Kräfte $^{(7.5)}$ und Drehmomente $^{(7.6)}$ entfallen.

Diese gewichtslosen Spannungstensorfelder $\mathbf{T}$ und die Matrixfelder $\mathbf{A}$, aus denen sie
durch Ableitung $^{(6.9)}$ entstehen, schreibt man als Summe aus drei Summanden $\mathbf{T}_*$, $\mathbf{T}_{**}$,
$\mathbf{T}_0$ $^{(7.15)}$ bzw. $\mathbf{A}_*$, $\mathbf{A}_{**}$, $\mathbf{A}_0$ $^{(7.14)}$. Ihre Beiträge zur allgemeinen gewichtslosen Lösung $\mathbf{T}$
sind wie folgt[17]:

- Das gewichtslose Spannungstensorfeld $\mathbf{T}_*$ ist eine spezielle Lösung der Balance- und
  Randbedingungen. Es erzeugt auf der orientierten Randfläche Σ die gegebenen Randspannungen $\mathbf{t}$ $^{(7.16)}$ und hat verschwindende freie Parameter $^{(7.17),\,(7.18)}$.

---

[15] S. Abb. 7.2. Darin steht die Randverteilung von Kräften und Drehmomenten in Zeile 5 und alle
Lösungen $\mathbf{T}$, welche diese Randverteilung erzeugen, bilden die $\mathbf{T}$-Lösungsmenge in Zeile 1.
[16] S. Abb. 7.1a, b.
[17] Jedes der $\mathbf{A}$-Felder $\mathbf{A}$, $\mathbf{A}_*$, $\mathbf{A}_{**}$, $\mathbf{A}_0$ definiert sein entsprechend bezeichnetes $\mathbf{B}$- bzw $\mathbf{C}$- bzw.
$\mathbf{T}$-Feld durch (6.8) bzw. (6.10) bzw. (6.9).

- Das gewichtslose Spannungstensorfeld $\mathbf{T}_{**}$ erzeugt auf der Randfläche Σ keine Randspannungen [7.19] und auf den zusammenhängenden Randflächen ohne Randbedingungen die Kräfte [7.20] und Drehmomente [7.21], die als freie Parameter beliebig vorgegeben werden können.

- $\mathbf{T}_0$ steht für alle gewichtslosen Spannungstensorfelder, die auf der Randfläche Σ keine Randspannungen erzeugen [7.22] und deren freie Parameter verschwinden [7.23], [7.24], die also weder die Randspannungen noch die freien Parameter beeinflussen. Man erhält diese Spannungstensorfelder $\mathbf{T}_0$ als $\mathbf{T}$-Felder von $\mathbf{A}$-Feldern $\mathbf{A}_0$, die zusammen mit ihren ersten Ableitungen auf der Randfläche Σ verschwinden [7.25] und sonst beliebig sind[18].

Diese Form der allgemeinen gewichtslosen Lösung $\mathbf{T}$ kann in die Struktur der allgemeinen Lösung eingeordnet werden. Die durch alle Varianten von $\mathbf{T}_0$-Feldern erzeugte $\mathbf{T}$-Lösungsmenge besteht aus allen gewichtslosen Spannungstensorfeldern $\mathbf{T}$ [7.15], welche die gegebenen Randspannungen $\mathbf{t}$ erzeugen [2.23] und die freien Parameter [7.5], [7.6] von $\mathbf{T}_{**}$ [7.20], [7.21] haben[19].

Damit liegt eine einfache Darstellung [7.15] der allgemeinen gewichtslosen Lösung vor, die aus allen gewichtslosen Spannungstensorfeldern $\mathbf{T}$ mit vorgegebenen Randspannungen $\mathbf{t}$ besteht.[20] Ihre Abhängigkeit von den freien Parametern steckt in dem Summanden $\mathbf{T}_{**}$, der eine lineare Funktion dieser Parameter ist. Der Summand $\mathbf{T}_0$ steht für eine einfach definierte Funktionsklasse, nämlich die $\mathbf{T}$-Felder [6.9] von $\mathbf{A}$-Matrixfeldern $\mathbf{A}_0$, welche zusammen mit ihren ersten Ableitungen auf der Randfläche Σ verschwinden [7.25] und sonst beliebig sind.

$$\mathbf{A} = \mathbf{A}_* + \mathbf{A}_{**} + \mathbf{A}_0 \tag{7.14}$$

$$\mathbf{T} = \mathbf{T}_* + \mathbf{T}_{**} + \mathbf{T}_0 \tag{7.15}$$

---

[18] Dass man auf diese Weise alle derartigen Spannungstensorfelder $\mathbf{T}_0$ erhält, folgt aus der Struktur der allgemeinen Lösung für den Fall verschwindender Randspannungen $\mathbf{t}$. In diesem Fall passt das verschwindende $\mathbf{A}$-$\partial_n \mathbf{A}$-Randfeld in Zeile 3 von Abb. 7.2 zu verschwindender Randverteilung in Zeile 5 und somit ergibt sich die aus allen Feldern $\mathbf{T}_0$ bestehende $\mathbf{T}$ Lösungsmenge in Zeile 1 aus der $\mathbf{A}$-Lösungsmenge in Zeile 2, die aus allen $\mathbf{A}$-Feldern besteht, welche zusammen mit ihren ersten Ableitungen auf der Randfläche Σ verschwinden.

[19] Diese $\mathbf{T}$-Lösungsmenge steht in Zeile 1 der Abb. 7.2. Sie entsteht aus einer $\mathbf{A}$-Lösungsmenge in Zeile 2. Diese $\mathbf{A}$-Lösungsmenge besteht aus allen $\mathbf{A}$-Feldern (7.14), die man durch alle Varianten von $\mathbf{A}_0$-Feldern erhält. Diese $\mathbf{A}$-Lösungsmenge in Zeile 2 passt zu der Randverteilung von Kräften und Drehmomenten in Zeile 5, welche durch die freien Parameter des Summanden $\mathbf{A}_{**}$ definiert wird.

[20] Die $\mathbf{A}$-Felder $\mathbf{A}_*$ und $\mathbf{A}_{**}$ und ihre $\mathbf{T}$-Felder $\mathbf{T}_*$ bzw. $\mathbf{T}_{**}$ werden in Kap. 16 berechnet.

$$***$$

$$\oint_{\partial\Gamma} \mathbf{B}_* \cdot d\mathbf{r} = \int_{\Gamma} \mathbf{T}_* \mathbf{n} \cdot dA = \int_{\Gamma} \mathbf{t} \cdot dA; \quad \Gamma \overset{\text{vor.}}{\subseteq} \Sigma \tag{7.16}$$

$$\oint_{\partial\Lambda_\nu} \mathbf{B}_* \cdot d\mathbf{r} = \int_{\Lambda_\nu} \mathbf{T}_* \mathbf{n} \cdot dA = \mathbf{0}; \quad \nu = 1,\dots,n \tag{7.17}$$

$$\oint_{\partial\Lambda_\nu} \mathbf{C}_* \cdot d\mathbf{r} = \int_{\Lambda_\nu} \mathbf{r} \times \mathbf{T}_* \mathbf{n} \cdot dA = \mathbf{0}; \quad \nu = 1,\dots,n \tag{7.18}$$

$$***$$

$$\oint_{\partial\Gamma} \mathbf{B}_{**} \cdot d\mathbf{r} = \int_{\Gamma} \mathbf{T}_{**} \mathbf{n} \cdot dA = \mathbf{0}; \quad \Gamma \overset{\text{vor.}}{\subseteq} \Sigma \tag{7.19}$$

$$\oint_{\partial\Lambda_\nu} \mathbf{B}_{**} \cdot d\mathbf{r} = \int_{\Lambda_\nu} \mathbf{T}_{**} \mathbf{n} \cdot dA = \mathbf{F}_\nu; \quad \nu = 1,\dots,n \tag{7.20}$$

$$\oint_{\partial\Lambda_\nu} \mathbf{C}_{**} \cdot d\mathbf{r} = \int_{\Lambda_\nu} \mathbf{r} \times \mathbf{T}_{**} \mathbf{n} \cdot dA = \mathbf{G}_\nu; \quad \nu = 1,\dots,n \tag{7.21}$$

$$***$$

$$\oint_{\partial\Gamma} \mathbf{B}_0 \cdot d\mathbf{r} = \int_{\Gamma} \mathbf{T}_0 \mathbf{n} \cdot dA = \mathbf{0}; \quad \Gamma \overset{\text{vor.}}{\subseteq} \Sigma \tag{7.22}$$

$$\oint_{\partial\Lambda_\nu} \mathbf{B}_0 \cdot d\mathbf{r} = \int_{\Lambda_\nu} \mathbf{T}_0 \mathbf{n} \cdot dA = \mathbf{0}; \quad \nu = 1,\dots,n \tag{7.23}$$

$$\oint_{\partial\Lambda_\nu} \mathbf{C}_0 \cdot d\mathbf{r} = \int_{\Lambda_\nu} \mathbf{r} \times \mathbf{T}_0 \mathbf{n} \cdot dA = \mathbf{0}; \quad \nu = 1,\dots,n \tag{7.24}$$

$$\mathbf{A}_{0\Sigma} = \mathbf{0}; \qquad \partial_n \mathbf{A}_0 = \mathbf{0} \tag{7.25}$$

7.4 Redundanzen und Normierungen

Der Summand $\mathbf{T}_0$ der allgemeinen gewichtslosen Lösung [(7.15)] steht für die $\mathbf{T}$-Felder [(6.9)] von $\mathbf{A}$-Feldern $\mathbf{A}_0$, die zusammen mit ihren ersten Ableitungen auf der Randfläche Σ gegebener Randspannungen verschwinden und sonst beliebig sind. Unter diesen $\mathbf{A}_0$-Feldern treten Redundanzen auf, da verschiedene Felder $\mathbf{A}_0$ auf das gleiche Feld $\mathbf{T}_0$ führen können.[21]

Diese Redundanzen kann man dadurch verringern, dass man sich in der allgemeinen Lösung [(7.15)] auf symmetrische Felder $\mathbf{A}_0$ beschränkt, da die antisymmetrischen Anteile keinen Einfluss auf die Felder $\mathbf{T}_0$ haben. Jedoch treten unter diesen symmetrischen Feldern $\mathbf{A}_0$ immer noch Redundanzen auf.[22] Man kann diese Redundanzen zwar durch eine Normierung[23] reduzieren, aber die dabei erzeugten normierten $\mathbf{A}$-Felder erfüllen im Allgemeinen nicht mehr die homogenen Randbedingungen [(7.25)], sind also keine $\mathbf{A}_0$-Felder mehr. Die Reduzierung der Redundanzen durch Normierung würde also in der Regel zu komplizierteren Randbedingungen führen, so dass eine Normierung nicht unbedingt vorteilhaft ist.

Jedoch kann man bei den symmetrischen $\mathbf{A}_0$-Feldern eine Normierung[24] so durchführen, dass sich wieder $\mathbf{A}_0$-Felder ergeben, wenn die im Folgenden angegeben Normierungsrichtungen dieser Normierung quer[25] zur Randfläche Σ sind.[26]

Normierungstyp	Normierung	Normierungsrichtung	
A	xx-yy-zz	x, y, z	
B	xx-yy-xy	z	
C	xx-yy-xz	y, z	(7.26)
D	xx-xy-yz	y, z	
E	xy-yz-xz	x, y, z	

Beispielsweise ist eine xx-yy-xz-Normierung aller $\mathbf{A}_0$-Matrixfelder auf symmetrische $\mathbf{A}_0$-Matrixfelder mit nur drei unabhängigen, nicht verschwindenden Komponenten $A_{0\,xx}$, $A_{0\,yy}$ und $A_{0\,xz}$ dann möglich, wenn die Randfläche Σ quer zur y- und z-Richtung ist, was gleichbedeutend damit ist, dass diese Randfläche sowohl durch eine Funktion $y = y_\Sigma(x, z)$ als auch durch eine Funktion $z = z_\Sigma(x, y)$ darstellbar ist.

---

[21] In diesem Fall unterscheiden sich die verschiedenen $\mathbf{A}_0$-Felder jeweils durch eine Redundanzfunktion (6.20), die zusammen mit ihren ersten Ableitungen auf der Randfläche Σ verschwindet.

[22] Redundanzen treten auf, wenn sich verschiedene symmetrische $\mathbf{A}_0$-Felder durch eine symmetrische Redundanzfunktion (6.21) unterscheiden, die zusammen mit ihren ersten Ableitungen auf der Randfläche Σ verschwindet.

[23] S. Abschn. 6.2.2.

[24] S. Abschn. 6.2.2.

[25] Eine Fläche und eine Richtung sind zueinander quer, wenn jede Gerade parallel zu dieser Richtung die Fläche höchstens einmal schneidet. Bei den Normierungsrichtungen bezeichnet x die Richtung parallel zur x-Achse usw.

[26] Das wird in Abschn. 14.3 gezeigt.

Sowohl die Orientierung des Koordinatensystems als auch die Gestalt der Randfläche Σ haben einen Einfluss darauf, ob die Voraussetzungen für eine Normierung der
$\mathbf{A}_0$-Felder vorliegen. Treffen diese Voraussetzungen zu, dann kann die allgemeine Lösung [7.15] besonders einfach gestaltet werden, indem alle Spannungstensorfelder $\mathbf{T}_0$ als
$\mathbf{T}$-Felder [6.9] von $\mathbf{A}_0$-Feldern dargestellt werden, welche diese Normierung aufweisen.
Man kann also alle Spannungstensorfelder $\mathbf{T}_0$ durch drei skalare Funktionen ausdrücken,
die zusammen mit ihren ersten Ableitungen auf der Randfläche Σ gegebener Randspannungen verschwinden und sonst beliebig sind, nämlich durch die drei unabhängigen Matrixelemente der normierten $\mathbf{A}_0$-Felder.

Diese Normierungsvoraussetzungen treffen in der Regel bei schwimmenden Gletschern nicht zu, da bei diesen Gletschern die Randfläche Σ gegebener Randspannungen
aus der freien Oberfläche und der im Wasser liegenden Unterseite besteht, so dass es
in der Regel keine Richtung gibt, die quer zur Randfläche Σ ist. Dagegen besteht bei
Landgletschern die Randfläche bekannter Randspannungen nur aus der freien Oberfläche
und in der Regel kann das Koordinatensystem so orientiert werden, dass eine der oben
genannten Normierungen möglich ist.

Die allgemeine Lösung der Balance- und Randbedingungen

8

8.1 Darstellungen mit Spannungsfunktionen

Die Darstellungen der allgemeinen Lösung durch Spannungsfunktionen sind dadurch gekennzeichnet, dass gewichtslose Spannungstensorfelder, welche Bestandteile dieser allgemeinen Lösung sind, als symmetrisierte zweimalige Rotationen[1] von Matrixfeldern angegeben werden. Gurtin [2, S. 54] bezeichnet solche Matrixfelder als „Spannungsfunktionen".

Die allgemeine Lösung $\mathbf{S}$ der Balance- und Randbedingungen $^{(2.14)-(2.16)}$ kann als Summe $^{(8.1)}$ aus einer speziellen Lösung $\mathbf{S}_{bal}$ der Balancebedingungen $^{(2.18),\,(2.19)}$ und aus der allgemeinen gewichtslosen Lösung $\mathbf{T}$ $^{(7.15)}$ der Balance- und Randbedingungen für gewichtslose Spannungstensorfelder $^{(2.21)-(2.23)}$ aufgebaut werden. Damit ist die allgemeinen Lösung $\mathbf{S}$ bekannt, da sowohl Spannungstensorfelder $\mathbf{S}_{bal}$[2] als auch die allgemeine gewichtslose Lösung $\mathbf{T}$ $^{(7.15)}$ bekannt sind.

Tritt auf der Randfläche Σ gegebener Randspannungen mehrfacher Zusammenhang[3] auf, dann gibt es in der allgemeinen gewichtslosen Lösung $\mathbf{T}$ und damit auch in der allgemeinen Lösung $\mathbf{S}$ freie Parameter, deren Werte beliebig gewählt werden können. Diese freien Parameter sind die Kräfte $\mathbf{F}_\nu[\mathbf{T}]$ $^{(7.5)}$ und Drehmomente $\mathbf{G}_\nu[\mathbf{T}]$ $^{(7.6)}$, die von der allgemeinen gewichtslosen Lösung $\mathbf{T}$ auf den separaten, zusammenhängenden Flächen – ausgenommen eine dieser Flächen – erzeugt werden, auf denen keine Randbedingungen gestellt sind. Statt dieser Parameter kann man auch die von der allgemeinen Lösung $\mathbf{S}$ erzeugten Kräfte $\mathbf{F}_\nu[\mathbf{S}]$ und Drehmomente $\mathbf{G}_\nu[\mathbf{S}]$ $^{(8.2)}$ als freie Parameter verwenden, die man aus den vom gewichtslosen Spannungstensorfeld $\mathbf{T}$ erzeugten Kräften und Drehmomenten durch Addition $^{(8.4)}$ der Kräfte $\mathbf{F}_\nu[\mathbf{S}_{bal}]$ und Drehmomente $\mathbf{G}_\nu[\mathbf{S}_{bal}]$ $^{(8.3)}$ erhält, welche vom Spannungstensorfeld $\mathbf{S}_{bal}$ erzeugt werden. Diese Kräfteparameter $\mathbf{F}_\nu[\mathbf{S}]$ und

---

[1] Das ist gemäß (6.9) die allgemeine Form gewichtsloser Spannungstensorfelder.
[2] Beispielsweise sind $\mathbf{S}_b$ (5.4) oder $\mathbf{S}_e$ (5.13) solche Spannungstensorfelder.
[3] S. Abb. 7.1c,d.

© Springer-Verlag Berlin Heidelberg 2016
P. Halfar, *Spannungen in Gletschern*, DOI 10.1007/978-3-662-48022-9_8

Drehmomentparameter $\mathbf{G}_\nu[\mathbf{S}]$ muss man bei der Bestimmung eines realistischen Spannungstensorfeldes $\mathbf{S}$ so festlegen, dass sie mit den entsprechenden realen Kräften und Drehmomenten übereinstimmen.

Die allgemeine Lösung $\mathbf{S}$ [(8.1)] besteht aus den vier Summanden $\mathbf{S}_{bal}$, $\mathbf{T}_*$, $\mathbf{T}_{**}$ und $\mathbf{T}_0$, die sich durch Integrationen und Differentiationen berechnen lassen. Diese Summanden haben folgende Eigenschaften:

1. $\mathbf{S}_{bal}$[4] ist eine Lösung der Balancebedingungen [(2.18), (2.19)].

2. $\mathbf{T}_*$ entsteht aus einer Spannungsfunktion $\mathbf{A}_*$.[5] Dieses gewichtslose Spannungstensorfeld $\mathbf{T}_*$ erzeugt auf der orientierten Randfläche Σ die gegebenen Randspannungen $\mathbf{t}$ [(2.24), (7.16)] und hat verschwindende freie Parameter [(7.17), (7.18)].

   $\mathbf{T}_*$ ist also eine spezielle Lösung $\mathbf{T}_{spez}$ der Balance- und Randbedingungen [(2.21)–(2.23)] für gewichtslose Spannungstensorfelder, die auf allen – ausgenommen einer – zusammenhängenden Randflächen Λ_ν, auf denen keine Randbedingungen gestellt sind, keine Kräfte und Drehmomente [(7.17), (7.18)] erzeugt. Demzufolge ist die Summe aus $\mathbf{S}_{bal}$ und $\mathbf{T}_*$ eine spezielle Lösung $\mathbf{S}_{spez}$ der Balance- und Randbedingungen [(2.14)–(2.16)], welche auf den Randflächen Λ_ν die gleichen Kräfte und Drehmomente [(8.3)] erzeugt wie $\mathbf{S}_{bal}$.

3. $\mathbf{T}_{**}$ entsteht aus einer Spannungsfunktion $\mathbf{A}_{**}$, welche eine lineare Funktion der freien Parameter $\mathbf{F}_\nu[\mathbf{T}]$ und $\mathbf{G}_\nu[\mathbf{T}]$ ist.[6] Dieses gewichtslose Spannungstensorfeld $\mathbf{T}_{**}$ erzeugt auf der Randfläche Σ keine Randspannungen [(7.19)] und auf den zusammenhängenden Randflächen Λ_ν, auf denen keine Randbedingungen gestellt sind, die Kräfte $\mathbf{F}_\nu[\mathbf{T}]$ [(7.20)] und Drehmomente $\mathbf{G}_\nu[\mathbf{T}]$ [(7.21)], die als freie Parameter beliebig vorgegeben werden können.

4. $\mathbf{T}_0$ entsteht aus einer Spannungsfunktion $\mathbf{A}_0$,[7] die zusammen mit ihren ersten Ableitungen auf der Randfläche Σ gegebener Randspannungen verschwindet und sonst beliebig ist.

   Dabei kann man sich auf normierte Matrixfelder $\mathbf{A}_0$ beschränken, die symmetrisch sind und bei denen gemäß Normierung drei ihrer sechs unabhängigen Matrixelemente Null sind, wenn die Gestalt der Randfläche Σ und die Orientierung des Koordinatensystems entsprechende Voraussetzungen erfüllen.[8]

Also erhält man alle Spannungstensorfelder $\mathbf{S}$ [(8.1)] der allgemeinen Lösung durch Variationen ihrer variablen Teile $\mathbf{T}_{**}$ und $\mathbf{T}_0$, indem man die die freien Parameter $\mathbf{F}_\nu[\mathbf{T}]$ sowie $\mathbf{G}_\nu[\mathbf{T}]$ im Summanden $\mathbf{T}_{**}$ beliebig variiert und die Spannungsfunktion $\mathbf{A}_0$ des

---

[4] Als Lösung $\mathbf{S}_{bal}$ der Balancebedingungen (2.18), (2.19) kann man beispielsweise eines der Spannungstensorfelder $\mathbf{S}_b$ (5.4) oder $\mathbf{S}_e$ (5.13) verwenden.

[5] Die Berechnung von $\mathbf{A}_*$ und $\mathbf{T}_*$ wird in Abschn. 16.1 beschrieben. Die in (8.1) auftretenden symmetrisierten zweimaligen Rotationen von Matrixfeldern sind gemäß (13.18) identisch mit den zweimaligen Rotationen der symmetrisierten Matrixfelder.

[6] Die Berechnung von $\mathbf{A}_{**}$ und $\mathbf{T}_{**}$ erfolgt in Abschn. 16.2.

[7] Man kann sich in (8.1) auf symmetrische Matrixfelder $\mathbf{A}_0$ beschränken, da ihre antisymmetrischen Bestandteile keine Beiträge zu $\mathbf{T}_0$ liefern.

[8] Die möglichen Normierungen und ihre Voraussetzungen werden in Abschn. 7.4 dargelegt.

Summanden $\mathbf{T}_0$ beliebig variiert.[9] Eine realistische Lösung ergibt sich, indem man realistische Werte für die Kräfte $\mathbf{F}_\nu[\mathbf{S}]$ und Drehmomente $\mathbf{G}_\nu[\mathbf{S}]$ [(8.2)] vorgibt und dadurch auch die Werte der freien Parameter $\mathbf{F}_\nu[\mathbf{T}]$ und $\mathbf{G}_\nu[\mathbf{T}]$ definiert [(8.4)] und indem man die Matrixfunktion $\mathbf{A}_0$ passend auswählt.[10]

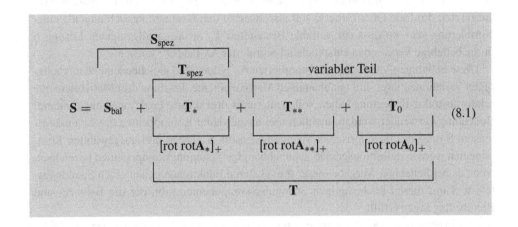

$$\text{(8.1)}$$

$$***$$

$$\nu = 1, \ldots, n:$$

$$\mathbf{F}_\nu[\mathbf{S}] \stackrel{\text{def.}}{=} \int_{\Lambda_\nu} \mathbf{S}\mathbf{n} \cdot dA; \qquad \mathbf{G}_\nu[\mathbf{S}] \stackrel{\text{def.}}{=} \int_{\Lambda_\nu} \mathbf{r} \times \mathbf{S}\mathbf{n} \cdot dA \qquad \text{(8.2)}$$

$$\mathbf{F}_\nu[\mathbf{S}_{\text{bal}}] \stackrel{\text{def.}}{=} \int_{\Lambda_\nu} \mathbf{S}_{\text{bal}}\mathbf{n} \cdot dA; \qquad \mathbf{G}_\nu[\mathbf{S}_{\text{bal}}] \stackrel{\text{def.}}{=} \int_{\Lambda_\nu} \mathbf{r} \times \mathbf{S}_{\text{bal}}\mathbf{n} \cdot dA \qquad \text{(8.3)}$$

$$\mathbf{F}_\nu[\mathbf{S}] = \mathbf{F}_\nu[\mathbf{S}_{\text{bal}}] + \mathbf{F}_\nu[\mathbf{T}]; \qquad \mathbf{G}_\nu[\mathbf{S}] = \mathbf{G}_\nu[\mathbf{S}_{\text{bal}}] + \mathbf{G}_\nu[\mathbf{T}] \qquad \text{(8.4)}$$

---

[9] Die beliebigen Variationen von Matrixfeldern $\mathbf{A}_0$ stehen definitionsgemäß unter der Einschränkung, dass alle Matrixfelder $\mathbf{A}_0$ zusammen mit ihren ersten Ableitungen auf der Randfläche Σ gegebener Randspannungen verschwinden. Dabei kann man sich auf normierte Variationen beschränken, wenn die entsprechenden Normierungsvoraussetzungen erfüllt sind.

[10] Wie bereits erwähnt, ist die Auswahl einer realistischen Lösung nicht mehr Gegenstand dieser allgemeinen Untersuchung. Eine solche Auswahl kann nur von Fall zu Fall erfolgen und erfordert spezielle, vor Ort erhobene Daten.

8.2   Darstellungen mit drei unabhängigen Spannungskomponenten

8.2.1   Problemstellung und Lösungsverfahren

In diesem Abschnitt wird vorausgesetzt, dass die Randfläche Σ gegebener Randspannungen aus der einfach zusammenhängenden freien Oberfläche des betrachteten Gletscherbereiches besteht, wo die Randspannungen verschwinden, so dass in der allgemeine Lösung $\mathbf{S}$ [(8.1)] der variable Bestandteil $\mathbf{T}_{**}$ verschwindet. Außerdem wird Normierbarkeit vorausgesetzt, die freie Oberfläche Σ soll also quer zu den Normierungsrichtungen[11] einer Normierung sein, so dass der variable Bestandteil $\mathbf{T}_0$ in dieser allgemeinen Lösung $\mathbf{S}$ durch beliebige Variationen entsprechend normierter $\mathbf{A}_0$-Felder[12] entsteht.

Diese beliebigen Variationen der normierten $\mathbf{A}_0$-Felder sind gleichbedeutend mit beliebigen Variationen ihrer drei unabhängigen Matrixelemente. Da diese drei Matrixelemente relativ abstrakte Bedeutung haben, sollen alternativ drei skalare Funktionen mit konkreter Bedeutung verwendet werden, nämlich drei ausgewählte Komponenten des Spannungstensors $\mathbf{S}$ oder des deviatorischen Spannungstensors $\mathbf{S}'$. Diese drei ausgewählten Komponenten werden definitionsgemäß als unabhängige Spannungskomponenten bezeichnet, wenn es bei beliebiger Vorgabe dieser drei skalaren Funktionen genau einen Spannungstensor $\mathbf{S}$ mit diesen unabhängigen Spannungskomponenten gibt, der die Balance- und Randbedingungen erfüllt.

Das Problem, das Spannungstensorfeld $\mathbf{S}$ durch seine drei ausgewählten, unabhängigen Spannungskomponenten auszudrücken, kann wie folgt auf das entsprechende Problem zurückgeführt werden, das gewichtslose Spannungstensorfeld $\mathbf{T}_0$[13] durch seine drei ausgewählten, unabhängigen Spannungskomponenten auszudrücken: Mit Hilfe dieses gewichtslosen Spannungstensorfeldes $\mathbf{T}_0$ berechnet man eine spezielle Lösung $\mathbf{S}_*$, bei der die drei ausgewählten Spannungskomponenten verschwinden,[14] addiert dazu das gewichtslose Spannungstensorfeld $\mathbf{T}_0$ und hat damit die Lösung $\mathbf{S}$ [(8.5)] des ursprünglichen Problems, da die unabhängigen Spannungskomponenten von $\mathbf{T}_0$ mit den unabhängigen Spannungskomponenten von $\mathbf{S}$ übereinstimmen.[15]

Um das gewichtslose Spannungstensorfeld $\mathbf{T}_0$ durch seine drei ausgewählten, unabhängigen Spannungskomponenten auszudrücken, stellt man $\mathbf{T}_0$ durch ein normiertes $\mathbf{A}_0$-Feld dar, das durch drei unabhängige $\mathbf{A}_0$-Matrixelemente definiert wird, die zusammen mit ihren ersten Ableitungen an der freien Oberfläche Σ verschwinden [(8.7)]. Die drei unabhän-

---

[11] S. Abschn. 7.4.

[12] S. Ziff. 4, Abschn. 8.1.

[13] Der Index „0" bedeutet, dass sich $\mathbf{T}_0$ aus einer Spannungsfunktion $\mathbf{A}_0$ gewinnen lässt, die zusammen mit ihren ersten Ableitungen an der freien Oberfläche Σ verschwindet. Somit verschwinden die Randspannungen von $\mathbf{T}_0$ an der freien Oberfläche Σ. Gemäß Voraussetzung ist $\mathbf{A}_0$ normiert.

[14] Dazu geht man von irgend einer speziellen Lösung $\mathbf{S}_{\text{spez}}$ aus und subtrahiert eine gewichtslose Lösung $\mathbf{T}_0$, für deren unabhängige Spannungskomponenten man die entsprechenden Komponenten von $\mathbf{S}_{\text{spez}}$ einsetzt.

[15] Das gilt wegen der Relation (8.6) auch für unabhängige deviatorische Komponenten.

gigen Spannungskomponenten von T_0 werden dann ebenfalls durch die drei unabhängigen A_0-Matrixelemente ausgedrückt. Kehrt man diese Relationen um, dann hat man das gesamte normierte Matrixfeld A_0 und damit auch das Matrixfeld T_0 [(8.7)] durch die drei unabhängigen Spannungskomponenten von T_0 ausgedrückt.

Zur Berechnung der drei unabhängigen A_0-Matrixelemente ist ein System von drei partiellen Differentialgleichungen zu lösen, mit der Randbedingung, dass diese drei A_0-Matrixelemente und ihre ersten Ableitungen an der freien Oberfläche Σ verschwinden. Diese Aufgabe kann man als Matrix-Differentialgleichung mit Randbedingungen [(3.32), (3.33)] formulieren, indem man die drei gesuchten Matrixelemente von A_0 als Komponenten einer dreizeiligen Spaltenmatrixfunktion f schreibt, eine dreizeilige Spaltenmatrixfunktion q einführt, deren Komponenten durch die unabhängigen Spannungskomponenten von T_0 definiert sind und einen quadratischen Matrixoperator $\mathcal{L}$ verwendet, dessen neun Matrixelemente jeweils aus Differentialoperatoren zweiter Ordnung bestehen.[16]

$$S = S_* + T_0 \qquad\qquad (8.5)$$

$$S' = S'_* + T'_0 \qquad\qquad (8.6)$$

$$T_0 = \text{rot rot} A_0; \qquad A_0 \text{ normiert}; \qquad A_{0\Sigma} = \partial_n A_0 = 0 \qquad (8.7)$$

8.2.2   Berechnung der Lösungen

Die spezielle Lösung S_*, das gewichtslose Spannungstensorfeld T_0 und damit die Darstellung der allgemeinen Lösung S [(8.5)] durch drei unabhängige Spannungskomponenten werden für acht verschiedene Kombinationen[17] „a" bis „h" von jeweils drei unabhängigen Spannungskomponenten berechnet.[18] Dabei spielen die folgenden konvexen Kegel eine Rolle:

- K_x
  Eindimensionaler Kegel oder Strahl, der vom Basis- und Kegelvektor e_x erzeugt wird. K_y und K_z sind analog definiert.

---

[16] Solche Matrix-Differentialgleichungen und Verfahren zu ihrer Lösung werden im Abschn. 3.4 diskutiert. Die in dieser Abhandlung auftretenden Differentialgleichungen und ihre Lösungen werden in Kap. 17 angegeben.

[17] Eine Analyse sämtlicher Kombinationsmöglichkeiten von jeweils drei unabhängigen Spannungskomponenten wird in Kap. 17 durchgeführt.

[18] S_* und T_0 werden in Kap. 17 für jede der Kombinationen „a" bis „h" angegeben.

- K_{xy}

  Zweidimensionaler Kegel, der von den beiden Basis- und Kegelrandvektoren $\mathbf{e}_x$ und $\mathbf{e}_y$ erzeugt wird. K_{yz} und K_{xz} sind analog definiert.

- K_{xyz}

  Dreidimensionaler Kegel, der von den drei Basis- und Kegelkantenvektoren $\mathbf{e}_x$, $\mathbf{e}_y$ und $\mathbf{e}_z$ erzeugt wird.

- $K_z^{\odot}$

  Dreidimensionaler rotationssymmetrischer Kegel mit dem Öffnungswinkel $\pi/2$, dessen Rotationshalbachse von der Kegelspitze in positive z-Richtung weist. $K_y^{\odot}$ ist analog definiert.

- K_{xz}'

  Zweidimensionaler Kegel, der von seinen beiden Randvektoren $\mathbf{e}_x + \sqrt{2}\mathbf{e}_z$ und $-\mathbf{e}_x + \sqrt{2}\mathbf{e}_z$ erzeugt wird.

- K_{xz}''

  Zweidimensionaler Kegel, der von seinen beiden Randvektoren $\mathbf{e}_x + \sqrt{2}\mathbf{e}_z$ und $\mathbf{e}_x - \sqrt{2}\mathbf{e}_z$ erzeugt wird. Die beiden Kegel K_{xz}' und K_{xz}'' ergänzen sich zu einer Halbebene.

- K_{yxz}'

  Dreidimensionaler Kegel, der von seinen drei Kantenvektoren $\mathbf{e}_y$, $\mathbf{e}_x + \sqrt{2}\mathbf{e}_z$ und $-\mathbf{e}_x + \sqrt{2}\mathbf{e}_z$ erzeugt wird.

- K_{yxz}''

  Dreidimensionaler Kegel, der von seinen drei Kantenvektoren $\mathbf{e}_y$, $\mathbf{e}_x + \sqrt{2}\mathbf{e}_z$ und $\mathbf{e}_x - \sqrt{2}\mathbf{e}_z$ erzeugt wird.

Das Modell „h" mit drei unabhängigen deviatorischen xy-, yz- und xx-Komponenten ist ein Sonderfall, da in diesem Modell zwei einander ausschließende Darstellungen der allgemeinen Lösung $\mathbf{S}$ mit unterschiedlichen Modell- und Integrationskegeln möglich sind.[19] Tabelle 8.1 gibt eine Übersicht über die acht Modelle „a" bis „h".

Damit liegen einfach strukturierte Darstellungen der allgemeinen Lösung $\mathbf{S}$ [(8.5)] der Balance- und Randbedingungen mit verschiedene Kombinationen „a" bis „h" von drei unabhängigen Spannungskomponenten vor. Diese Darstellungen entstehen durch Anwendung von Differential- und Integraloperatoren auf gegebene Funktionen. Dabei entsteht der Bestandteil $\mathbf{S}_*$ dieser allgemeinen Lösung $\mathbf{S}$ [(8.5)] durch Anwendung dieser Operatoren auf die Eisdichte und der Bestandteil $\mathbf{T}_0$ entsteht durch Anwendung dieser Operatoren auf die drei unabhängigen Spannungskomponenten.[20]

Mit diesen Operatordarstellungen[21] der allgemeinen Lösung können die Balance- und Randbedingungen [(2.14)–(2.16)] wie folgt überprüft werden: Aus den Rechenregeln für die Operatoren[22] folgen die Balancerelationen [(2.14), (2.15)]. Dass die Randspannungen von $\mathbf{T}_0$

---

[19] S. Kap. 17.

[20] Die Formelnummern für $\mathbf{S}_*$ und $\mathbf{T}_0$ sind in Tab. 8.1 genannt.

[21] S. die Formeln für $\mathbf{A}_0$, für $\mathbf{T}_0$ und für $\mathbf{S}_* = \mathbf{S}_a$ bis $\mathbf{S}_* = \mathbf{S}_h$ in den Abschn. 17.1 bis 17.8.

[22] S. Abschn. 3.2, Formeln (3.21)–(3.27).

Tab. 8.1 Modelle mit den Kombinationen „a" bis „h" von drei ausgewählten, unabhängigen Spannungskomponenten. Die Tabelle wird am Beispiel „d" der drei unabhängigen Komponenten „xx", „xy" und „yz" erläutert. Die unabhängigen Komponenten des gewichtslosen Spannungstensorfeldes T_0 sind durch drei Punkte gekennzeichnet. Seine abhängige Komponente T_{0yy} wird von T_{0xx} nicht beeinflusst, sondern hängt nur von T_{0xy} und T_{0yz} im Abhängigkeitskegel K_y ab. Die Angaben für die anderen beiden abhängigen Komponenten T_{0zz} und T_{0xz} sind entsprechend zu interpretieren. Das spezielle Spannungstensorfeld $\mathbf{S_*} = \mathbf{S}_d$ hat verschwindende ausgewählte Komponenten S_{*xx}, S_{*xy} und S_{*yz} und die anderen drei Komponenten S_{*yy}, S_{*zz} und S_{*xz} hängen jeweils von der Eisdichte ρ im Abhängigkeitskegel K_y bzw. K_z bzw. K_z ab. Alle Abhängigkeitskegel erzeugen den konvexen Modellkegel K_{yz}. Das gewichtslose Spannungstensorfeld $\mathbf{T_0}$ wird in Formel (17.32) durch seine unabhängigen Spannungskomponenten ausgedrückt und das Spannungstensorfeld $\mathbf{S_*} = \mathbf{S}_d$ ist in Formel (17.33) angegeben

	a	b	c	d	e	f	g	h	
Modellkegel	K_{xyz}	K_z	K_{yz}	K_{yz}	K_{xyz}	$K_z^{\odot}$	$K_y^{\odot}$	K'_{yxz}	K''_{yxz}
$\mathbf{T_0}$	(17.8)	(17.16)	(17.24)	(17.32)	(17.40)	(17.48)	(17.58)	(17.70)	
T_{0xx}	•	•	•	•	K_x	$K_z^{\odot}$	$K_y^{\odot}$	K'_{yxz}	K''_{yxz}
					—	$K_z^{\odot}$	$K_y^{\odot}$	K'_{yxz}	K''_{yxz}
					K_x	$K_z^{\odot}$	$K_y^{\odot}$	K'_{xz}	K''_{xz}
T_{0yy}	•	•	•	—	K_y	$K_z^{\odot}$	$K_y^{\odot}$	K_y	
				K_y	K_y	$K_z^{\odot}$	$K_y^{\odot}$	K_y	
				K_y	—	$K_z^{\odot}$	$K_y^{\odot}$	—	
T_{0zz}	•	K_z	K_z	K_z	—	$K_z^{\odot}$	$K_y^{\odot}$	K'_{yxz}	K''_{yxz}
		K_z	K_z	K_z	K_z	$K_z^{\odot}$	$K_y^{\odot}$	K'_{yxz}	K''_{yxz}
		K_z	K_z	K_z	K_z	$K_z^{\odot}$	$K_y^{\odot}$	K'_{xz}	K''_{xz}
T_{0xy}	K_y	•	K_y	•	•	•	$K_y^{\odot}$	•	
	K_x	—					$K_y^{\odot}$		
	K_{xy}	K_y					$K_y^{\odot}$		
T_{0yz}	K_{yz}	—	K_{yz}	•	•	$K_z^{\odot}$	$K_y^{\odot}$	•	
	K_z	K_z	K_z			$K_z^{\odot}$	$K_y^{\odot}$		
	K_y	K_z	K_y			$K_z^{\odot}$	$K_y^{\odot}$		
T_{0xz}	K_z	K_z	•	K_z	•	$K_z^{\odot}$	•	K'_{yxz}	K''_{yxz}
	K_{xz}	—		K_z		$K_z^{\odot}$		K'_{yxz}	K''_{yxz}
	K_x	K_z	—	—		$K_z^{\odot}$		K'_{xz}	K''_{xz}
T'_{0xx}						•	•	•	
T'_{0yy}						•	•		
$\mathbf{S_*}$	(17.9)	(17.17)	(17.25)	(17.33)	(17.41)	(17.49)	(17.59)	(17.71)	
S_{*xx}	0	0	0	0	K_x	$K_z^{\odot}$	$K_y^{\odot}$	K'_{yxz}	K''_{yxz}
S_{*yy}	0	0	0	K_y	K_y	$K_z^{\odot}$	$K_y^{\odot}$	K_y	
S_{*zz}	0	K_z	K_z	K_z	K_z	$K_z^{\odot}$	$K_y^{\odot}$	K'_{yxz}	K''_{yxz}
S_{*xy}	K_{xy}	0	K_y	0	0	0	$K_y^{\odot}$	0	
S_{*yz}	K_{yz}	K_z	K_{yz}	0	0	$K_z^{\odot}$	$K_y^{\odot}$	0	
S_{*xz}	K_{xz}	K_z	0	K_z	0	$K_z^{\odot}$	0	K'_{yxz}	K''_{yxz}
S'_{*xx}						0	0	0	
S'_{*yy}						0	0		

an der freien Oberfläche Σ verschwinden, folgt daraus, dass die Spannungsfunktion $\mathbf{A}_0$ und ihre ersten Ableitungen dort verschwinden, da in den Formeln für $\mathbf{A}_0$ alle Operatorprodukte eine entsprechende Überzahl von Integraloperatoren enthalten.[23] Dass die Randspannungen von $\mathbf{S}_*$ an der freien Oberfläche Σ verschwinden, ergibt sich ebenfalls aus einer entsprechenden Überzahl von Integraloperatoren in allen Operatorprodukten.

8.2.3 Oberflächengestalt und Definitionsbereich

Als Voraussetzung für die Existenz von Lösungen $\mathbf{T}_0$ und $\mathbf{S}_*$ muss die freie Oberfläche Σ quer und synchron zum jeweiligen Modellkegel sein.[24] Diese Voraussetzung betrifft nicht nur die Gestalt der freien Oberfläche Σ, sondern auch die Orientierung des Koordinatensystems, da eine Drehung des Koordinatensystems eine entsprechende Drehung des Modellkegels bewirkt. Gegebenenfalls sind das Koordinatensystem und mit diesem der Modellkegel so zu drehen, dass die oben genannte Voraussetzung erfüllt wird. Dabei ist zu berücksichtigen, dass sich bei einer solchen Drehung die Bedeutung der drei unabhängigen Spannungskomponenten ändert.

In den Modellen „h" mit drei unabhängigen deviatorischen xy-, yz- und xx-Komponenten gibt es zwei Alternativen mit den Modellkegeln K'_{yxz} und K''_{yxz}. In diesen Modellen „h" muss das Koordinatensystem so gedreht werden, dass die freie Oberfläche Σ entweder zum Modellkegel K'_{yxz} oder zum Modellkegel K''_{yxz} quer und synchron ist.[25]

Der räumliche Definitionsbereich Ω_{def} dieser Lösungen wird durch den Modellkegel festgelegt. Dieser Definitionsbereich Ω_{def} besteht aus dem mit der freien Oberfläche Σ und dem Modellkegel verträglichen[26] Gletscherbereich Ω, der auch als interner Bereich Ω_{int} bezeichnet wird, und aus einem externen Bereich Ω_{ext} jenseits der freien Oberfläche Σ, der von allen Modellkegeln mit Spitze auf der freien Oberfläche Σ erzeugt wird. Auf diesem externen Bereich Ω_{ext} verschwinden definitionsgemäß die unabhängigen Spannungskomponenten von $\mathbf{T}_0$ und die Eisdichte ρ. Dieser externe Bereich enthält daher keine Informationen, sondern wird nur zur Definition der Integraloperatoren benötigt.[27]

---

[23] S. Abschn. 3.4.3.

[24] S. die Definition von „quer und synchron" in Abschn. 3.4.1. Die Modellkegel sind für jedes der Modelle „a" bis „h" sowohl in Tab. 8.1 als auch in den Abschn. 17.1 bis 17.8 angegeben.

[25] Diese beiden Alternativen schließen sich gegenseitig aus. Die freie Oberfläche Σ kann nicht sowohl zum Modellkegel K'_{yxz} als auch zum Modellkegel K''_{yxz} quer und synchron sein, da K'_{yxz} den Kegelvektor $-\mathbf{e}_x + \sqrt{2}\mathbf{e}_z$ enthält und K''_{yxz} den dazu entgegengesetzten Kegelvektor $\mathbf{e}_x - \sqrt{2}\mathbf{e}_z$. S. Kap. 17.

[26] S. Abschn. 3.4.1.

[27] S. Ziff. 2, Abschn. 3.1.

8.2.4   Abhängigkeitskegel der Lösungen

Die Lösungen T_0 und S_* werden unter anderem durch die konvexen Abhängigkeitskegel ihrer Matrixelemente charakterisiert.[28] Die Matrixelemente von T_0 hängen von den drei unabhängigen Spannungskomponenten ab und besitzen bezüglich jeder der drei unabhängigen Spannungskomponenten einen konvexen Abhängigkeitskegel. Bei der Berechnung eines Matrixelementes von T_0 in einem Punkt kommen nur aus dem jeweiligen Abhängigkeitskegel mit Spitze in diesem Punkt Beiträge von der jeweiligen unabhängigen Spannungskomponente.[29] Für die Matrixelemente von S_* gilt entsprechendes, wobei diese Matrixelemente nur von der Eisdichte ρ abhängen.[30]

---

[28] Bei den Berechnungen der Matrixelemente in einem Punkt kommen Integraloperatoren oder Produkte von Integraloperatoren vor, die den jeweiligen Abhängigkeitskegel definieren. S. Abschn. 3.3.

[29] Nicht nur die Werte der unabhängigen Spannungskomponenten sondern auch ihrer Ableitungen liefern Beiträge, es kommt also allgemein auf den gesamten Funktionsverlauf der unabhängigen Spannungskomponenten im Abhängigkeitskegel an.

[30] Die Abhängigkeitskegel für die Matrixelemente von T_0 und S_* sind in Tab. 8.1 angegeben.

Modelle und Modellauswahl 9

Bisher wurden verschiedene Modelle für die allgemeinen Lösung der Balance- und Rand-bedingungen $^{(2.14)-(2.16)}$ vorgestellt. Dieses Kapitel enthält eine Charakterisierung dieser Modelle und Kriterien für die Modellauswahl.

9.1 Charakterisierung der Modelle

In allen Modellen ist die allgemeine Lösung der Balance- und Randbedingungen eine Summe aus einer speziellen Lösung und einem variablen Bestandteil, der für die Gesamt-heit derjenigen gewichtslosen Spannungstensorfelder steht, mit denen sich alle einzelnen Lösungen der allgemeinen Lösung erzeugen lassen. Dieser variable Bestandteil kann ent-weder durch Spannungsfunktionen oder durch unabhängige Spannungskomponenten aus-gedrückt werden.

9.1.1 Modelle mit Spannungsfunktionen

In den Modellen mit Spannungsfunktionen[1] besteht der variable Bestandteil der allgemei-nen Lösung S $^{(8.1)}$ aus zwei variablen Summanden T_{**} und T_0, welche durch Spannungs-funktionen A_{**} bzw. A_0 ausgedrückt werden. Diese Modelle können wie folgt charakteri-siert werden:

1. Variabler Summand T_{**}
   Bei mehrfachem Zusammenhang auf der Randfläche Σ gegebener Randspannungen kommen in der allgemeinen Lösung freie Parameter vor. Diese Parameter sind Kräf-te und Drehmomente, die auf separate, zusammenhängende Randflächen wirken, auf

---

[1] S. Abschn. 8.1.

© Springer-Verlag Berlin Heidelberg 2016
P. Halfar, *Spannungen in Gletschern*, DOI 10.1007/978-3-662-48022-9_9

denen keine Randbedingungen gestellt sind. Von diesen freien Parametern hängt die Spannungsfunktion $\mathbf{A}_{**}$ und damit der variable Summand $\mathbf{T}_{**}$ der allgemeinen Lösung ab.[2] Die Werte dieser Parameter können im Rahmen der allgemeinen Lösung beliebig variieren und erzeugen so die Varianten $\mathbf{T}_{**}$.

Soll ein realistisches Spannungstensorfeld ausgewählt werden, sind diesen Parametern ihre realistischen Werte zuzuweisen. Tritt auf der Randfläche Σ kein mehrfacher Zusammenhang auf, kommt der variable Summand $\mathbf{T}_{**}$ nicht vor.

2. Variabler Summand $\mathbf{T}_0$

    Die Varianten $\mathbf{T}_0$ entstehen aus beliebigen Varianten $\mathbf{A}_0$ von Spannungsfunktionen.[3] Nur vom symmetrischen Anteil einer Spannungsfunktion kommen Beiträge zum Spannungstensor, weshalb man nur symmetrische Varianten $\mathbf{A}_0$ von Spannungsfunktionen berücksichtigen muss.

3. Redundanzen

    Verschiedene Varianten $\mathbf{A}_0$ von Spannungsfunktionen können auf das gleiche Spannungstensorfeld $\mathbf{T}_0$ führen. In diesem Fall gibt es redundante Varianten $\mathbf{A}_0$ von Spannungsfunktionen.

4. Normierte Modelle

    Ein normiertes Modell kann zur Berechnung der allgemeinen Lösung verwendet werden, wenn die Normierungsrichtungen der verwendeten Normierung[4] quer zur Randfläche Σ gegebener Randspannungen sind.

    In einem normierten Modell werden nur normierte Varianten $\mathbf{A}_0$ von Spannungsfunktionen benötigt.[5] Deshalb sind die Redundanzen geringer als in einem nicht normierten Modell oder sind sie sogar verschwunden. Diese normierten Varianten $\mathbf{A}_0$ sind symmetrisch und drei ihrer sechs unabhängigen Komponenten verschwinden. Daher können alle Varianten $\mathbf{T}_0$ durch drei skalare Funktionen ausgedrückt werden, die zusammen mit ihren ersten Ableitungen auf der Randfläche Σ gegebener Randspannungen verschwinden aber sonst beliebig sind, nämlich durch die drei nicht verschwindenden, unabhängigen Matrixelemente der normierten Varianten $\mathbf{A}_0$.

5. Einfluss des Koordinatensystems

    Bei Drehungen des cartesischen Koordinatensystems ändern sich die Bedeutungen der $\mathbf{A}_0$- und $\mathbf{T}_0$-Matrixelemente und die Normierungsrichtungen drehen sich mit. Das ausgewählte Koordinatensystem ist daher ebenfalls ein Kennzeichen des jeweiligen Modells.

6. Anwendungsbereich der Modelle

    Für jede beliebige Gestalt des betrachteten Gletscherbereiches Ω und jede beliebige Gestalt der Randfläche Σ gegebener Randspannungen gibt es ein passendes Modell.

---

[2] S. Nr. 3, Abschn. 8.1.

[3] Diese beliebigen Varianten $\mathbf{A}_0$ unterliegen definitionsgemäß der Einschränkung, dass sie zusammen mit ihren ersten Ableitungen auf der Randfläche Σ gegebener Randspannungen verschwinden.

[4] Diese Normierungsrichtungen sind in Abschn. 7.4 tabellarisch angegeben.

[5] S. Abschn. 7.4.

In jedem Fall anwendbar sind Modelle ohne Normierung. Normierte Modelle sind anwendbar, wenn die oben genannten Normierungsvoraussetzungen erfüllt sind.

7. Berechnung der allgemeinen Lösung
Die allgemeine Lösung der Balance- und Randbedingungen wird durch Integration und Differentiation berechnet.[6]

9.1.2 Modelle mit drei ausgewählten, unabhängigen Spannungskomponenten

In den Modellen mit drei ausgewählten, unabhängigen Spannungskomponenten[7] besteht die allgemeine Lösung S (8.5) der Balance- und Randbedingungen (2.14)–(2.16) aus einer speziellen Lösung S_* und einem variablen Bestandteil T_0. Dieser variable Bestandteil T_0 wird durch die drei ausgewählten, unabhängigen Spannungskomponenten ausgedrückt. Die Modelle können wie folgt charakterisiert werden:

1. Anwendungsbereich der Modelle
Ein Modell mit drei ausgewählten, unabhängigen Spannungskomponenten kann man unter folgenden Voraussetzungen anwenden:
(a) Die orientierte Randfläche Σ gegebener Randspannungen ist einfach zusammenhängend und ist eine freie Oberfläche.[8]
(b) Die orientierte Randfläche Σ ist quer und synchron[9] zum Modellkegel, der durch die drei ausgewählten Spannungskomponenten definiert wird.[10]
(c) Der betrachtete Gletscherbereich Ω ist mit der Randfläche Σ und dem Modellkegel verträglich.[11]
2. Spezielle Lösung S_* und variabler Summand T_0[12]

---

[6] Auf Verfahren zur Berechnung der vier Summanden, aus denen die allgemeinen Lösung S (8.1) besteht, wird in Abschn. 8.1 unter Nr. 1–4 hingewiesen.
[7] S. Abschn. 8.2.
[8] Theoretisch ist ein solches Modell auch anwendbar, wenn die Randfläche Σ gegebener Randspannungen keine freie Oberfläche ist. In diesem Fall ist die spezielle Lösung S_* eine andere als die in Kap. 17 angegebene, der variable Bestandteil T_0 dagegen bleibt der gleiche. Dieser theoretische Fall hat jedoch kaum praktische Bedeutung, da die folgende Voraussetzung 1b praktisch nur dann erfüllt ist, wenn die Randfläche Σ eine freie Oberfläche ist. In den anderen praktischen Fällen besteht die Randfläche Σ gegebener Randspannungen nämlich aus einer freien Oberseite und einer unter Wasser liegenden Unterseite, weshalb die folgende Voraussetzung 1b nicht erfüllt ist.
[9] S. Abschn. 3.4.1.
[10] Die Modellkegel sind sowohl in Tab. 8.1, Abschn. 8.2.2 als auch in den Abschn. 17.1–17.8 angegeben.
[11] S. Abschn. 3.4.1.
[12] Für die acht Kombinationen „a" bis „h" ausgewählter, unabhängiger Spannungskomponenten sind die Formelnummern für S_* und T_0 in Tab. 8.1, Abschn. 8.2.2 angegeben. Die Formeln stehen in den Abschn. 17.1 bis 17.8.

Die drei ausgewählten Komponenten der speziellen Lösung S_* verschwinden. Deshalb stimmen die drei ausgewählten Komponenten der Varianten T_0 mit den drei ausge-wählten Spannungskomponenten der allgemeinen Lösung $S^{(8.5)}$ überein.

Die Varianten T_0 werden durch ihre drei ausgewählten Spannungskomponenten ausge-drückt. Diese Varianten T_0 entstehen aus beliebigen Varianten dieser drei ausgewähl-ten Komponenten und bestehen aus allen gewichtslosen Spannungstensorfeldern mit an der freien Oberfläche Σ verschwindenden Randspannungen.

3. Muttermodelle

   Jedes Modell mit drei ausgewählten, unabhängigen Spannungskomponenten entsteht aus einem Muttermodell mit Spannungsfunktionen, in welchem der variable Bestand-teil $T_0^{(8.7)}$ der allgemeinen Lösung $S^{(8.5)}$ durch normierte[13] Spannungsfunktionen A_0 ausgedrückt wird. In diesem Muttermodell entstehen die Varianten T_0 aus beliebigen Varianten A_0.[14]

4. Keine Redundanzen

   Gibt man die drei ausgewählten, unabhängigen Spannungskomponenten im betrachte-ten Gletscherbereich Ω beliebig vor, dann gibt es in Ω genau eine Lösung $S^{(8.5)}$ der Balance- und Randbedingungen mit diesen Komponenten. Im Muttermodell gibt es dazu genau ein normiertes A_0-Matrixfeld, das sich sich durch die drei ausgewählten Spannungskomponenten ausdrücken lässt.[15]

5. Einfluss des Koordinatensystems

   Da sich bei Drehungen des Koordinatensystems der Modellkegel mit dreht und sich die Bedeutung der unabhängigen Spannungskomponenten ebenfalls ändert, werden die Modelle auch durch die Wahl des Koordinatensystems gekennzeichnet.

6. Betrachteter Gletscherbereich und Definitionsbereich

   Der Definitionsbereich Ω_{def} ist größer als der betrachtete Gletscherbereich Ω und enthält einen so genannten externen Bereich Ω_{ext} jenseits der freien Oberfläche Σ, der durch Parallelverschiebung des Modellkegels mit seiner Spitze entlang der frei-en Oberfläche Σ erzeugt wird. Dieser externe Bereich dient nur zur Definition der Integraloperatoren, mit denen sich die Berechnungen übersichtlich gestalten lassen. Dieser externe Bereich enthält keine Informationen, da alle zugelassenen Funktionen und Distributionen in diesem Bereich verschwinden. Alle Informationen sind daher im betrachteten Gletscherbereich Ω enthalten, der auch als interner Bereich bezeich-net wird.

7. Keine Randbedingungen für die unabhängigen Spannungskomponenten

   Die unabhängigen Spannungskomponenten müssen keine Randbedingungen erfüllen. Dagegen müssen im Muttermodell mit Spannungsfunktionen die A_0-Matrixfelder zu-sammen mit ihren ersten Ableitungen auf der Randfläche Σ gegebener Randspannun-

---

[13] Die Normierung der Spannungsfunktion A_0 im Muttermodell und diese Spannungsfunktion selbst werden in Kap. 17 für jede Auswahl „a" bis „h" unabhängiger Spannungskomponenten angegeben.
[14] Die beliebigen Varianten A_0 stehen definitionsgemäß unter der Einschränkung, dass sie zusam-men mit ihren ersten Ableitungen auf der Randfläche Σ verschwinden.
[15] S. Fußnote 13.

gen verschwinden. Letzteres ergibt sich von selbst, wenn die A_0-Matrixfelder mit Hilfe der unabhängigen Spannungskomponenten berechnet werden.

8. Berechnung der allgemeinen Lösung

Die Berechnung sowohl der Bestandteile S_* und T_0 der allgemeinen Lösung S [(8.5)] als auch des normierten A_0-Matrixfeldes im Muttermodell erfolgt durch Differentiationen und Integrationen der Eisdichte und der drei unabhängigen Spannungskomponenten.[16]

9. Bedeutung

Die Berechnung der allgemeinen Lösung S aus drei ausgewählten, unabhängigen Spannungskomponenten stellt ein formales mathematisches Verfahren dar. Es bedeutet theoretisch, dass es zu beliebig vorgegebenen unabhängigen Spannungskomponenten eine eindeutige Lösung S [(8.5)] der Balance- und Randbedingungen gibt. Es bedeutet praktisch, dass man auf diese Weise ein realistisches Spannungstensorfeld erhält, wenn man die drei ausgewählten Spannungskomponenten realistisch wählt. Bei den Berechnungen kommen nur aus so genannten Abhängigkeitskegeln Beiträge zu den Ergebnissen.

Diesem Berechnungsverfahren liegen insofern keine realistischen Mechanismen zugrunde, als es keine Mechanismen gibt, mit denen man tatsächlich die drei ausgewählten, unabhängigen Spannungskomponenten im Gletscher beliebig einstellen könnte. Die Abhängigkeitskegel haben ebenfalls nur formale mathematische Bedeutung. Im Gletscher finden keine entsprechenden kegelförmigen Ausbreitungs- oder Einflussvorgänge statt. Dennoch ergibt dieses Berechnungsverfahren die korrekte allgemeine Lösung der Balance- und Randbedingungen.[17]

9.2 Modellauswahl

9.2.1 Schwimmende Gletscher

Nicht normierte Modelle mit Spannungsfunktionen eignen sich für schwimmende Gletscher. Bei einem schwimmenden Gletscher lässt die Randfläche Σ gegebener Randspannungen in der Regel keine Normierung zu.[18] Deshalb kommen keine alternativen Modelle in Frage, weder normierte Modelle mit Spannungsfunktionen noch Modelle mit drei unabhängigen Spannungskomponenten.[19]

---

[16] Die Ergebnisse sind für jede der acht Auswahlmöglichkeiten „a" bis „h" unabhängiger Spannungskomponenten in den Abschn. 17.1 bis 17.8 angegeben.

[17] „Allgemeine" Lösung bedeutet Mehrdeutigkeit der Lösung. Diese „Allgemeinheit" oder Mehrdeutigkeit spiegelt den Informationsmangel wider, der die Auswahl einer realistischen Lösung verhindert. Die Grundlage für diese „Allgemeinheit" oder Mehrdeutigkeit der allgemeinen Lösung ist somit nicht physikalischer Natur, sondern besteht in diesem Informationsmangel, weshalb auch die entsprechenden Berechnungsverfahren formale, nicht-realistische Elemente enthalten.

[18] S. Abschn. 7.4.

[19] Man könnte bei schwimmenden Gletschern als Randfläche Σ gegebener Randspannungen nur die freie Oberfläche berücksichtigen. Dann kämen zwar alternative Modelle in Frage, diese würden

Diese nicht normierten Modelle mit Spannungsfunktionen haben einen großen Anwendungsbereich. Mit ihnen lässt sich die allgemeine Lösung **S** [8.1] der Balance- und Randbedingungen [2.14]–[2.16] für beliebig gestaltete Gletscherbereiche Ω[20] und beliebig gestaltete Randflächen Σ gegebener Randspannungen konstruieren. Dieser Vorteil universeller Anwendbarkeit ist jedoch mit dem Nachteil von Redundanzen[21] verbunden.

9.2.2 Landgletscher mit mehrfach zusammenhängender freier Oberfläche

Normierte Modelle mit Spannungsfunktionen eignen sich für Landgletscher mit mehrfach zusammenhängender freier Oberfläche Σ,[22] weil die Normierungsvoraussetzungen[23] bei Landgletschern in der Regel erfüllt werden können. Normierte Modelle haben im Vergleich mit alternativen Modellen ohne Normierung den Vorzug, dass in der allgemeinen Lösung **S** [8.1] die Redundanzen unter den Spannungsfunktionen A_0 durch die Normierung reduziert oder beseitigt werden. Alternative Modelle mit drei unabhängigen Spannungskomponenten kommen wegen des mehrfachen Zusammenhangs der freien Oberfläche Σ nicht in Frage.

Die Normierungsvoraussetzungen können bei Landgletschern in der Regel erfüllt werden, da die Randfläche Σ gegebener Randspannungen nur aus der freien Oberfläche besteht und es in der Regel eine Richtung gibt, die quer zu dieser freien Oberfläche Σ ist. Es kann sogar zwei oder drei zueinander senkrechte Richtungen dieser Art geben. Zur Erfüllung der Normierungsvoraussetzungen ist das Koordinatensystem so zu drehen, dass die entsprechenden Normierungsrichtungen quer zur Randfläche Σ sind.[24]

Ein normiertes Modell mit Spannungsfunktionen ist bei beliebig gestaltetem Gletscherbereich Ω anwendbar[25] und die allgemeine Lösung **S** [8.1] der Balance- und Randbedingungen ist überall in Ω definiert, wenn nur die freie Oberfläche Σ quer zu den Normierungsrichtungen ist.[26] Unter den normierten Modellen haben die Modelle mit xx-yy-xy-Normierung[27] den größten Anwendungsbereich, da bei dieser Normierung nur die z-Richtung quer zur freien Oberfläche Σ sein muss.

---

jedoch eine zuverlässige Information nicht berücksichtigen, nämlich die durch den hydrostatischen Druck gegebenen Randspannungen unter Wasser.

[20] Unter der in Kap. 2, Fußnote 1 vorausgesetzten Einschränkung.

[21] S. Nr. 3, Abschn. 9.1.1.

[22] S. Abb. 7.1, Bild c. Beispielsweise ist die freie Oberfläche zweifach zusammenhängend, wenn auf dem Gletscher ein schwerer Fels liegt, der den sonst einfachen Zusammenhang unterbricht.

[23] S. Ziff. 4, Abschn. 9.1.1.

[24] Die Normierungsrichtungen sind in (7.26) für die verschiedenen Normierungen tabellarisch angegeben. Der Begriff „quer " wird in Abschn. 7.4 in Fußnote 25 erläutert.

[25] Unter der in Kap. 2, Fußnote 1 vorausgesetzten Einschränkung.

[26] Unter dieser Voraussetzung eignen sich die normierten Modelle mit Spannungsfunktionen für alle vier in Abb. 7.1 dargestellten Fälle (a) – (d).

[27] S. Abschn. 6.2.2.

9.2.3 Landgletscher mit einfach zusammenhängender freier Oberfläche

Modelle mit drei unabhängigen Spannungskomponenten eignen sich für Landgletscher mit einfach zusammenhängender freier Oberfläche Σ,[28] da diese Modelle zwei Vorzüge haben: Es treten keine Redundanzen auf und der variable Bestandteil $\mathbf{T}_0$ der allgemeinen Lösung $\mathbf{S}^{(8.5)}$ wird durch die unabhängigen Spannungskomponenten ausgedrückt, die weniger abstrakt sind, als die Komponenten der $\mathbf{A}_0$-Matrixfelder in den alternativen Modellen mit Spannungsfunktionen. Die Modellvoraussetzungen[29] können in der Regel für mindestens ein Modell vom Typ „b" erfüllt werden, da es in der Regel eine Richtung gibt, die quer zur freien Oberfläche Σ ist. Zur Erfüllung der Modellvoraussetzungen ist das Koordinatensystem so zu drehen, dass der entsprechende Modellkegel quer und synchron zur orientierten freien Oberfläche Σ ist.[30]

Relativ einfach sind die Modelle der Typen „b" „d" und „e", da in diesen Fällen bei der Berechnung der Spannungskomponenten jeweils nur Integrationen in eine Richtung auftreten, was durch die eindimensionalen Abhängigkeitskegel zum Ausdruck kommt.[31] Den größten Anwendungsbereich haben die Modelle vom Typ „b", da bei diesen Modellen[32] der Modellkegel aus dem Strahl in positive z-Richtung besteht und deshalb nur die positive z-Richtung quer und synchron zur orientierten freien Oberfläche Σ sein muss.[33] Diese Modelle vom Typ „b" sind insofern am einfachsten, als nur Integrationen in z-Richtung auftreten.

In einem Modell mit drei unabhängigen Spannungskomponenten unterliegt der betrachtete Gletscherbereich Ω der Einschränkung, dass er mit der freien Oberfläche Σ und dem Modellkegel verträglich[34] sein muss. Beispielsweise ergibt sich in einem Modell vom Typ „b" der eingeschränkte Gletscherbereich Ω durch Projektion der freien Oberfläche Σ in negative z-Richtung, da der Modellkegel aus dem Strahl in positive z-Richtung besteht. In dem eingeschränkten Gletscherbereich Ω definieren die drei unabhängigen Spannungskomponenten sowohl die allgemeine Lösung als auch das $\mathbf{A}_0$-Matrixfeld des normierten Muttermodells mit Spannungsfunktionen, aus dem das Modell mit drei unabhängigen Spannungskomponenten entsteht. In diesem Muttermodell treten daher keine Redundanzen auf.

---

[28] S. Abb. 7.1, Bild a.

[29] S. Ziff. 1, Abschn. 9.1.2.

[30] Der Modellkegel und die Bestandteile $\mathbf{S}_*$ und $\mathbf{T}_0$ der allgemeinen Lösung $\mathbf{S}^{(8.5)}$ sind für jede der acht Auswahlmöglichkeiten „a" bis „h" unabhängiger Spannungskomponenten im Kap. 17 angegeben. Für die jeweilige Auswahl „a" usw. unabhängiger Spannungskomponenten wird die spezielle Lösung $\mathbf{S}_*$ mit $\mathbf{S}_a$ usw. bezeichnet.

[31] S. Tab. 8.1, Abschn. 8.2.2 und Abschn. 17.2, 17.4 und 17.5.

[32] Zum Typ „b" und auch zu den jeweiligen anderen Typen gibt es mehrere Modelle, da jeweils verschiedene Orientierungen des Koordinatensystems möglich sind, die zu verschiedenen Modellen führen.

[33] Das bedeutet, dass die nach außen gerichtete Normale der orientierten freien Oberfläche Σ eine positive z-Komponente hat.

[34] S. Abschn. 3.4.1.

Statt eines Modells mit unabhängigen Spannungskomponenten und entsprechend eingeschränktem Gletscherbereich kann man auch ein Modell mit Spannungsfunktionen verwenden, das in einem größeren Gletscherbereich definiert ist und deshalb vorteilhafter sein kann. Verwendet man beispielsweise statt eines Modells mit unabhängigen Spannungskomponenten vom Typ „b" und eingeschränktem Gletscherbereich Ω[35] das normierte Muttermodell[36] mit normierten Spannungsfunktionen A_0, so liefert dieses Muttermodell in einer beliebigen Erweiterung[37] des eingeschränkten Gletscherbereiches Ω die allgemeine Lösung S. In diesem Muttermodell wird der variable Bestandteil T_0 der allgemeinen Lösung S [(9.1)] durch Spannungsfunktionen A_0 mit xx-yy-xy-Normierung ausgedrückt. [(9.2)] Dabei können außerhalb des eingeschränkten Gletscherbereiches Ω Redundanzen auftreten, indem verschiedene A_0-Matrixfelder trotz ihrer Normierung den gleichen Bestandteil T_0 der allgemeinen Lösung S ergeben.[38]

$$S = S_b + T_0 \qquad (9.1)$$

$$T_0 = \text{rot rot } A_0; \quad A_0 \text{ xx-yy-xy-normiert}; \quad A_{0\Sigma} = \partial_n A_0 = 0 \qquad (9.2)$$

---

[35] Die Einschränkung des Gletscherbereiches entsteht durch die Bedingungen unter Ziff. 1c, Abschn. 9.1.2. Beispielsweise ergibt sich in einem Modell vom Typ „b" der eingeschränkte Gletscherbereich Ω durch Projektion der freien Oberfläche Σ in negative z-Richtung.

[36] S. Ziff. 3, Abschn. 9.1.2.

[37] Eine solche Erweiterung unterliegt den Einschränkungen in Kap. 2, Fußnote 1.

[38] Die Lösung (9.1), (9.2) ist formal im ganzen Raum definiert, da man A_0 ebenfalls im ganzen Raum definieren kann und ebenso S_b (5.4), da die Eisdichte ρ außerhalb des erweiterten Gletscherbereiches definitionsgemäß Null ist. Die Lösung ist jedoch nur im erweiterten Gletscherbereich relevant.

Teil III
Anwendungen und Beispiele

Landgletscher

10

In diesem Kapitel werden einige Modelle[1] für die allgemeine Lösung der Balance- und Randbedingungen $^{(2.14)-(2.16)}$ in Landgletschern diskutiert. Speziell für stagnierende Landgletscher werden so genannte „quasistarre Modelle" als Kandidaten für realistische Modelle eingeführt.

10.1 Gletscher mit einfach zusammenhängender freier Oberfläche: Modelle mit drei unabhängigen Spannungskomponenten

10.1.1 Unabhängige Komponenten S_{xx}, S_{yy}, S_{xy}

In diesem Abschnitt wird der Modelltyp „b" der allgemeinen Lösung[2] mit den unabhängigen Spannungskomponenten S_{xx}, S_{yy} und S_{xy} diskutiert. Der Anwendungsbereich des Modelltyps „b" wird durch die folgenden Voraussetzungen[3] festgelegt:

- Gestalt der freien Oberfläche Σ und Orientierung des Koordinatensystems
  Die orientierte freie Oberfläche Σ muss so gestaltet sein und das Koordinatensystem muss so gedreht werden, dass die nach außen gerichteten orientierten Normalen der freien Oberfläche positive z-Komponenten haben.
  Die orientierte freie Oberfläche Σ muss also quer und synchron zum eindimensionalen Modellkegel K_z sein,[4] welcher vom Modellkegelvektor $\mathbf{e}_z$ erzeugt wird. Σ kann also durch eine Funktion $z_0(x, y)$ $^{(10.1)}$ beschrieben werden.
- Betrachteter Gletscherbereich Ω

---

[1] Die Auswahl der Modelle erfolgt gemäß den Auswahlkriterien in Abschn. 9.2.2, 9.2.3.
[2] S. Tab. 8.1, Spalte b in Abschn. 8.2.2 und Abschn. 17.2.
[3] S. Ziff. 1 und Ziff. 6, Abschn. 9.1.2.
[4] S. Ziff. 1, Abschn. 3.4.1.

© Springer-Verlag Berlin Heidelberg 2016
P. Halfar, *Spannungen in Gletschern*, DOI 10.1007/978-3-662-48022-9_10

Der betrachtete Gletscherbereich Ω muss mit dem Modellkegel K_z und der freien Oberfläche Σ verträglich sein.[5]

Der betrachtete Gletscherbereich Ω [(10.3)] liegt also in z-Richtung zwischen der freien Oberfläche und einer Fläche, die durch eine Funktion $z_1(x, y)$ gegeben ist.

- Definitionsbereich Ω_{def} aller Funktionen und Distributionen

  Der räumliche Definitionsbereich Ω_{def} [(10.4)] aller verwendeten Funktionen und Distributionen ist größer als der Gletscherbereich Ω und enthält zusätzlich den externen Bereich Ω_{ext}, der von allen Modellkegeln K_z mit Spitze auf der freien Oberfläche Σ erzeugt wird. In diesem externen Bereich Ω_{ext} jenseits der freien Oberfläche verschwinden definitionsgemäß alle verwendeten Funktionen und Distributionen, also auch die unabhängigen Spannungskomponenten S_{xx}, S_{yy}, S_{xy} und die Eisdichte ρ.

  Der externe Bereich Ω_{ext} [(10.5)] liegt also in positiver z-Richtung jenseits der freien Oberfläche Σ.

Die allgemeine Lösung $\mathbf{S}$ [(10.6)] der Balance- und Randbedingungen [(2.14)]–[(2.16)] und die Bestandteile $\mathbf{S}_b$ [(10.7)] und $\mathbf{T}_0$ [(10.8)] dieser Lösung haben folgende Eigenschaften:

1. Die ausgewählten Spannungskomponenten $S_{b\,xx}$, $S_{b\,yy}$ und $S_{b\,xy}$ von $\mathbf{S}_b$ verschwinden.
2. Die unabhängigen Spannungskomponenten $T_{0\,xx}$, $T_{0\,yy}$ und $T_{0\,xy}$ von $\mathbf{T}_0$ stimmen mit den beliebig wählbaren unabhängigen Spannungskomponenten S_{xx}, S_{yy} und S_{xy} der allgemeinen Lösung $\mathbf{S}$ überein.
3. Die Balancebedingungen sind erfüllt.
   (a) Alle Spannungstensoren sind symmetrisch.
   (b) Die Divergenz von $\mathbf{S}_b$ und von $\mathbf{S}$ ist jeweils gleich dem negativen spezifischen Eisgewicht $-\rho\mathbf{g}$ und die Divergenz von $\mathbf{T}_0$ ist $\mathbf{0}$.
4. Die Randbedingungen sind erfüllt.
   An der freien Oberfläche Σ verschwinden die Randspannungen von $\mathbf{S}_b$, $\mathbf{T}_0$ und $\mathbf{S}$.

Einige dieser Eigenschaften (Ziffern 1, 2 und 3a) sind offensichtlich. Dass die Balancebedingungen (Ziffer 3b) erfüllt sind, kann mit Hilfe der Rechenregeln für die Differential- und Integraloperatoren[6] überprüft werden. Dass gemäß den Randbedingungen (Ziffer 4) die Randspannungen der speziellen Lösung $\mathbf{S}_b$ verschwinden folgt daraus, dass dort die spezielle Lösung $\mathbf{S}_b$ selbst verschwindet.[7] Um nachzuweisen, dass auch die Randspannungen des gewichtslosen Spannungstensorfeldes $\mathbf{T}_0$ verschwinden, schreibt man diese Randspannungen in einer Form, [(10.9)] in der Differentialoperatoren vom Typ $n_i\,\partial_k - n_k\,\partial_i$

---

[5] S. Ziff. 2, Abschn. 3.4.1.

[6] S. (3.21)–(3.27).

[7] Die Funktionen $\partial_z^{-1}\rho$, $\partial_x\partial_z^{-2}\rho$ und $\partial_y\partial_z^{-2}\rho$ verschwinden an der freien Oberfläche, da ρ definitionsgemäß jenseits der freien Oberfläche verschwindet.

vorkommen, die parallel zur freien Oberfläche wirken. Folglich bestehen die Randspannungen $^{(10.9)}$ von $\mathbf{T}_0$ aus Ableitungen parallel zur freien Oberfläche von Funktionen, die an der freien Oberfläche verschwinden.[8] Somit verschwinden diese Randspannungen von $\mathbf{T}_0$.

Es gibt noch eine andere Begründung für das Verschwinden der Randspannungen von $\mathbf{T}_0$. Dazu betrachte man eine Fläche im Gletscher, die sich an die freie Oberfläche fast anschmiegt und ihr Spiegelbild jenseits der freien Oberfläche. Aus diesen beiden Flächen wird eine geschlossene Fläche in Form einer flachen Dose erzeugt, indem die beiden Randkurven dieser Flächen durch eine schmale, ringförmige Fläche verbunden werden. Der Boden der Dose besteht aus der Fläche im Gletscher unmittelbar unter der freien Oberfläche, der Dosendeckel aus dem Spiegelbild dieses „Dosenbodens" jenseits der freien Oberfläche und die Dosenwand besteht aus der schmalen, ringförmigen Fläche. Das gewichtslose Spannungstensorfeld $\mathbf{T}_0$ ist auf beiden Seiten der freien Oberfläche definiert und es erzeugt auf der geschlossenen Dosenfläche keine Kraft. Da dieses gewichtslose Spannungstensorfeld $\mathbf{T}_0$ jenseits der freien Oberfläche und damit auch auf dem „Dosendeckel" verschwindet und da man die „Dosenwand" beliebig schmal machen kann, so dass die auf sie wirkende Kraft letztlich ebenfalls verschwindet, muss auch die Kraft auf den „Dosenboden" verschwinden, wenn er sich vom Gletscherinneren her an die freie Gletscheroberfläche anschmiegt. Da das für beliebige derartige Flächen („Dosenböden") gilt, müssen auch die Randspannungen des gewichtslosen Spannungstensorfeldes an der freien Oberfläche verschwinden.

Integraldarstellungen der allgemeinen Lösung ergeben sich, wenn man bei der Berechnung von $\mathbf{S}_b$ $^{(10.7)}$ und $\mathbf{T}_0$ $^{(10.8)}$ zuerst die Differentialoperatoren und dann die Integraloperatoren anwendet.[9] Dabei repräsentiert man die unabhängigen Spannungskomponenten S_{xx} etc. und die Eisdichte ρ im Gletscherbereich Ω durch die glatten unabhängigen Spannungskomponenten $\bar{S}_{xx}$ etc. bzw. durch die glatte Eisdichte $\bar{\rho}$.[10] Im externen Bereich Ω_{ext} jenseits der freien Gletscheroberfläche verschwinden die unabhängigen Spannungskomponenten und die Eisdichte gemäß Voraussetzung. Sie werden deshalb mit Hilfe der dort ebenfalls verschwindenden Sprungfunktion θ dargestellt. $^{(10.10)\text{--}(10.12)}$

Die drei unabhängigen Spannungskomponenten S_{xx}, S_{yy} und S_{xy} bestimmen die drei komplementären Spannungskomponenten S_{xz}, S_{yz} und S_{zz} der allgemeinen Lösung $\mathbf{S}$ $^{(10.6)}$, indem sie die komplementären Spannungskomponenten des gewichtslosen Spannungstensorfeldes $\mathbf{T}_0$ $^{(10.8)}$ bestimmen. Letztere $^{(10.15)\text{--}(10.17)}$ verschwinden im externen Bereich Ω_{ext} jenseits der freien Gletscheroberfläche und werden im Gletscherbereich Ω durch folgende Ausdrücke charakterisiert:

---

[8] Die Funktionen $\partial_z^{-1} S_{xx}$, $\partial_x \partial_z^{-2} S_{xx}$ usw. verschwinden an der freien Oberfläche, da S_{xx} usw. definitionsgemäß jenseits der freien Oberfläche verschwinden.

[9] Dabei werden die Umformungen in Abschn. 18.5 verwendet.

[10] S. Ziff. 5, Abschn. 3.1.

- Durch Funktionen, die unabhängig von der Eistiefe[11] in z-Richtung sind und die von den unabhängigen Spannungskomponenten nur durch ihre Randwerte an der freien Oberfläche beeinflusst werden.

- Durch Funktionen, die von der Eistiefe in z-Richtung linear abhängen, an der freien Oberfläche verschwinden und von den unabhängigen Spannungskomponenten nur durch ihre Randwerte und durch die Randwerte ihrer ersten Ableitungen an der freien Oberfläche beeinflusst werden.

- Durch Integrale von ersten Ableitungen oder Doppelintegrale von zweiten Ableitungen der unabhängigen Spannungskomponenten über die Eistiefe in z-Richtung.[12]

Also hängen die komplementären Spannungskomponenten der allgemeinen Lösung **S** in einem Punkt des betrachteten Gletscherbereiches von den Werten ab, welche die unabhängigen Spannungskomponenten und ihre ersten und zweiten Ableitungen auf der Eistiefe in z-Richtung annehmen. Der Strahl in positive z-Richtung stellt somit den eindimensionalen Abhängigkeitskegel der allgemeinen Lösung bezüglich jeder der drei unabhängigen Spannungskomponenten dar.

Die Eisdichte ρ beeinflusst die allgemeinen Lösung **S** (10.6), indem sie die komplementären Spannungskomponenten des Spannungstensorfeldes **S**$_b$ (10.7) definiert. Diese komplementären Spannungskomponenten (10.18)–(10.20) des Spannungstensorfeldes **S**$_b$ verschwinden im externen Bereich Ω_{ext} jenseits der freien Gletscheroberfläche und werden im Gletscherbereich durch folgende Ausdrücke charakterisiert:

- Durch Funktionen, die von der Eistiefe in z-Richtung linear abhängen, an der freien Oberfläche verschwinden und von der Eisdichte nur durch ihren Randwert an der freien Oberfläche beeinflusst werden.

- Durch das Integral der Eisdichteabweichung vom Oberflächenwert über die Eistiefe in z-Richtung (Ist die Eisdichte im Gletscherbereich räumlich konstant, verschwindet dieses Integral.).

- Durch Doppelintegrale von ersten Ableitungen der Eisdichte über die Eistiefe in z-Richtung (Ist die Eisdichte im Gletscherbereich räumlich konstant, verschwinden diese Doppelintegrale.).

Also hängen die komplementären Spannungskomponenten der allgemeinen Lösung **S** in einem Punkt des betrachteten Gletscherbereiches von den Werten ab, welche die Eisdichte und ihre ersten Ableitungen auf der Eistiefe in z-Richtung annehmen. Der Strahl in positive z-Richtung stellt somit auch bezüglich der Eisdichte den eindimensionalen Abhängigkeitskegel der allgemeinen Lösung dar.

---

[11] Der Begriff „Eistiefe" steht im Folgenden sowohl für den Namen als auch für die Länge der Strecke in z-Richtung von der freien Oberfläche bis zu dem betrachteten Punkt im Gletscher.

[12] Bei den Integralen bzw. Doppelintegralen handelt es sich um Ausdrücke des Typs $\partial_z^{-1}(\theta \cdot *)$ bzw. $\partial_z^{-2}(\theta \cdot *)$. S. dazu das Kap. 3 über Integraloperatoren.

Speziell die Randwerte [(10.21)] der allgemeinen Lösung $\mathbf{S}$ [(10.6)] an der freien Oberfläche hängen nur von den Randwerten der unabhängigen Spannungskomponenten ab. Mit diesen Randwerten lässt sich noch einmal überprüfen, dass die Randspannungen verschwinden. [(10.21), (10.2), (10.22)]

$$\Sigma : z = z_0(x, y) \tag{10.1}$$

$$\mathbf{n} = \left[1 + (\partial_x z_0)^2 + (\partial_y z_0)^2\right]^{-1/2} \cdot \begin{bmatrix} -\partial_x z_0 \\ -\partial_y z_0 \\ 1 \end{bmatrix} \tag{10.2}$$

$$\Omega : z_1(x, y) < z \leq z_0(x, y) \tag{10.3}$$

$$\Omega_{\text{def}} : z_1(x, y) < z < \infty \tag{10.4}$$

$$\Omega_{\text{ext}} : z_0(x, y) < z < \infty \tag{10.5}$$

$$*\,*\,*$$

$$\mathbf{S} = \mathbf{S}_b + \mathbf{T}_0 \tag{10.6}$$

$$\mathbf{S}_b = \mathbf{S}_b^T = \left[\begin{array}{cc|c} 0 & 0 & -g_x \partial_z^{-1} \\ \hline 0 & 0 & -g_y \partial_z^{-1} \\ \hline * & * & (g_x \partial_x + g_y \partial_y - g_z \partial_z) \cdot \partial_z^{-2} \end{array}\right] \rho \tag{10.7}$$

$$
\mathbf{T}_0 = \mathbf{T}_0^T
$$
$$
= \left[\begin{array}{c|c|c} 1 & 0 & -\partial_x \partial_z^{-1} \\ \hline 0 & 0 & 0 \\ \hline * & 0 & \partial_x^2 \partial_z^{-2} \end{array}\right] S_{xx} + \left[\begin{array}{c|c|c} 0 & 0 & 0 \\ \hline 0 & 1 & -\partial_y \partial_z^{-1} \\ \hline 0 & * & \partial_y^2 \partial_z^{-2} \end{array}\right] S_{yy}
$$
$$
+ \left[\begin{array}{c|c|c} 0 & 1 & -\partial_y \partial_z^{-1} \\ \hline 1 & 0 & -\partial_x \partial_z^{-1} \\ \hline * & * & 2\partial_x \partial_y \partial_z^{-2} \end{array}\right] S_{xy} \tag{10.8}
$$

$$\mathbf{T}_0\mathbf{n} = \begin{bmatrix} (n_x\partial_z - n_z\partial_x)\partial_z^{-1} \\ 0 \\ -(n_x\partial_z - n_z\partial_x)\partial_x\partial_z^{-2} \end{bmatrix} S_{xx}$$

$$+ \begin{bmatrix} 0 \\ (n_y\partial_z - n_z\partial_y)\partial_z^{-1} \\ -(n_y\partial_z - n_z\partial_y)\partial_y\partial_z^{-2} \end{bmatrix} S_{yy}$$

$$+ \begin{bmatrix} (n_y\partial_z - n_z\partial_y)\partial_z^{-1} \\ (n_x\partial_z - n_z\partial_x)\partial_z^{-1} \\ -(n_x\partial_z - n_z\partial_x)\partial_y\partial_z^{-2} - (n_y\partial_z - n_z\partial_y)\partial_x\partial_z^{-2} \end{bmatrix} S_{xy} \qquad (10.9)$$

$$***$$

$$\theta \overset{\text{def.}}{=} \theta(z_0 - z) \qquad (10.10)$$

$$S_{ik} \overset{\text{def.}}{=} \theta \cdot \bar{S}_{ik}; \quad (i,k) = (x,x),\ (y,y),\ (x,y) \qquad (10.11)$$

$$\rho \overset{\text{def.}}{=} \theta \cdot \bar{\rho} \qquad (10.12)$$

$$[\cdot]_0 \overset{\text{def.}}{=} [\cdot]_{z=z_0(x,y)} \qquad (10.13)$$

$$\bar{\rho}_0 \overset{\text{def.}}{=} [\bar{\rho}]_{z=z_0(x,y)} \qquad (10.14)$$

$$T_{0\,xz} = -\partial_z^{-1}\partial_x(\theta \cdot \bar{S}_{xx}) - \partial_z^{-1}\partial_y(\theta \cdot \bar{S}_{xy})$$

$$= \theta \cdot [\bar{S}_{xx}]_0 \cdot \partial_x z_0 - \partial_z^{-1}[\theta \cdot \partial_x \bar{S}_{xx}]$$
$$+ \theta \cdot [\bar{S}_{xy}]_0 \cdot \partial_y z_0 - \partial_z^{-1}[\theta \cdot \partial_y \bar{S}_{xy}] \qquad (10.15)$$

$$T_{0\,yz} = -\partial_z^{-1}\partial_y(\theta \cdot \bar{S}_{yy}) - \partial_z^{-1}\partial_x(\theta \cdot \bar{S}_{xy})$$

$$= \theta \cdot [\bar{S}_{yy}]_0 \cdot \partial_y z_0 - \partial_z^{-1}[\theta \cdot \partial_y \bar{S}_{yy}]$$
$$+ \theta \cdot [\bar{S}_{xy}]_0 \cdot \partial_x z_0 - \partial_z^{-1}[\theta \cdot \partial_x \bar{S}_{xy}] \qquad (10.16)$$

T_{0zz}

$$= \partial_z^{-2}\partial_x^2(\theta \cdot \bar{S}_{xx}) + \partial_z^{-2}\partial_y^2(\theta \cdot \bar{S}_{yy}) + 2\partial_z^{-2}\partial_x\partial_y(\theta \cdot \bar{S}_{xy})$$

$$= \theta \cdot (\partial_x z_0)^2 \cdot [\bar{S}_{xx}]_0$$
$$+ (z_0 - z) \cdot \theta$$
$$\cdot \{2 \cdot \partial_x z_0 \cdot [\partial_x \bar{S}_{xx}]_0 + (\partial_x z_0)^2 \cdot [\partial_z \bar{S}_{xx}]_0 + \partial_x^2 z_0 \cdot [\bar{S}_{xx}]_0\}$$
$$+ \partial_z^{-2}[\theta \cdot \partial_x^2 \bar{S}_{xx}]$$

$$+ \theta \cdot (\partial_y z_0)^2 \cdot [\bar{S}_{yy}]_0$$
$$+ (z_0 - z) \cdot \theta$$
$$\cdot \{2 \cdot \partial_y z_0 \cdot [\partial_y \bar{S}_{yy}]_0 + (\partial_y z_0)^2 \cdot [\partial_z \bar{S}_{yy}]_0 + \partial_y^2 z_0 \cdot [\bar{S}_{yy}]_0\}$$
$$+ \partial_z^{-2}[\theta \cdot \partial_y^2 \bar{S}_{yy}]$$

$$+ 2\theta \cdot \partial_x z_0 \cdot \partial_y z_0 \cdot [\bar{S}_{xy}]_0$$
$$+ 2(z_0 - z) \cdot \theta$$
$$\cdot \{\partial_x z_0 \cdot [\partial_y \bar{S}_{xy}]_0 + \partial_y z_0 \cdot [\partial_x \bar{S}_{xy}]_0$$
$$+ \partial_x z_0 \cdot \partial_y z_0 \cdot [\partial_z \bar{S}_{xy}]_0 + \partial_x\partial_y z_0 \cdot [\bar{S}_{xy}]_0\}$$
$$+ 2\partial_z^{-2}[\theta \cdot \partial_x\partial_y \bar{S}_{xy}] \tag{10.17}$$

$$S_{b\,xz} = -g_x \cdot \partial_z^{-1}(\theta \cdot \bar{\rho})$$
$$= g_x \cdot (z_0 - z) \cdot \theta \cdot \bar{\rho}_0 - g_x \cdot \partial_z^{-1}\{\theta \cdot (\bar{\rho} - \bar{\rho}_0)\} \tag{10.18}$$

$$S_{b\,yz} = -g_y \cdot \partial_z^{-1}(\theta \cdot \bar{\rho})$$
$$= g_y \cdot (z_0 - z) \cdot \theta \cdot \bar{\rho}_0 - g_y \cdot \partial_z^{-1}\{\theta \cdot (\bar{\rho} - \bar{\rho}_0)\} \tag{10.19}$$

$$S_{b\,zz} = \partial_z^{-2} \cdot (g_x \cdot \partial_x + g_y \cdot \partial_y - g_z \cdot \partial_z)(\theta \cdot \bar{\rho})$$
$$= (g_x \cdot \partial_x z_0 + g_y \cdot \partial_y z_0 + g_z) \cdot (z_0 - z) \cdot \theta \cdot \bar{\rho}_0$$
$$- g_z \cdot \partial_z^{-1}\{\theta \cdot (\bar{\rho} - \bar{\rho}_0)\}$$
$$+ g_x \cdot \partial_z^{-2}(\theta \cdot \partial_x \bar{\rho}) + g_y \cdot \partial_z^{-2}(\theta \cdot \partial_y \bar{\rho}) \tag{10.20}$$

$$***$$

$$[\mathbf{S}]_\Sigma = [\mathbf{T}_0]_\Sigma = \left[\begin{array}{cc|c} 1 & 0 & \partial_x z_0 \\ \hline 0 & 0 & 0 \\ \hline \partial_x z_0 & 0 & (\partial_x z_0)^2 \end{array}\right]_\Sigma \cdot [\bar{S}_{xx}]_\Sigma$$

$$+ \left[\begin{array}{c|c|c} 0 & 0 & 0 \\ \hline 0 & 1 & \partial_y z_0 \\ \hline 0 & \partial_y z_0 & (\partial_y z_0)^2 \end{array}\right]_\Sigma \cdot [\bar{S}_{yy}]_\Sigma$$

$$+ \left[\begin{array}{c|c|c} 0 & 1 & \partial_y z_0 \\ \hline 1 & 0 & \partial_x z_0 \\ \hline \partial_y z_0 & \partial_x z_0 & 2\partial_x z_0 \cdot \partial_y z_0 \end{array}\right]_\Sigma \cdot [\bar{S}_{xy}]_\Sigma \qquad (10.21)$$

$$[\mathbf{S}]_\Sigma \cdot \mathbf{n} = \mathbf{0} \qquad (10.22)$$

10.1.2   Unabhängige nicht-diagonale Komponenten

In diesem Abschnitt wird der Modelltyp „e" der allgemeinen Lösung[13] mit den unabhängigen deviatorischen Spannungskomponenten S_{xy}, S_{yz}, S_{xz} diskutiert. Dieser Modelltyp „e" der allgemeinen Lösung ist deshalb von Interesse, weil die unabhängigen deviatorischen Spannungskomponenten aus gemessenen Verzerrungsraten des Gletscherflusses mit Hilfe des Fließgesetzes bestimmt werden können. Im Vergleich mit dem Modelltyp „b" muss dieser Modelltyp „e" die folgenden, strengeren Voraussetzungen[14] erfüllen, was seinen Anwendungsbereich stärker einschränkt:

- Gestalt der freien Oberfläche Σ und Orientierung des Koordinatensystems
  Die orientierte freie Oberfläche Σ muss so gestaltet sein und das Koordinatensystem muss so gedreht werden, dass die nach außen gerichteten orientierten Normalen der freien Oberfläche positive x-, y- und z-Komponenten haben.[15]
  Die freie Oberfläche Σ kann also sowohl durch eine Funktion $x_0(y, z)$ dargestellt werden als auch durch eine Funktion $y_0(x, z)$ als auch durch eine Funktion $z_0(x, y)$. (10.23)
  Da diese Funktionen alle dieselbe Fläche Σ definieren, bestehen zwischen diesen Funktionen Relationen, die in der Nähe der freien Oberfläche Σ (10.24) bzw. auf Σ (10.25) gelten.

---

[13] S. Tab. 8.1 Spalte e, Abschn. 8.2.2 und Abschn. 17.5.
[14] S. Ziff. 1 und Ziff. 6, Abschn. 9.1.2.
[15] Die orientierte freie Oberfläche muss quer und synchron zum Modellkegel K_{xyz} sein, welcher von den Modellkegelvektoren $\mathbf{e}_x$, $\mathbf{e}_y$ und $\mathbf{e}_z$ erzeugt wird.

- Betrachteter Gletscherbereich Ω

  Der betrachtete Gletscherbereich Ω muss mit dem Modellkegel K_{xyz} und der freien Oberfläche Σ verträglich sein.[16]

  Dieser Gletscherbereich Ω liegt also bezüglich jeder der drei Richtungen der Koordinatenachsen unterhalb der freien Oberfläche Σ (10.26) und alle von Ω ausgehenden Kegelstrahlen des Modellkegels K_{xyz} verlaufen ununterbrochen in Ω, bis sie auf die freie Oberfläche Σ treffen.

- Definitionsbereich Ω_{def} aller Funktionen und Distributionen

  Der räumliche Definitionsbereich Ω_{def} aller verwendeten Funktionen und Distributionen ist größer als der Gletscherbereich Ω und enthält zusätzlich den externen Bereich Ω_{ext} jenseits der freien Oberfläche Σ, der von allen Modellkegeln K_{xyz} mit Spitze auf der freien Oberfläche Σ erzeugt wird. In diesem externen Bereich Ω_{ext} jenseits der freien Oberfläche verschwinden definitionsgemäß alle verwendeten Funktionen und Distributionen, also auch die unabhängigen Spannungskomponenten S_{xy}, S_{yz}, S_{xz} und die Eisdichte ρ.

Die Eigenschaften der allgemeinen Lösung $\mathbf{S}$ (10.27)–(10.29) vom Modelltyp „e" gleichen oder ähneln den bereits diskutierten Eigenschaften der allgemeinen Lösung vom Modelltyp „b".[17]

Integraldarstellungen der allgemeinen Lösung ergeben sich durch Differenzieren und anschließendes Integrieren, nachdem die Eisdichte ρ und die unabhängigen Spannungskomponenten S_{xy} etc. durch die Sprungfunktion θ und durch glatte Funktionen $\bar{\rho}$ bzw. $\bar{S}_{xy}$ etc. ausgedrückt wurden (10.33), (10.34). Mit der Sprungfunktion θ verschwinden auch die unabhängigen Spannungskomponenten und die Eisdichte im externen Bereich Ω_{ext} jenseits der freien Gletscheroberfläche. Die Integraldarstellung (10.35)–(10.40) der allgemeinen Lösung $\mathbf{S}$ (10.27)–(10.29) ist im Vergleich zum Modell „b" insofern einfacher, als keine Doppelintegrale vorkommen. Im Gegensatz zum Modell „b" treten jedoch Integrationen nicht nur in z-Richtung auf, sondern auch in x- und y-Richtung.

Beispielsweise wird die komplementäre Spannungskomponente S_{xx} der allgemeinen Lösung $\mathbf{S}$ (10.27)–(10.29) nur von den unabhängigen Spannungskomponenten S_{xy} und S_{xz} und der Eisdichte ρ beeinflusst und im Gletscherbereich Ω durch Ausdrücke folgender Typen (10.35), (10.38) charakterisiert:

- Durch Funktionen, die auf der Eistiefe in x-Richtung konstant sind und von den Randwerten der unabhängigen Spannungskomponenten an der freien Oberfläche beeinflusst werden.
- Durch Integrale über die Eistiefe in x-Richtung mit ersten Ableitungen der unabhängigen Spannungskomponenten im Integranden.

---

[16] S. Ziff. 2, Abschn. 3.4.1.

[17] S. Abschn. 10.1.1 Ziff. 1–4 und die sich daran anschließende Diskussion dieser Eigenschaften.

- Durch eine lineare Funktion der Eistiefe in x-Richtung, die an der freien Oberfläche verschwindet und vom Randwert der Eisdichte an der freien Oberfläche beeinflusst wird.
- Durch ein Integral über die Eistiefe in x-Richtung mit der Abweichung der Eisdichte von ihrem Oberflächenwert im Integranden (Ist die Eisdichte im Gletscherbereich räumlich konstant, verschwindet dieses Integral.).

Also hängt die komplementäre Spannungskomponente S_{xx} der allgemeinen Lösung **S** in einem Punkt des betrachteten Gletscherbereiches von den Werten ab, welche die unabhängigen Spannungskomponenten sowie ihre ersten Ableitungen und die Eisdichte auf der Eistiefe in x-Richtung annehmen. Der Strahl in positive x-Richtung stellt somit den eindimensionalen Abhängigkeitskegel der komplementären Spannungskomponente S_{xx} bezüglich der unabhängigen Spannungskomponenten und bezüglich der Eisdichte dar. Für die komplementären Spannungskomponenten S_{yy} und S_{zz} gilt Entsprechendes.

Wie im Modell „b" hängen die Randwerte [(10.41)] der allgemeinen Lösung **S** [(10.27)] an der freien Oberfläche Σ nur von den Randwerten der unabhängigen Spannungskomponenten ab.

$$\Sigma : z = z_0(x, y); \quad y = y_0(x, z); \quad x = x_0(y, z) \tag{10.23}$$

$$z \overset{\text{id.}}{=} z_0[x, y_0(x, z)] \overset{\text{id.}}{=} z_0[x_0(y, z), y] \tag{10.24}$$

$$\left.\begin{array}{rl} \partial_z y_0 = & 1/\partial_y z_0 \\ \partial_x y_0 = & -\partial_x z_0/\partial_y z_0 \\ \partial_z x_0 = & 1/\partial_x z_0 \\ \partial_y x_0 = & -\partial_y z_0/\partial_x z_0 \end{array}\right\} ; \quad \mathbf{r} \in \Sigma \tag{10.25}$$

$$x \le x_0(y, z); \quad y \le y_0(x, z); \quad z \le z_0(x, y); \quad \mathbf{r} \in \Omega \tag{10.26}$$

$$***$$

$$\mathbf{S} = \mathbf{S}_e + \mathbf{T}_0 \tag{10.27}$$

$$\mathbf{S}_e = \mathbf{S}_e^T = \left[\begin{array}{c|c|c} -g_x \partial_x^{-1} & 0 & 0 \\ \hline 0 & -g_y \partial_y^{-1} & 0 \\ \hline 0 & 0 & -g_z \cdot \partial_z^{-1} \end{array}\right] \rho \tag{10.28}$$

$$\mathbf{T}_0 = \mathbf{T}_0^T = \left[\begin{array}{c|c|c} -\partial_y\partial_x^{-1} & 1 & 0 \\ \hline 1 & -\partial_x\partial_y^{-1} & 0 \\ \hline 0 & 0 & 0 \end{array} \right] S_{xy}$$

$$+ \left[\begin{array}{c|c|c} 0 & 0 & 0 \\ \hline 0 & -\partial_z\partial_y^{-1} & 1 \\ \hline 0 & 1 & -\partial_y\partial_z^{-1} \end{array} \right] S_{yz}$$

$$+ \left[\begin{array}{c|c|c} -\partial_z\partial_x^{-1} & 0 & 1 \\ \hline 0 & 0 & 0 \\ \hline 1 & 0 & -\partial_x\partial_z^{-1} \end{array} \right] S_{xz} \qquad (10.29)$$

$$* * *$$

$$\theta \stackrel{\text{def.}}{=} \begin{cases} 1 & \text{auf } \Omega \\ 0 & \text{sonst} \end{cases} \qquad (10.30)$$

$$\theta = \theta(z_0 - z) = \theta(y_0 - y) = \theta(x_0 - x) \qquad (10.31)$$

$$\partial_z\theta = -\delta(z_0 - z) = \partial_z y_0 \cdot \delta(y_0 - y) = \partial_z x_0 \cdot \delta(x_0 - x); \quad \text{(zykl. } x, y, z) \qquad (10.32)$$

$$S_{ik} \stackrel{\text{def.}}{=} \theta \cdot \bar{S}_{ik}; \quad (i, k) = (x, y), (y, z), (x, z) \qquad (10.33)$$

$$\rho \stackrel{\text{def.}}{=} \theta \cdot \bar{\rho} \qquad (10.34)$$

$$T_{0xx} = -\partial_x^{-1}\partial_y(\theta \cdot \bar{S}_{xy}) - \partial_x^{-1}\partial_z(\theta \cdot \bar{S}_{xz})$$

$$= \theta \cdot [\bar{S}_{xy}]_{x=x_0} \cdot \partial_y x_0 - \partial_x^{-1}[\theta \cdot \partial_y \bar{S}_{xy}]$$
$$+ \theta \cdot [\bar{S}_{xz}]_{x=x_0} \cdot \partial_z x_0 - \partial_x^{-1}[\theta \cdot \partial_z \bar{S}_{xz}] \qquad (10.35)$$

$$T_{0yy} = -\partial_y^{-1}\partial_x(\theta \cdot \bar{S}_{xy}) - \partial_y^{-1}\partial_z(\theta \cdot \bar{S}_{yz})$$

$$= \theta \cdot [\bar{S}_{xy}]_{y=y_0} \cdot \partial_x y_0 - \partial_y^{-1}[\theta \cdot \partial_x \bar{S}_{xy}]$$
$$+ \theta \cdot [\bar{S}_{yz}]_{y=y_0} \cdot \partial_z y_0 - \partial_y^{-1}[\theta \cdot \partial_z \bar{S}_{yz}] \qquad (10.36)$$

$$T_{0zz} = -\partial_z^{-1}\partial_y(\theta \cdot \bar{S}_{yz}) - \partial_z^{-1}\partial_x(\theta \cdot \bar{S}_{xz})$$

$$= \theta \cdot [\bar{S}_{yz}]_{z=z_0} \cdot \partial_y z_0 - \partial_z^{-1}[\theta \cdot \partial_y \bar{S}_{zy}]$$
$$+ \theta \cdot [\bar{S}_{xz}]_{z=z_0} \cdot \partial_x z_0 - \partial_z^{-1}[\theta \cdot \partial_x \bar{S}_{xz}] \qquad (10.37)$$

$$S_{e\,xx} = -g_x \cdot \partial_x^{-1}(\theta \cdot \bar{\rho})$$
$$= g_x \cdot (x_0 - x) \cdot \theta \cdot [\bar{\rho}]_{x=x_0} - g_x \cdot \partial_x^{-1}\{\theta \cdot (\bar{\rho} - [\bar{\rho}]_{x=x_0})\} \qquad (10.38)$$

$$S_{e\,yy} = -g_y \cdot \partial_y^{-1}(\theta \cdot \bar{\rho})$$
$$= g_y \cdot (y_0 - y) \cdot \theta \cdot [\bar{\rho}]_{y=y_0} - g_y \cdot \partial_y^{-1}\{\theta \cdot (\bar{\rho} - [\bar{\rho}]_{y=y_0})\} \qquad (10.39)$$

$$S_{e\,zz} = -g_z \cdot \partial_z^{-1}(\theta \cdot \bar{\rho})$$
$$= g_z \cdot (z_0 - z) \cdot \theta \cdot [\bar{\rho}]_{z=z_0} - g_z \cdot \partial_z^{-1}\{\theta \cdot (\bar{\rho} - [\bar{\rho}]_{z=z_0})\} \qquad (10.40)$$

$$***$$

$$[\mathbf{S}]_{\Sigma} = [\mathbf{T}_0]_{\Sigma} = \begin{bmatrix} -\partial_y z_0/\partial_x z_0 & 1 & 0 \\ 1 & -\partial_x z_0/\partial_y z_0 & 0 \\ 0 & 0 & 0 \end{bmatrix}_{\Sigma} \cdot [S_{xy}]_{\Sigma}$$

$$+ \begin{bmatrix} 0 & 0 & 0 \\ 0 & 1/\partial_y z_0 & 1 \\ 0 & 1 & \partial_y z_0 \end{bmatrix}_{\Sigma} \cdot [S_{yz}]_{\Sigma}$$

$$+ \begin{bmatrix} 1/\partial_x z_0 & 0 & 1 \\ 0 & 0 & 0 \\ 1 & 0 & \partial_x z_0 \end{bmatrix}_{\Sigma} \cdot [S_{xz}]_{\Sigma} \qquad (10.41)$$

10.1.3 Unabhängige deviatorische Komponenten S'_{xx}, S'_{yy}, S_{xy}

In diesem Abschnitt wird der Modelltyp „f" der allgemeinen Lösung[18] mit den unabhängigen deviatorischen Spannungskomponenten S'_{xx}, S'_{yy}, S_{xy} diskutiert. Dieser Modelltyp „f" der allgemeinen Lösung ist deshalb von Interesse, weil die unabhängigen deviatorischen Spannungskomponente aus gemessenen Verzerrungsraten des Gletscherflusses mit Hilfe des Fließgesetzes bestimmt werden können. Der Anwendungsbereich dieses Modelltyps „f" wird durch die folgenden Modellvoraussetzungen[19] festgelegt:

• Gestalt der freien Oberfläche Σ und Orientierung des Koordinatensystems
  Die orientierte freie Oberfläche Σ muss so gestaltet sein und das Koordinatensystem muss so gedreht werden, dass die nach außen gerichteten orientierten Normalen der

---

[18] S. Tab. 8.1 Spalte f, Abschn. 8.2.2 und Abschn. 17.6.
[19] S. Ziff. 1, und Ziff. 6, Abschn. 9.1.2.

freien Oberfläche positive Komponenten bezüglich aller Kegelvektoren des rotations-symmetrischen Modellkegels $K_z^\odot$ haben.[20]

Die freie Oberfläche Σ kann also durch eine Funktion $z_0(x, y)$ dargestellt werden.

- Betrachteter Gletscherbereich Ω

  Der betrachtete Gletscherbereich Ω muss mit dem Modellkegel $K_z^\odot$ und der freien Oberfläche Σ verträglich sein.[21] Also verlaufen alle von Ω ausgehenden Kegelstrahlen des Modellkegels $K_z^\odot$ ununterbrochen in Ω, bis sie auf die freie Oberfläche Σ treffen.

- Definitionsbereich Ω_{def} aller Funktionen und Distributionen

  Der räumliche Definitionsbereich Ω_{def} aller verwendeten Funktionen und Distributionen ist größer als der Gletscherbereich Ω und enthält zusätzlich den externen Bereich Ω_{ext} jenseits der freien Oberfläche Σ, der von allen Modellkegeln $K_z^\odot$ mit Spitze auf der freien Oberfläche Σ erzeugt wird. In diesem externen Bereich Ω_{ext} jenseits der freien Oberfläche verschwinden definitionsgemäß alle verwendeten Funktionen und Distributionen, also auch die unabhängigen deviatorischen Spannungskomponenten S'_{xx}, S'_{yy}, S_{xy} und die Eisdichte ρ.[22]

Die Eigenschaften der allgemeinen Lösung $\mathbf{S}$ [(10.42)–(10.44)] vom Modelltyp „f" gleichen oder ähneln den bereits diskutierten Eigenschaften der allgemeinen Lösung vom Modelltyp „b".[23]

Jedes Matrixelement von $\mathbf{S}_f$ [(10.43)] und $\mathbf{T}_0$ [(10.44)] kann in distributioneller Form geschrieben werden, indem man den inversen hyperbolischen Operator $\Box_z^{-1}$ [(3.42), (3.45)] auf eine Distribution anwendet [(10.50)], in welcher die Sprungfunktion θ [(10.46)], die Deltafunktion δ [(10.47)] und glatte Funktionen q_1, q_2 und q_3 auftreten. Diese Funktionen q_1, q_2 und q_3 werden durch die unabhängigen Spannungskomponenten bzw. die Eisdichte definiert. Da die Funktionen q_1, q_2 und q_3 jeweils aus umfangreichen Ausdrücken bestehen, werden sie nicht aufgeführt, sondern es wird nur das Verfahren zu ihrer Berechnung angegeben.[24]

Diese distributionelle Form [(10.50)] eines Matrixelementes definiert dieses Matrixelement als gewöhnliche Funktion,[25] nämlich als Summe aus drei gewöhnlichen Funktionen. Der Wert der ersten, durch q_1 definierten Funktion in einem Punkt $\mathbf{r}$ [(10.51)] ergibt sich

---

[20] Die orientierte freie Oberfläche muss quer und synchron zum Modellkegel $K_z^\odot$ sein. S. Ziff. 1, Abschn. 9.1.2.

[21] S. Ziff. 2, Abschn. 3.4.1.

[22] S. Ziff. 6, Abschn. 9.1.2.

[23] S. Ziff. 1–4, Abschn. 10.1.1 und die sich daran anschließende Diskussion dieser Eigenschaften.

[24] Die Funktionen q_1, q_2 und q_3 werden für die Matrixelemente von $\mathbf{T}_0$ aus den unabhängigen Spannungskomponenten S'_{xx}, S'_{yy}, S_{xy} und für die Matrixelemente von $\mathbf{S}_f$ aus der Eisdichte ρ berechnet. Das Berechnungsverfahren ist in Abschn. 18.6 angegeben. Dabei werden die unabhängigen Spannungskomponenten und die Eisdichte jeweils als Produkt aus der Sprungfunktion θ (10.46) und einer glatten Funktion geschrieben.

[25] Die durch Formel (10.50) definierte Funktion ist die Lösung einer hyperbolischen Differentialgleichung mit Randbedingungen. S. Kap. 19.

durch Integration über den Abhängigkeitskegel $K_z^\odot$, der vom Punkt $\mathbf{r}$ ausgeht[26], wobei aus dem Kegelbereich jenseits der freien Oberfläche Σ keine Beiträge kommen, da die Sprungfunktion θ und damit der Integrand dort verschwinden. Der Wert der zweiten, durch q_2 definierten Funktion im Punkt $\mathbf{r}$ [(10.52)] ergibt sich durch Integration über den Teil der freien Oberfläche Σ, welcher in diesem Abhängigkeitskegel $K_z^\odot$ liegt. Der Wert der dritten, durch q_3 definierten Funktion im Punkt $\mathbf{r}$ [(10.53)] kann nicht als Integral mit einer gewöhnlichen Funktion im Integranden geschrieben werden, sondern als z-Ableitung einer Funktion, die vom gleichen Typ ist wie die zweite Funktion. Die Matrixelemente von $\mathbf{S}_f$ enthalten jeweils keinen Term mit q_3 und verschwinden deshalb an der freien Oberfläche Σ.

Wie im Modell „b" hängen die Randwerte [(10.54)] der allgemeinen Lösung $\mathbf{S}$ an der freien Oberfläche Σ nur von den Randwerten der unabhängigen Spannungskomponenten ab.[27]

$$\mathbf{S} = \mathbf{S}_f + \mathbf{T}_0 \tag{10.42}$$

$$
\mathbf{S}_f = \mathbf{S}_f^T
$$
$$
= \begin{bmatrix}
\begin{array}{c} g_x\partial_x + g_y\partial_y \\ -g_z\partial_z \end{array} & 0 & \begin{array}{c} (g_x\partial_y - g_y\partial_x)\partial_y\partial_z^{-1} \\ -g_x\partial_z + g_z\partial_x \end{array} \\
0 & \begin{array}{c} g_x\partial_x + g_y\partial_y \\ -g_z\partial_z \end{array} & \begin{array}{c} (g_y\partial_x - g_x\partial_y)\partial_x\partial_z^{-1} \\ -g_y\partial_z + g_z\partial_y \end{array} \\
* & * & \begin{array}{c} g_x\partial_x + g_y\partial_y \\ -g_z\partial_z \end{array}
\end{bmatrix} \Box_z^{-1}\rho \tag{10.43}
$$

---

[26] Die Funktion $G(\mathbf{r}' - \mathbf{r})$ (10.48) ist nur in den Punkten $\mathbf{r}'$ nicht Null, die in dem vom Punkt $\mathbf{r}$ ausgehenden Abhängigkeitskegel liegen.

[27] Diese Randwerte (10.54) ergeben sich aus den Berechnungen in Abschn. 18.6, wobei gemäß Formel (19.14) in Kap. 19 nur die Terme mit q_3 eine Rolle spielen.

$$\mathbf{T}_0 = \mathbf{T}_0^T = \left[\begin{array}{c|c|c} -\partial_y^2 + 2\partial_z^2 & 0 & \partial_x \partial_z^{-1}(\partial_y^2 - 2\partial_z^2) \\ \hline 0 & \partial_x^2 + \partial_z^2 & -\partial_y \partial_z^{-1}(\partial_x^2 + \partial_z^2) \\ \hline * & * & 2\partial_x^2 + \partial_y^2 \end{array}\right] \Box_z^{-1} S'_{xx}$$

$$+ \left[\begin{array}{c|c|c} \partial_y^2 + \partial_z^2 & 0 & -\partial_x \partial_z^{-1}(\partial_y^2 + \partial_z^2) \\ \hline 0 & -\partial_x^2 + 2\partial_z^2 & \partial_y \partial_z^{-1}(\partial_x^2 - 2\partial_z^2) \\ \hline * & * & \partial_x^2 + 2\partial_y^2 \end{array}\right] \Box_z^{-1} S'_{yy}$$

$$+ \left[\begin{array}{c|c|c} 2\partial_x \partial_y & \Box_z & \partial_y \partial_z^{-1} \Box_y \\ \hline * & 2\partial_x \partial_y & \partial_x \partial_z^{-1} \Box_x \\ \hline * & * & 2\partial_x \partial_y \end{array}\right] \Box_z^{-1} S'_{xy} \tag{10.44}$$

$$***$$

$$\Sigma: \quad z = z_0(x, y) \tag{10.45}$$

$$\theta \stackrel{\text{def.}}{=} \theta[z_0(x, y) - z] \tag{10.46}$$

$$\delta \stackrel{\text{def.}}{=} \delta[z_0(x, y) - z] \tag{10.47}$$

$$G(\mathbf{r}' - \mathbf{r}) \stackrel{(3.20)}{=} \frac{1}{2\pi} \cdot \frac{\theta\left[(z' - z) - \sqrt{(x' - x)^2 + (y' - y)^2}\right]}{\sqrt{(z' - z)^2 - (x' - x)^2 - (y' - y)^2}} \tag{10.48}$$

$$\mathbf{r} = (x, y, z)^T; \quad \mathbf{r}' = (x', y', z')^T \tag{10.49}$$

$$***$$

$$\Box_z^{-1}\{\theta \cdot q_1(x, y, z) + \delta \cdot q_2(x, y) + \partial_z[\delta \cdot q_3(x, y)]\} \tag{10.50}$$

$$[\Box_z^{-1}(\theta \cdot q_1)](\mathbf{r}) = \int dx' dy' dz' \cdot G(\mathbf{r}' - \mathbf{r}) \cdot \theta(\mathbf{r}') \cdot q_1(\mathbf{r}') \tag{10.51}$$

$$\theta(\mathbf{r}') \stackrel{\text{def.}}{=} \theta[z_0(x', y') - z']$$

$$[\Box_z^{-1}(\delta \cdot q_2)](\mathbf{r}) = \int dx' dy' \cdot [G(\mathbf{r}' - \mathbf{r})]_{/z_0} \cdot q_2(x', y') \tag{10.52}$$

$$[\cdot]_{/z_0} \stackrel{\text{def.}}{=} [\cdot]_{/z' = z_0(x', y')}$$

$$[\Box_z^{-1} \partial_z(\delta \cdot q_3)](\mathbf{r}) =$$

$$[\partial_z \Box_z^{-1}(\delta \cdot q_3)](\mathbf{r}) = \partial_z \int dx' dy' \cdot [G(\mathbf{r}' - \mathbf{r})]_{/z_0} \cdot q_3(x', y') \tag{10.53}$$

***

$$[\mathbf{S}]_\Sigma = [\mathbf{T}_0]_\Sigma$$

$$
= \begin{bmatrix}
2 - (\partial_y z_0)^2 & 0 & \partial_x z_0 \cdot \left[2 - (\partial_y z_0)^2\right] \\
0 & 1 + (\partial_x z_0)^2 & \partial_y z_0 \cdot \left[1 + (\partial_x z_0)^2\right] \\
* & * & 2(\partial_x z_0)^2 + (\partial_y z_0)^2
\end{bmatrix}_\Sigma \cdot \frac{[S'_{xx}]_\Sigma}{N}
$$

$$
+ \begin{bmatrix}
1 + (\partial_y z_0)^2 & 0 & \partial_x z_0 \cdot \left[1 + (\partial_y z_0)^2\right] \\
0 & 2 - (\partial_x z_0)^2 & \partial_y z_0 \cdot \left[2 - (\partial_x z_0)^2\right] \\
* & * & (\partial_x z_0)^2 + 2(\partial_y z_0)^2
\end{bmatrix}_\Sigma \cdot \frac{[S'_{yy}]_\Sigma}{N}
$$

$$
+ \begin{bmatrix}
2\partial_x z_0 \cdot \partial_y z_0 & N & \partial_y z_0 \left[1 + (\partial_x z_0)^2 - (\partial_y z_0)^2\right] \\
* & 2\partial_x z_0 \cdot \partial_y z_0 & \partial_x z_0 \left[1 - (\partial_x z_0)^2 + (\partial_y z_0)^2\right] \\
* & * & 2 \cdot \partial_x z_0 \cdot \partial_y z_0
\end{bmatrix}_\Sigma \cdot \frac{[S'_{xy}]_\Sigma}{N}
$$

$$(10.54)$$

$$N \overset{\text{def.}}{=} \left[1 - (\partial_x z_0)^2 - (\partial_y z_0)^2\right]_\Sigma$$

10.2 Gletscher mit Oberflächenlast und mit zweifach zusammenhängender freier Oberfläche: Ein Modell mit normierten Spannungsfunktionen

Im folgenden Beispiel eines Landgletschers wird der einfache Zusammenhang seiner frei-en Oberfläche durch einen schweren Fels unterbrochen, der auf der Gletscheroberfläche liegt, so dass die freie Gletscheroberfläche, die zugleich die Randfläche Σ bekannter – nämlich verschwindender – Randspannungen ist, zweifach zusammenhängend wird, in-dem sie die vom Felsen belastete Fläche Λ_1[28] ringförmig umgibt. Die aus den Flächen Σ und Λ_1 bestehende Gletscheroberfläche ist durch eine Funktion $z_0(x, y)$ gegeben [(10.55)] und die z-Achse des Koordinatensystems ist vertikal orientiert [(10.56)] und geht durch die belastete Fläche Λ_1.

Hier stellt sich die Frage nach der allgemeinen Lösung $\mathbf{S}$ der Balancebedingungen mit verschwindenden Randspannungen an der freien Oberfläche Σ, [(10.57)] welche auf der belasteten Fläche Λ_1 die Lastbedingungen [(10.58), (10.59)] erfüllt. Diese Lastbedingungen be-deuten, dass das Spannungstensorfeld $\mathbf{S}$ auf der belasteten Fläche Λ_1 sowohl das Gewicht

---

[28] Die gesamte Randfläche Λ unbekannter Randspannungen besteht aus zwei separaten, zusammen-hängenden Flächen: der Auflagefläche Λ_1 des Felsens und der Kontaktfläche Λ_0 zum Untergrund und zum nicht betrachteten Gletscherbereich.

$\mathbf{F}_1[\mathbf{S}]$ als auch das Drehmoment $\mathbf{G}_1[\mathbf{S}]$ des Felsens egalisiert. Dabei ist das Gewicht $\mathbf{F}_1[\mathbf{S}]$ des Felsens durch seine Masse m_l definiert und das Drehmoment $\mathbf{G}_1[\mathbf{S}]$ durch seine Masse und den Ortsvektor $\mathbf{c}_l$ seines Schwerpunktes.

Diese allgemeine Lösung $\mathbf{S}$ (10.60) setzt sich aus drei Spannungstensorfeldern $\hat{\mathbf{S}}$, $\mathbf{T}_{**}$ und $\mathbf{T}_0$ zusammen.[29] Das Spannungstensorfeld $\hat{\mathbf{S}}$ (10.67) ist eine spezielle Lösung der Balance und Randbedingungen (10.61) und auf der belasteten Fläche Λ_1 verschwinden seine Kraft und sein Drehmoment (10.62), da seine Randspannungen dort verschwinden. Das – weiter unten konstruierte – gewichtslose Spannungstensorfeld $\mathbf{T}_{**}$ hat verschwindende Randspannungen an der freien Oberfläche (10.63) und nimmt auf der belasteten Fläche Λ_1 das Gewicht und das Drehmoment der Last auf (10.64). Die allgemeine Lösung (10.60) entsteht, indem man beliebige gewichtslose Spannungstensorfelder $\mathbf{T}_0$ hinzufügt, deren Randspannungen an der freien Oberfläche Σ verschwinden (10.65) und deren Kräfte und Drehmomente auf der belasteten Fläche Λ_1 verschwinden (10.66). Diese Spannungstensorfelder $\mathbf{T}_0$ sind durch zweite Ableitungen (10.68) von normierten Spannungsfunktionen $\mathbf{A}_0$ (10.69) gegeben, die symmetrisch sind, die nur in ihren ersten beiden Zeilen und Spalten nicht verschwindende Matrixelemente haben und die zusammen mit ihren ersten Ableitungen an der freien Gletscheroberfläche Σ verschwinden (10.70).

Es fehlt noch das Spannungstensorfeld $\mathbf{T}_{**}$. Es wird mit Hilfe des Gradientenfeldes $\nabla\phi$ (10.71) der Winkelkoordinate ϕ bezüglich der z-Achse konstruiert.[30] Das Integral dieses Gradientenfeldes über geschlossene Wege ist gleich der 2π-fachen Anzahl der Umläufe um die z-Achse und verschwindet insbesondere für alle geschlossenen Wege, welche die z-Achse nicht einschließen. Somit verschwindet auch die Rotation dieses Vektorfeldes außerhalb der z-Achse. Um die unerwünschte Singularität dieses Vektorfeldes auf der z-Achse zu beseitigen, ohne dieses Vektorfeld in einer Umgebung der ringförmigen freien Oberfläche Σ zu ändern, multipliziert man es mit einer geeigneten Funktion $\chi(R)$, die nur vom Abstand R von der z-Achse abhängt. Diese Funktion $\chi(R)$ verschwindet in einer kleinen, zylinderförmigen Umgebung der z-Achse und hat außerhalb einer etwas größeren zylinderförmigen Umgebung der z-Achse den Wert 1 (10.73), so dass sich in diesem zylinderförmigen Außenbereich, in dem auch die ringförmige freie Oberfläche Σ liegt (10.74), nichts ändert.

Mit Hilfe dieses regularisierten Vektorfeldes $\chi(R)\nabla\phi$ wird eine Spannungsfunktion $\mathbf{A}_{**}$ (10.75) mit ihren $\mathbf{B}_{**}$-, $\mathbf{C}_{**}$- und $\mathbf{T}_{**}$-Feldern (10.78)–(10.80) definiert[31]. Das gewichtslose Spannungstensorfeld $\mathbf{T}_{**}$ verschwindet in dem oben genannten zylinderförmigen Außenbereich und damit auch auf der ringförmigen freien Oberfläche Σ (10.81) und es balanciert auf der von dem Felsblock belasteten Fläche Λ_1 die Kraft $\mathbf{F}_1[\mathbf{S}]$ und das Drehmoment

---

[29] Diese allgemeine Lösung wird nach dem in Abschn. 8.1 angegebenen Verfahren gemäß dem Ansatz (8.1) konstruiert. Den Parametern $\mathbf{F}_1[\mathbf{S}]$ und $\mathbf{G}_1[\mathbf{S}]$ wurden ihre realistischen Werte (10.58), (10.59) zugewiesen.

[30] Das Spannungstensorfeld $\mathbf{T}_{**}$ wird nach dem in Abschn. 16.2 beschriebenen Verfahren konstruiert.

[31] Die Definition von $\mathbf{A}_{**}$ entspricht dem Muster in Formel (16.17) in Abschn. 16.2.

$\mathbf{G}_1[\mathbf{S}]$, die von diesem Felsblock erzeugt werden [(10.82), (10.83)]. Das Feld $\mathbf{T}_{**}$ [(10.80)] erfüllt somit seine Balance-, Rand- und Lastbedingungen. [(10.63), (10.64)]

Damit [(10.60)] liegt eine vollständige Darstellung aller Spannungstensorfelder $\mathbf{S}$ vor, welche den Balance-, Rand- und Lastbedingungen [(10.57)–(10.59)] genügen. Diese Darstellung besteht aus den drei Summanden $\hat{\mathbf{S}}$ [(10.67)], $\mathbf{T}_{**}$ [(10.80)] und $\mathbf{T}_0$ [(10.68)]. Der Summand $\mathbf{T}_0$ ist der variable Teil dieser allgemeinen Lösung $\mathbf{S}$ und wird durch die zweiten Ableitungen von drei skalaren Funktionen $A_{0\,xx}$, $A_{0\,yy}$ und $A_{0\,xy}$ definiert, die zusammen mit ihren ersten Ableitungen an der ringförmigen freien Gletscheroberfläche Σ verschwinden [(10.70)], die aber sonst beliebig sind. Jedes derartige Funktionentriplett führt auf eine Lösung $\mathbf{S}$ [(10.60)] der Balance-, Rand- und Lastbedingungen [(10.57)–(10.59)] und jede Lösung ist auf diese Weise darstellbar.

———————

$$z = z_0(x, y); \quad \mathbf{r} \in \Sigma \cup \Lambda_1 \tag{10.55}$$

$$\mathbf{g} = -g \cdot \mathbf{e}_z \tag{10.56}$$

$$***$$

$$\text{div}\ \ \mathbf{S} + \rho\mathbf{g} = \mathbf{0}; \quad \mathbf{S} = \mathbf{S}^T; \quad \mathbf{S} \cdot \mathbf{n}|_\Sigma = \mathbf{0} \tag{10.57}$$

$$\int_{\Lambda_1} \mathbf{Sn} \cdot dA \overset{(8.2)}{=} \mathbf{F}_1[\mathbf{S}] \overset{\text{def.}}{=} -m_l \cdot g \cdot \mathbf{e}_z \tag{10.58}$$

$$\int_{\Lambda_1} \mathbf{r} \times \mathbf{Sn} \cdot dA \overset{(8.2)}{=} \mathbf{G}_1[\mathbf{S}] \overset{\text{def.}}{=} -m_l \cdot g \cdot \mathbf{c}_l \times \mathbf{e}_z \tag{10.59}$$

$$***$$

$$\mathbf{S} = \hat{\mathbf{S}} + \mathbf{T}_{**} + \mathbf{T}_0 \tag{10.60}$$

$$\text{div}\,\hat{\mathbf{S}} + \rho\mathbf{g} = \mathbf{0}; \quad \hat{\mathbf{S}} = \hat{\mathbf{S}}^T; \quad \hat{\mathbf{S}} \cdot \mathbf{n}|_\Sigma = \mathbf{0} \tag{10.61}$$

$$\int_{\Lambda_1} \hat{\mathbf{S}}\mathbf{n} \cdot dA = \mathbf{0}; \quad \int_{\Lambda_1} \mathbf{r} \times \hat{\mathbf{S}}\mathbf{n} \cdot dA = \mathbf{0} \tag{10.62}$$

$$\operatorname{div} \mathbf{T}_{**} = \mathbf{0}; \quad \mathbf{T}_{**} = \mathbf{T}_{**}^T; \quad \mathbf{T}_{**} \cdot \mathbf{n}|_\Sigma = \mathbf{0} \tag{10.63}$$

$$\int\limits_{\Lambda_1} \mathbf{T}_{**}\mathbf{n} \cdot dA = \mathbf{F}_1[\mathbf{S}]; \quad \int\limits_{\Lambda_1} \mathbf{r} \times \mathbf{T}_{**}\mathbf{n} \cdot dA = \mathbf{G}_1[\mathbf{S}] \tag{10.64}$$

$$\operatorname{div} \mathbf{T}_0 = \mathbf{0}; \quad \mathbf{T}_0 = \mathbf{T}_0^T; \quad \mathbf{T}_0 \cdot \mathbf{n}|_\Sigma = \mathbf{0} \tag{10.65}$$

$$\int\limits_{\Lambda_1} \mathbf{T}_0\mathbf{n} \cdot dA = \mathbf{0}; \quad \int\limits_{\Lambda_1} \mathbf{r} \times \mathbf{T}_0\mathbf{n} \cdot dA = \mathbf{0} \tag{10.66}$$

$$***$$

$$\hat{\mathbf{S}} = g \cdot \begin{bmatrix} \partial_z^{-1} & 0 & -\partial_x\partial_z^{-2} \\ \hline 0 & \partial_z^{-1} & -\partial_y\partial_z^{-2} \\ \hline -\partial_x\partial_z^{-2} & -\partial_y\partial_z^{-2} & (\partial_x^2 + \partial_y^2)\partial_z^{-3} + \partial_z^{-1} \end{bmatrix} \cdot \rho \tag{10.67}$$

$$***$$

$$\mathbf{T}_0 = \mathbf{T}_0^T = \operatorname{rot}\operatorname{rot}\mathbf{A}_0$$
$$= \begin{bmatrix} \partial_z^2 A_{0\,yy} & -\partial_z^2 A_{0\,xy} & -\partial_x\partial_z A_{0\,yy} + \partial_y\partial_z A_{0\,xy} \\ \hline * & \partial_z^2 A_{0\,xx} & -\partial_y\partial_z A_{0\,xx} + \partial_x\partial_z A_{0\,xy} \\ \hline * & * & \partial_x^2 A_{0\,yy} + \partial_y^2 A_{0\,xx} - 2\partial_x\partial_y A_{0\,xy} \end{bmatrix} \tag{10.68}$$

$$\mathbf{A}_0 = \mathbf{A}_0^T = \begin{bmatrix} A_{0\,xx} & A_{0\,xy} & 0 \\ \hline * & A_{0\,yy} & 0 \\ \hline 0 & 0 & 0 \end{bmatrix} \tag{10.69}$$

$$\mathbf{A}_0|_\Sigma = \partial_z\mathbf{A}_0|_\Sigma = \mathbf{0} \tag{10.70}$$

$$***$$

$$\nabla\phi = \frac{1}{R^2} \cdot (\mathbf{e}_z \times \mathbf{r}) = \frac{1}{R^2} \cdot (\mathbf{e}_z \times \mathbf{R}) \tag{10.71}$$

$$\mathbf{r} = x \cdot \mathbf{e}_x + y \cdot \mathbf{e}_y + z \cdot \mathbf{e}_z; \quad \mathbf{R} = x \cdot \mathbf{e}_x + y \cdot \mathbf{e}_y; \quad R = \sqrt{x^2 + y^2} \tag{10.72}$$

$$R_0 \overset{\text{vor.}}{<} R_1 :$$

$$\chi(R) = \begin{cases} 0; & R \overset{\text{vor.}}{<} R_0 \\ 1; & R_1 \overset{\text{vor.}}{<} R \end{cases} \tag{10.73}$$

$$R_1 < R; \quad \mathbf{r} \overset{\text{vor.}}{\in} \Sigma \tag{10.74}$$

$$\mathbf{A}_{**} \overset{\text{def.}}{=} \underbrace{[-m_l \cdot g \cdot \mathbf{e}_z \times (\mathbf{r} - \mathbf{c}_l)]}_{G_1[S] + F_1[S] \times \mathbf{r}} \cdot \underbrace{\frac{\chi(R)}{2\pi R^2} \cdot (\mathbf{e}_z \times \mathbf{r})^T}_{\chi(R) \cdot \nabla^T \phi / (2\pi)} \tag{10.75}$$

$$\operatorname{rot} \mathbf{A}_{**} = -\frac{m_l \cdot g \cdot \chi(R)}{2\pi \cdot R^2} \cdot \mathbf{e}_z (\mathbf{e}_z \times \mathbf{r})^T - \frac{\chi'(R) \cdot m_l \cdot g}{2\pi R} \cdot \mathbf{e}_z \cdot [\mathbf{e}_z \times (\mathbf{r} - \mathbf{c}_l)]^T \tag{10.76}$$

$$\operatorname{rot} \operatorname{rot} \mathbf{A}_{**}$$
$$= -\frac{m_l \cdot g}{2\pi R} \left\{ \chi'(R) + [R \cdot \chi'(R)]' + \frac{\mathbf{c}_l \cdot \mathbf{R}}{R^2} \cdot \left[2\chi'(R) - [R \cdot \chi'(R)]' \right] \right\} \cdot \mathbf{e}_z \cdot \mathbf{e}_z^T \tag{10.77}$$

$$\mathbf{B}_{**} = \underbrace{-m_l \cdot g \cdot \mathbf{e}_z}_{F_1[S]} \cdot \underbrace{\frac{\chi(R)}{2\pi R^2} \cdot (\mathbf{e}_z \times \mathbf{r})^T}_{\chi(R) \cdot \nabla^T \phi / (2\pi)} - \frac{m_l \cdot g \cdot \chi'(R)}{2\pi R} \cdot \mathbf{e}_z \cdot [\mathbf{e}_z \times (\mathbf{r} - \mathbf{c}_l)]^T \tag{10.78}$$

$$\mathbf{C}_{**} = \underbrace{m_l \cdot g \cdot (\mathbf{e}_z \times \mathbf{c}_l)}_{G_1[S]} \cdot \underbrace{\frac{\chi(R)}{2\pi R^2} \cdot (\mathbf{e}_z \times \mathbf{r})^T}_{\chi(R) \cdot \nabla^T \phi / (2\pi)}$$
$$+ \frac{m_l \cdot g \cdot \chi'(R)}{2\pi R} \cdot (\mathbf{e}_z \times \mathbf{r}) \cdot [\mathbf{e}_z \times (\mathbf{r} - \mathbf{c}_l)]^T \tag{10.79}$$

$$\mathbf{T}_{**} = -\frac{m_l \cdot g}{2\pi R} \left\{ \chi'(R) + [R \cdot \chi'(R)]' + \frac{\mathbf{c}_l \cdot \mathbf{R}}{R^2} \cdot \left[2\chi'(R) - [R \cdot \chi'(R)]' \right] \right\} \cdot \mathbf{e}_z \mathbf{e}_z^T \tag{10.80}$$

$$\mathbf{T}_{**}|_\Sigma \overset{(10.80),(10.73),(10.74)}{=} 0 \tag{10.81}$$

$$\int_{\Lambda_1} \mathbf{T}_{**}\mathbf{n} \cdot dA \overset{(6.12)}{=} \oint_{\partial\Lambda_1} \mathbf{B}_{**} \cdot d\mathbf{r} \overset{(10.78),(10.73)}{=} \mathbf{F}_1[\mathbf{S}] \tag{10.82}$$

$$\int_{\Lambda_1} \mathbf{r} \times \mathbf{T}_{**}\mathbf{n} \cdot dA \overset{(6.13)}{=} \oint_{\partial\Lambda_1} \mathbf{C}_{**} \cdot d\mathbf{r} \overset{(10.79),(10.73)}{=} \mathbf{G}_1[\mathbf{S}] \tag{10.83}$$

10.3 Stagnierende Gletscher: Quasistarre Modelle

Für stagnierende, also sehr langsam fließende Gletscher, deren Spannungstensorfelder sich nur wenig von einem starren Spannungstensorfeld[32] unterscheiden, werden so genannte quasistarre Spannungstensorfelder eingeführt. Diese quasistarren Spannungstensorfelder lösen die Aufgabe, mit vertretbarem Rechenaufwand Kandidaten für realistische Lösungen zu finden, ohne durch zu hohen Rechenaufwand eine Präzision anzustreben, die aufgrund von unvermeidlichen Informationsdefiziten niemals erreichbar ist.

10.3.1 Starre Gletscher

In diesem Abschnitt werden die starren Spannungstensorfelder $\check{\mathbf{S}}$[33] beschrieben. Sie sollen als Referenzen für Spannungstensorfelder in stagnierenden Gletschern dienen.

Ein starrer, das heißt bewegungsloser Gletscher gleicht einer Flüssigkeit, die in einem Gefäß ruht.[34] Ein starrer Gletscher liegt also in einer Mulde, hat eine horizontale freie Oberfläche $\check{\Sigma}$ mit vertikal nach oben gerichteter orientierter Normale $\check{\mathbf{n}}$ [(10.84)] und sein starres Spannungstensorfeld $\check{\mathbf{S}}$ [(10.85)] ist isotrop und durch ein Druckfeld $\check{p}$ definiert. Aus der Balancebedingung [(10.86)] folgt, dass sowohl der Druck $\check{p}$ als auch die Eisdichte $\check{\rho}$ horizontal homogen sind [(10.88), (10.89)]. An der freien Oberfläche verschwinden die Randspannungen und damit auch der Druck. [(10.87)] In einem Punkt $\mathbf{r}$ ist dieser Druck $\check{p}(\mathbf{r})$ durch das Wegintegral [(10.90)] des Druckgradienten [(10.86)] gegeben, wobei der Integrationsweg auf

---

[32] Der Begriff „starres Spannungstensorfeld" ist eine Kurzbezeichnung für das Spannungstensorfeld eines starren Gletschers. Starre Spannungstensorfelder haben verschwindende deviatorische Komponenten und sind daher skalare Vielfache des Einheitstensors.

[33] Im starren Fall werden alle Größen mit dem Akzent „˘" gekennzeichnet.

[34] Trotz dieses Vergleichs mit dem hydrostatischen Fall verwenden wir hier die scheinbar naheliegende Bezeichnung „glaciostatisch" nicht. Alle Modelle in dieser Abhandlung sind nämlich glaciostatisch, da vollständige Balance aller Kräfte und aller Drehmomente herrscht. Der Sonderfall der starren Gletscher zeichnet sich somit nicht durch die Glaciostatik aus, sondern durch die Isotropie der Spannungstensorfelder, die gleichbedeutend mit überall verschwindenden deviatorischen Spannungskomponenten ist.

der freien Oberfläche $\check{\Sigma}$ beginnt, im Punkt **r** endet und sonst beliebig ist. Man kann das Druckfeld $\check{p}$ [(10.92)] auch mit Hilfe eines Integraloperators $(\mathbf{a}\nabla)^{-1}$ berechnen.[35]

$$\check{\mathbf{n}} = -\frac{\mathbf{g}}{g} \tag{10.84}$$

$$\check{\mathbf{S}} = -\check{p} \cdot \mathbf{1} \tag{10.85}$$

$$\nabla \check{p} = \check{\rho} \cdot \mathbf{g} \tag{10.86}$$

$$\check{p}|_{\check{\Sigma}} = 0 \tag{10.87}$$

$$***$$

$$\nabla \check{p} \times \mathbf{g} = \mathbf{0} \tag{10.88}$$

$$\nabla \check{\rho} \times \mathbf{g} = \mathbf{0} \tag{10.89}$$

$$\check{p}(\mathbf{r}) = \int_{\check{\Sigma}}^{\mathbf{r}} \check{\rho}(\mathbf{r}') \cdot \mathbf{g} \cdot d\,\mathbf{r}' = -\int_{\mathbf{r}}^{\check{\Sigma}} \check{\rho}(\mathbf{r}') \cdot \mathbf{g} \cdot d\,\mathbf{r}' \tag{10.90}$$

$$(\mathbf{a}\nabla)\check{p} = \mathbf{ag} \cdot \check{\rho} \tag{10.91}$$

$$\check{p} = (\mathbf{ag}) \cdot (\mathbf{a}\nabla)^{-1} \check{\rho} \tag{10.92}$$

10.3.2 Quasistarre Gletschermodelle

Neben den starren Gletschern gibt es Gletscher, deren Spannungsverteilung sich nur wenig von einer starren Spannungsverteilung [(10.85)] unterscheidet. Als Kandidaten zur Beschreibung dieser Spannungsverteilungen werden die quasistarren Spannungstensorfelder eingeführt.

Ein quasistarres Spannungstensorfeld wird im Rahmen der allgemeinen Lösung der Balance- und Randbedingungen [(2.14)–(2.16)] durch Zusatzbedingungen der folgenden Art definiert:

- Die Zusatzbedingungen werden auch von den starren Spannungstensorfeldern $\check{\mathbf{S}}$ [(10.85)] erfüllt.
- Die Zusatzbedingungen definieren das quasistarre Spannungstensorfeld eindeutig.

---

[35] Der Vektor **a** muss quer zur freien Oberfläche sein (S. Fußnote 25, Abschn. 7.4.) und der Integrationskegel von $(\mathbf{a}\nabla)^{-1}$ muss nach oben gerichtet sein (S. Fußnote 11, Abschn. 3.2.).

Ein quasistarres Spannungstensorfeld muss folglich in ein starres Spannungstensorfeld
$\check{S}$ $^{(10.85)}$ übergehen, wenn man den betrachtete Modellgletscher in einen Muldengletscher
mit horizontal homogener Eisdichte und horizontaler freier Oberfläche übergehen lässt,
weil in einem solchen Muldengletscher das starre Spannungstensorfeld $\check{S}$ $^{(10.85)}$ die eindeutige Lösung der Balance und Randbedingungen $^{(2.14)-(2.16)}$ sowie der Zusatzbedingungen ist. Ein quasistarres Spannungstensorfeld stimmt also im Idealfall eines starren
Muldengletschers mit dem starren Spannungstensorfeld $\check{S}$ überein, welches in diesem
Fall auch das tatsächliche Spannungstensorfeld ist. Es liegt daher nahe, ein quasistarres
Spannungstensorfeld auch in einem stagnierenden – also fast starren – Gletscher als eine Möglichkeit zur Beschreibung des tatsächlichen Spannungstensorfeldes anzusehen. Ob
dieses quasistarre Spannungstensorfeld dann mit dem tatsächlichen Spannungstensorfeld
ausreichend genau übereinstimmt, kann im Rahmen dieser allgemeinen Abhandlung nicht
beurteilt werden.[36]

Es gibt unendlich viele quasistarre Spannungstensorfelder. So kann man von der eindeutigen Darstellung der allgemeinen Lösung S durch drei unabhängige Spannungskomponenten[37] ausgehen und daraus quasistarre Spannungstensorfelder konstruieren, indem
man diese drei unabhängigen Spannungskomponenten durch Bedingungen festlegt, welche auch im starren Fall gelten. Für diese Methode gibt es unübersehbar viele Möglichkeiten. Beispielsweise kann man in den Punkten $\mathbf{r}$ im Gletscher die diagonalen unter den
drei unabhängigen Spannungskomponenten durch ein Wegintegral $^{(10.93)}$ ausdrücken, das
über einen Weg vom jeweiligen Punkt $\mathbf{r}$ an die freie Eisoberfläche Σ läuft, und man kann
die deviatorischen unter den drei unabhängigen Spannungskomponenten durch die Differenz von zwei solchen Wegintegralen ausdrücken. Das so definierte Spannungstensorfeld ist quasistarr, da es im horizontal homogenen Fall dem starren Spannungstensorfeld
gleicht $^{(10.85),\,(10.90)}$. Man könnte es noch raffinierter machen, indem man bei den diagonalen Spannungskomponenten über mehrere solche Wegintegrale mittelt und bei den
deviatorischen Spannungskomponenten über mehrere solcher Differenzen von Wegintegralen.

Also sind die quasistarren Spannungstensorfelder lediglich Kandidaten für passable
Annäherungen an tatsächliche Spannungstensorfelder und die Konstruktion quasistarrer
Spannungstensorfelder ist kein wohldefiniertes mathematisches Verfahren, sondern ei-
ne heuristische Methode, um passable Spannungstensorfelder zu finden. Bei dieser Su-
che nach passablen quasistarren Spannungstensorfeldern kann man zuerst die einfachen
Fälle[38] betrachten. Beispielsweise sind S_e, S_f, S_g, und S_h relativ einfache quasistarre
Spannungstensorfelder, die dadurch definiert sind, dass ihre jeweils drei ausgewählten
deviatorischen Spannungskomponenten verschwinden.[39]

---

[36] Das kann nur nach weitergehenden Untersuchungen im jeweiligen konkreten Fall entschieden
werden.

[37] S. Abschn. 8.2.

[38] „einfach" bedeutet, dass das quasistarre Spannungstensorfeld mathematisch relativ einfach dargestellt werden kann.

[39] S. Formeln (17.41), (17.49), (17.59) und (17.71).

$$\int\limits_{\mathbf{r}}^{\Sigma} \rho(\mathbf{r}') \cdot \mathbf{g} \cdot d\,\mathbf{r}' \tag{10.93}$$

10.3.3   Das quasistarre Modell mit horizontal wirkendem Schweredruck

Um ein besonders einfaches Beispiel für ein quasistarres Spannungstensorfeld vorzu-stellen, wird in diesem Abschnitt das quasistarre Spannungstensorfeld $\hat{\mathbf{S}}$ mit horizontal wirkendem Schweredruck untersucht. Der Schweredruck p [(10.94)] in einem Punkt $\mathbf{r}$ ist definitionsgemäß gleich dem fiktiven Druck, den eine senkrecht über diesem Punkt $\mathbf{r}$ herausgeschnittene, sehr schmale Eissäule des Gletschers durch ihr Gewicht auf ihre ho-rizontale Basis ausüben würde.

Im Folgenden ist die z-Achse vertikal nach oben orientiert [(10.95)], wird die freie Glet-scheroberfläche Σ durch eine Funktion $z_0(x, y)$ [(10.96)] definiert und ist die Eisdichte ρ [(10.97)] im Gletscher durch eine glatte Funktion $\bar{\rho}$ gegeben und verschwindet oberhalb der freien Oberfläche Σ, was durch die dort ebenfalls verschwindende Sprungfunktion θ bewirkt wird. Man erhält das quasistarre Spannungstensorfeld $\hat{\mathbf{S}}$ [(10.99)] mit horizontal wir-kendem Schweredruck, indem man in der allgemeinen Lösung $\mathbf{S}$ [(10.6)] mit unabhängigen Horizontalspannungen S_{xx}, S_{yy} und S_{xy} die Longitudinalspannungen S_{xx} und S_{yy} durch den negativen Schweredruck p [(10.98)] ersetzt und die Scherspannung S_{xy} verschwinden lässt.

Hat die Eisdichte im Gletscher einen räumlich konstanten Wert ρ_c, wird alles einfa-cher [(10.100)]–[(10.103)]. In diesem Fall kann man das quasistarre Spannungstensorfeld $\hat{\mathbf{S}}$ auch mit Hilfe der folgenden geometrischen Größen darstellen:

- Eistiefe $z_0 - z$
- Anstieg $\tan\alpha_x$ der Gletscheroberfläche in x-Richtung, Anstieg $\tan\alpha_y$ in y-Richtung und Betrag $|\tan\alpha_{max}|$ des maximalen Anstieges bzw. Gefälles der Gletscheroberflä-che [(10.104)]–[(10.106)]
- Krümmungsradius R_x der Gletscheroberfläche in x-Richtung und R_y in y-Rich-tung [(10.107)], [(10.108)]

Dieses quasistarre Spannungstensorfeld $\hat{\mathbf{S}}$ [(10.110)] ist offensichtlich nur dann fast starr, wenn die Oberflächenneigungswinkel klein sind und die Eistiefe im Vergleich zu den Krümmungsradien klein ist [(10.111)], was im Folgenden vorausgesetzt wird.

Das quasistarre Spannungstensorfeld $\hat{\mathbf{S}}$ [(10.110)] lässt sich am besten durch die Span-nungsvektoren charakterisieren, die auf vertikale Ebenen mit ihren folglich horizontalen Normalenvektoren $\mathbf{h}$ [(10.112)] wirken. Die Normalkomponente dieser Spannungsvektoren $\hat{\mathbf{S}}\mathbf{h}$ [(10.113)] sind gleich dem negativen Schweredruck p [(10.102)]. Die Scherkomponenten sind

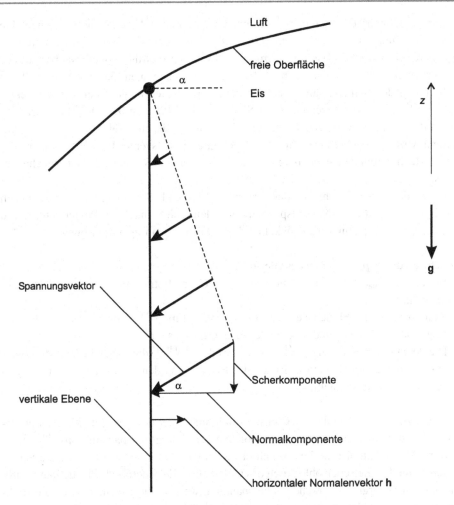

Abb. 10.1 Spannungsvektoren des quasistarren Spannungstensorfeldes $\hat{S}$ auf einer vertikalen Ebene im Gletscher. Die Abbildung zeigt einen vertikalen Schnitt senkrecht zu dieser Ebene. Die Spannungsvektoren liegen in der Schnittebene, sind parallel zur Gletscheroberfläche und variieren linear mit der Eistiefe

vertikal gerichtet und so groß, dass diese Spannungsvektoren $\hat{S}h$ parallel zur Eisoberfläche sind (Abb. 10.1.). Daher ist die Richtung der Niveaulinie durch einen Punkt der Gletscheroberfläche eine Hauptspannungsrichtung des quasistarren Spannungstensorfeldes $\hat{S}$ [(10.110)] in allen vertikal darunter liegenden Punkten, mit dem negativen Schweredruck p als Hauptspannung.[40]

---

[40] In diesem Fall verschwindet die Oberflächenneigung $\tan\alpha$ in Formel (10.113).

Zur Berechnung der Spannungen an der Gletschersohle Σ_1 wird die Gletschersohle durch eine Funktion $z_1(x, y)$ definiert, und in jedem Punkt der Sohle wird eine positiv orientierte Orthonormalbasis $\mathbf{n}_1$, $\mathbf{l}_1$, $\mathbf{m}_1$ eingeführt. Diese Orthonormalbasis besteht aus dem orientierten Normalenvektor $\mathbf{n}_1$ [(10.124)], aus dem tangentialen Einheitsvektor $\mathbf{l}_1$ [(10.126)] in Richtung des Sohlengefälles und aus dem horizontalen tangentialen Einheitsvektor $\mathbf{m}_1$ [(10.127)] parallel zur Niveaulinie der Sohle. An den Punkten der Gletscheroberfläche wird auf die gleiche Weise eine Orthonormalbasis $\mathbf{n}_0$, $\mathbf{l}_0$, $\mathbf{m}_0$ eingeführt [(10.115)–(10.118)]. Außerdem wird an der Gletschersohle der tangentiale Einheitsvektor $\mathbf{l}'_0$ [(10.129)] definiert, der die gleiche horizontale Ausrichtung hat wie der Vektor $\mathbf{l}_0$ in Richtung des Oberflächengefälles.[41]

Die an der Gletschersohle auf den Untergrund wirkende Spannung $\mathbf{\hat{S}n}_1$ lässt sich nach dem Normalenvektor $\mathbf{n}_1$ (Normalspannung) und den schiefwinkeligen Tangentialvektoren $\mathbf{l}_1$ sowie $\mathbf{l}'_0$ (Scherspannung) entwickeln. [(10.132)] Dabei treten folgende Größen auf:

- Schweredruck p_1 [(10.130)] an der Gletschersohle.
- Betrag $|\tan \alpha_{max}|$ [(10.106)] des Oberflächengefälles und Betrag $|\tan \beta_{max}|$ [(10.123)] des Sohlengefälles.
- Skalarprodukt der Einheitsvektoren $\mathbf{m}_1$ [(10.127)] und $\mathbf{m}_0$ [(10.118)], die parallel zu den Niveaulinien am Untergrund bzw. an der Eisoberfläche sind.
- Die gemäß Voraussetzung [(10.111)] kleine Größe ϵ [(10.109)], die ungefähr den Mittelwert aus den beiden Quotienten zwischen der Eistiefe und den beiden Krümmungsradien der Eisoberfläche darstellt.

Bei nicht zu großem Gefälle der Gletschersohle und unter den genannten Voraussetzungen [(10.111)] dominiert bei der Scherkomponente der Untergrundspannung $\mathbf{\hat{S}n}_1$ [(10.132)] der $\mathbf{l}'_0$-Term. Man erhält also in diesem Fall das Resultat, dass in guter Näherung die Scherspannung an der Gletschersohle durch das Gefälle der Gletscheroberfläche definiert wird. Die auf den Untergrund wirkende Scherspannung weist in die gleiche horizontale Richtung wie das Oberflächengefälle und der Betrag dieser Scherspannung ergibt sich in guter Näherung aus dem Schweredruck p_1 an der Sohle durch Multiplikation mit dem Betrag $|\tan \alpha_{max}|$ des Oberflächengefälles [3, S. 104], [4, S. 241].

---

[41] Dieser Tangentialvektor $\mathbf{l}'_0$ am Untergrund entsteht dadurch, dass man den in Richtung des Oberflächengefälles weisenden Tangentialvektor $\mathbf{l}_0$ der Eisoberfläche vertikal auf die Tangentialebene der Sohle projiziert und dann auf die Länge 1 normiert.

$$p(\mathbf{r}) = g^2 \cdot (\mathbf{g}\nabla)^{-1}\rho = g^2 \cdot \int_0^\infty d\alpha \cdot \rho(\mathbf{r} - \alpha\mathbf{g})$$

$$= g \cdot \int_0^\infty d\alpha \cdot \rho\left(\mathbf{r} - \frac{\mathbf{g}}{g} \cdot \alpha\right) \tag{10.94}$$

$$\mathbf{g} = -g \cdot \mathbf{e}_z \tag{10.95}$$

$$z = z_0(x, y); \quad \mathbf{r} \overset{\text{vor.}}{\in} \Sigma \tag{10.96}$$

$$\rho = \theta(z_0 - z) \cdot \bar\rho \tag{10.97}$$

$$p(x, y, z) = -g \cdot \partial_z^{-1}\rho = g \cdot \int_0^\infty d\alpha \cdot \rho(x, y, z + \alpha) \tag{10.98}$$

$$\hat{\mathbf{S}} = \left[\begin{array}{cc|c} -1 & 0 & \partial_x \partial_z^{-1} \\ \hline 0 & -1 & \partial_y \partial_z^{-1} \\ \hline \partial_x \partial_z^{-1} & \partial_y \partial_z^{-1} & -(\partial_x^2 + \partial_y^2)\partial_z^{-2} - 1 \end{array}\right] \cdot p$$

$$= \left[\begin{array}{cc|c} \partial_z^{-1} & 0 & -\partial_x \partial_z^{-2} \\ \hline 0 & \partial_z^{-1} & -\partial_y \partial_z^{-2} \\ \hline -\partial_x \partial_z^{-2} & -\partial_y \partial_z^{-2} & (\partial_x^2 + \partial_y^2)\partial_z^{-3} + \partial_z^{-1} \end{array}\right] \cdot \rho g \tag{10.99}$$

$$***$$

$$\bar\rho = \rho_c; \quad \nabla\rho_c = \mathbf{0} \tag{10.100}$$

$$\partial_z^{-n}\rho = \theta(z_0 - z) \cdot \rho_c \cdot \frac{(-1)^n(z_0 - z)^n}{n!}; \quad n = 0, 1, \dots \tag{10.101}$$

$$p = \theta(z_0 - z) \cdot g \cdot \rho_c \cdot (z_0 - z) \tag{10.102}$$

$$\hat{\mathbf{S}} = \hat{\mathbf{S}}^T = -p \left[\begin{array}{cc|c} 1 & 0 & \partial_x z_0 \\ \hline 0 & 1 & \partial_y z_0 \\ \hline * & * & \begin{array}{c} 1 + (\partial_x z_0)^2 + (\partial_y z_0)^2 \\ +(z_0 - z)(\partial_x^2 + \partial_y^2)z_0/2 \end{array} \end{array}\right] \tag{10.103}$$

$$***$$

$$\tan \alpha_x = \partial_x z_0 \tag{10.104}$$

$$\tan \alpha_y = \partial_y z_0 \tag{10.105}$$

$$|\tan \alpha_{\max}| = \sqrt{(\partial_x z_0)^2 + (\partial_y z_0)^2} \tag{10.106}$$

$$R_x = \frac{[1 + (\partial_x z_0)^2]^{3/2}}{\partial_x^2 z_0} = \frac{1}{\partial_x^2 z_0 \cdot \cos^3 \alpha_x} \tag{10.107}$$

$$R_y = \frac{[1 + (\partial_y z_0)^2]^{3/2}}{\partial_y^2 z_0} = \frac{1}{\partial_y^2 z_0 \cdot \cos^3 \alpha_y} \tag{10.108}$$

$$\epsilon \stackrel{\text{def.}}{=} \frac{1}{2} \cdot (z_0 - z)(\partial_x^2 + \partial_y^2) z_0$$

$$= \frac{1}{2} \cdot \left[\frac{z_0 - z}{R_x \cdot \cos^3 \alpha_x} + \frac{z_0 - z}{R_y \cdot \cos^3 \alpha_y} \right] \tag{10.109}$$

$$\hat{\mathbf{S}} = \hat{\mathbf{S}}^T = -p \cdot \left[\begin{array}{cc|c} 1 & 0 & \tan \alpha_x \\ \hline 0 & 1 & \tan \alpha_y \\ \hline * & * & 1 + \tan^2 \alpha_{\max} + \epsilon \end{array} \right] \tag{10.110}$$

$$|\tan \alpha_{\max}|, \quad \left| \frac{z_0 - z}{R_x} \right|, \quad \left| \frac{z_0 - z}{R_y} \right| \stackrel{\text{vor.}}{\ll} 1 \tag{10.111}$$

$$***$$

$$\mathbf{h} \stackrel{\text{def.}}{=} \begin{bmatrix} h_x \\ h_y \\ 0 \end{bmatrix}; \quad |\mathbf{h}| = \sqrt{h_x^2 + h_y^2} \stackrel{\text{vor.}}{=} 1 \tag{10.112}$$

$$\hat{\mathbf{S}} \mathbf{h} = -p \cdot (\mathbf{h} + \tan \alpha \cdot \mathbf{e}_z) \tag{10.113}$$

$$\tan \alpha = h_x \cdot \partial_x z_0 + h_y \cdot \partial_y z_0 \tag{10.114}$$

$$***$$

$$\mathbf{n}_0 = \frac{1}{N_0} \begin{bmatrix} -\partial_x z_0 \\ -\partial_y z_0 \\ 1 \end{bmatrix}, \quad |\mathbf{n}_0| = 1 \tag{10.115}$$

$$N_0 = \sqrt{1 + (\partial_x z_0)^2 + (\partial_y z_0)^2} = \sqrt{1 + \tan^2 \alpha_{\max}} = \frac{1}{\cos \alpha_{\max}} \tag{10.116}$$

$$\mathbf{l}_0 = \frac{-1}{M_0 N_0} \cdot \begin{bmatrix} \partial_x z_0 \\ \partial_y z_0 \\ (\partial_x z_0)^2 + (\partial_y z_0)^2 \end{bmatrix} ; \quad |\mathbf{l}_0| = 1 \tag{10.117}$$

$$\mathbf{m}_0 = \mathbf{n}_0 \times \mathbf{l}_0 = \frac{1}{M_0} \cdot \begin{bmatrix} \partial_y z_0 \\ -\partial_x z_0 \\ 0 \end{bmatrix} ; \quad |\mathbf{m}_0| = 1 \tag{10.118}$$

$$M_0 = \sqrt{(\partial_x z_0)^2 + (\partial_y z_0)^2} = |\tan \alpha_{max}| \tag{10.119}$$

$$***$$

$$z = z_1(x, y); \quad \mathbf{r} \stackrel{vor.}{\in} \Sigma_1 \tag{10.120}$$
$$\tan \beta_x = \partial_x z_1 \tag{10.121}$$
$$\tan \beta_y = \partial_y z_1 \tag{10.122}$$
$$|\tan \beta_{max}| = \sqrt{(\partial_x z_1)^2 + (\partial_y z_1)^2} \tag{10.123}$$

$$\mathbf{n}_1 = \frac{1}{N_1} \cdot \begin{bmatrix} -\partial_x z_1 \\ -\partial_y z_1 \\ 1 \end{bmatrix} ; \quad |\mathbf{n}_1| = 1 \tag{10.124}$$

$$N_1 = \sqrt{1 + (\partial_x z_1)^2 + (\partial_y z_1)^2} = \sqrt{1 + \tan^2 \beta_{max}} = \frac{1}{\cos \beta_{max}} \tag{10.125}$$

$$\mathbf{l}_1 = \frac{-1}{M_1 N_1} \cdot \begin{bmatrix} \partial_x z_1 \\ \partial_y z_1 \\ (\partial_x z_1)^2 + (\partial_y z_1)^2 \end{bmatrix} ; \quad |\mathbf{l}_1| = 1 \tag{10.126}$$

$$\mathbf{m}_1 = \mathbf{n}_1 \times \mathbf{l}_1 = \frac{1}{M_1} \cdot \begin{bmatrix} \partial_y z_1 \\ -\partial_x z_1 \\ 0 \end{bmatrix} ; \quad |\mathbf{m}_1| = 1 \tag{10.127}$$

$$M_1 = \sqrt{(\partial_x z_1)^2 + (\partial_y z_1)^2} = |\tan \beta_{max}| \tag{10.128}$$

$$***$$

$$\mathbf{l}'_0 = \frac{-1}{M_0 \cdot \sqrt{1 + M_1^2 \cdot (\mathbf{m}_0\mathbf{m}_1)^2}} \cdot \begin{bmatrix} \partial_x z_0 \\ \partial_y z_0 \\ \partial_x z_0 \cdot \partial_x z_1 + \partial_y z_0 \cdot \partial_y z_1 \end{bmatrix} \tag{10.129}$$

$$|\mathbf{l}'_0| = 1$$

$$p_1 = g \cdot \rho_c \cdot (z_0 - z_1) \tag{10.130}$$

$$\partial_x z_0 \cdot \partial_x z_1 + \partial_y z_0 \cdot \partial_y z_1 = |\tan \alpha_{max}| \cdot |\tan \beta_{max}| \cdot \mathbf{m}_0\mathbf{m}_1 \tag{10.131}$$

$$***$$

$$\hat{\mathbf{S}} \cdot \mathbf{n}_1$$
$$= -\mathbf{n}_1 \cdot p_1 \left\{ 1 + \cos^2 \beta_{max} \cdot \left[\tan^2 \alpha_{max} - 2|\tan \alpha_{max} \cdot \tan \beta_{max}| \cdot \mathbf{m}_0\mathbf{m}_1 + \epsilon \right] \right\}$$

$$+ \mathbf{l}'_0 \cdot p_1 \cos \beta_{max} |\tan \alpha_{max}| \sqrt{1 + \tan^2 \beta_{max} \cdot (\mathbf{m}_0\mathbf{m}_1)^2}$$

$$+ \mathbf{l}_1 \cdot p_1 \cos \beta_{max} |\sin \beta_{max}| \left[\tan^2 \alpha_{max} - 2|\tan \alpha_{max} \cdot \tan \beta_{max}| \cdot \mathbf{m}_0\mathbf{m}_1 + \epsilon \right]$$
$$\tag{10.132}$$

Schwimmende Gletscher

11

Wie man die allgemeine Lösung der Balance- und Randbedingungen $^{(2.14)-(2.16)}$ für schwimmende Gletscher konstruieren kann, wurde bereits dargelegt.[1] In diesem Kapitel sollen an einfachen Beispielen einige Aspekte schwimmender Gletscher erörtert werden.

Im Folgenden ist die z-Achse vertikal nach oben gerichtet $^{(11.1)}$ und der Wasserspiegel definiert das Nullniveau $z = 0$. Die Wasserdichte $\tilde{\rho}(z)$ ist horizontal homogen, unterhalb des Nullniveaus eine glatte Funktion $\bar{\tilde{\rho}}(z)$ und auch oberhalb des Wasserspiegels definiert, wo sie definitionsgemäß verschwindet, was durch die dort ebenfalls verschwindende Sprungfunktion $\theta(-z)$ bewirkt wird. $^{(11.2)}$ Der hydrostatische Wasserdruck $\tilde{p}(z)$ $^{(11.3)}$ ist ebenfalls eine horizontal homogene Funktion, die oberhalb des Wasserspiegels verschwindet. Der hydrostatische Spannungstensor $\tilde{\mathbf{S}}$ $^{(11.5)}$ ist isotrop.

$$\mathbf{g} = -g \cdot \mathbf{e}_z \tag{11.1}$$

$$\tilde{\rho}(z) = \theta(-z) \cdot \bar{\tilde{\rho}}(z) \tag{11.2}$$

$$\tilde{p}(z) = -g \cdot \partial_z^{-1}\tilde{\rho} = g \cdot \int_0^\infty dz' \cdot \tilde{\rho}(z + z') \tag{11.3}$$

$$\tilde{\rho} = 0, \quad \tilde{p} = 0; \quad z \overset{\text{vor.}}{>} 0 \tag{11.4}$$

$$\tilde{\mathbf{S}} = -\tilde{p} \cdot \mathbf{1} \tag{11.5}$$

---

[1] S. Abschn. 9.2.1.

© Springer-Verlag Berlin Heidelberg 2016
P. Halfar, *Spannungen in Gletschern*, DOI 10.1007/978-3-662-48022-9_11

11.1   Gletscher im lokalen Schwimmgleichgewicht

Das folgende Modell eines teilweise schwimmenden Gletschers hat eine relativ einfache allgemeine Lösung der Balance- und Randbedingungen.

In diesem Modell ist die Randfläche Σ des betrachteten Gletscherbereiches Ω, auf der die Randspannungen bekannt sind, einfach zusammenhängend[2] und besteht aus drei Teilen: einer Oberseite Σ_0, einer Unterseite Σ_1 und einer vertikalen Seitenwand $\Sigma_\perp$. [(11.6)] Die durch eine Funktion $z_0(x, y)$ definierte Oberseite Σ_0 ist Teil der freien Gletscheroberfläche und liegt über dem Nullniveau. [(11.7)] Die durch eine Funktion $z_1(x, y)$ definierte Unterseite Σ_1 liegt senkrecht unter einem Teilbereich der Oberseite Σ_0 und unter dem Nullniveau im Wasser. [(11.8)] Die vertikale Seitenwand $\Sigma_\perp$ erstreckt sich vom Wasserspiegel aus vertikal nach oben und unten. Es herrscht überall lokales Schwimmgleichgewicht, so dass auf der Unterseite Σ_1 der Schweredruck p [(11.10)] des Eises gleich dem Wasserdruck $\tilde{p}$ [(11.3)] ist. [(11.11)] Das bedeutet, dass jede vertikale Eissäule über der Unterseite Σ_1 vom Wasserdruck getragen wird.

Das diagonale Spannungstensorfeld S_{spez} [(11.17)] mit dem negativen Wasserdruck $\tilde{p}$ [(11.3)] an den ersten beiden Diagonalstellen und dem negativen Schweredruck p [(11.10)] des Eises an der verbleibenden Stelle erfüllt die Balancebedingungen. [(11.12)] Ebenso erfüllt dieses diagonale Spannungstensorfeld die Randbedingungen auf den Flächen Σ_0, Σ_1 und $\Sigma_\perp$, [(11.13)–(11.15)] die bedeuten, dass auf der Randfläche Σ die Randspannungen unter Wasser durch den Wasserdruck definiert sind und an der freien Oberfläche verschwinden. Die allgemeine Lösung S der Balance- und Randbedingungen [(11.12)–(11.15)] erhält man aus dieser speziellen Lösung durch Addition [(11.16)] von gewichtslosen Spannungstensorfeldern T_0 mit auf der Randfläche Σ verschwindenden Randspannungen. Diese gewichtslosen Spannungstensorfelder T_0 ergeben sich als zweite Ableitungen von symmetrischen Spannungsfunktionen A_0, die zusammen mit ihren ersten Ableitungen auf der Randfläche Σ verschwinden. [(11.18), (11.19)]

Damit liegt für die allgemeine Lösung S der Balance- und Randbedingungen [(11.12)–(11.15)] eine einfache Darstellung [(11.16)] vor, die aus der speziellen Lösung S_{spez} [(11.17)] und den gewichtslosen Spannungstensorfeldern T_0 besteht. Alle gewichtslosen Spannungstensorfelder T_0 [(11.18)], welche aus symmetrisch A_0-Matrixfeldern [(11.19)] entstehen[3], führen auf Lösungen S [(11.16)] der Balance- und Randbedingungen und jede Lösung kann in dieser Form geschrieben werden.[4]

---

[2] Es treten daher keine freien Parameter auf. S. Abschn. 8.1.

[3] rot rot A_0 kann mit Hilfe von Formel (13.24), Kap. 13 berechnet werden.

[4] Dabei treten Redundanzen auf, da verschiedene A_0-Matrixfelder auf das gleiche Spannungstensorfeld T_0 führen können (s. Abschn. 7.4).

$$\Sigma = \Sigma_0 \cup \Sigma_1 \cup \Sigma_\perp \tag{11.6}$$

$$z = z_0(x, y) > 0; \quad \mathbf{r} \overset{\text{vor.}}{\in} \Sigma_0 \tag{11.7}$$

$$z = z_1(x, y) < 0 < z_0(x, y); \quad \mathbf{r} \overset{\text{vor.}}{\in} \Sigma_1 \tag{11.8}$$

$$\rho = \theta(z_0 - z) \cdot \bar{\rho} \tag{11.9}$$

$$p(x, y, z) = -g \cdot \partial_z^{-1} \rho \tag{11.10}$$

$$p|_{z=z_1} \overset{\text{vor.}}{=} \tilde{p}(z_1) \Leftrightarrow \partial_z^{-1} \rho|_{z=z_1} = \partial_z^{-1} \bar{\rho}|_{z=z_1} \tag{11.11}$$

$$***$$

$$\text{div } \mathbf{S} = g\rho \cdot \mathbf{e}_z = -\partial_z p \cdot \mathbf{e}_z; \quad \mathbf{S} = \mathbf{S}^T \tag{11.12}$$

$$[\mathbf{S} \cdot \mathbf{n}]_{\Sigma_0} = \mathbf{0} \tag{11.13}$$

$$[\mathbf{S} \cdot \mathbf{n}]_{\Sigma_1} = -[\tilde{p} \cdot \mathbf{n}]_{\Sigma_1} \tag{11.14}$$

$$[\mathbf{S} \cdot \mathbf{n}]_{\Sigma_\perp} = -[\tilde{p} \cdot \mathbf{n}]_{\Sigma_\perp} \tag{11.15}$$

$$***$$

$$\mathbf{S} = \mathbf{S}_{\text{spez}} + \mathbf{T}_0 \tag{11.16}$$

$$\mathbf{S}_{\text{spez}} = \begin{bmatrix} -\tilde{p} & 0 & 0 \\ 0 & -\tilde{p} & 0 \\ 0 & 0 & -p \end{bmatrix} \tag{11.17}$$

$$\mathbf{T}_0 = \mathbf{T}_0^T = \text{rot rot } \mathbf{A}_0 \tag{11.18}$$

$$\mathbf{A}_0 = \mathbf{A}_0^T; \quad \mathbf{A}_0|_\Sigma = \mathbf{0}; \quad \partial_n \mathbf{A}_0|_\Sigma = \mathbf{0} \tag{11.19}$$

11.2 Randspannungen auf geschlossenen Berandungen und die globalen Balancebedingungen für Eisberge

Sind die Randspannungen auf der gesamten geschlossenen Berandung $\partial\Omega$ eines Gletscherbereiches Ω bekannt und als Randbedingung vorgegeben, so muss man berücksichtigen, dass diese Randspannungen Verträglichkeitsbedingungen unterworfen sind, welche sich aus der globalen Kräfte- und Drehmomentbalance ergeben. Diese Verträglichkeitsbedingungen besagen, dass die Randspannungen auf der geschlossenen Berandung $\partial\Omega$ eines

Gletscherbereiches Ω die Kraft und das Drehmoment erzeugen, welche das Gewicht bzw.
das Drehmoment der Eismenge balancieren, die in diesem Gletscherbereich Ω liegt.

Die Bedeutung dieser Verträglichkeitsbedingung soll am Beispiel eines Eisberges erläutert werden, der sich im Schwimmgleichgewicht befindet, da in diesem Fall die Randspannungen auf der gesamten geschlossenen Randfläche $\partial\Omega$ des Eisberges bekannt sind.
In den entsprechenden Verträglichkeitsbedingungen [(11.20), (11.21)] treten die Eisbergmasse
m und ihr Schwerpunktsvektor $\mathbf{c}$ auf[5]. Analoge Bedingungen [(11.22), (11.23)] gelten für die
fiktive Wassermenge[6] mit der fiktiven Wassermasse $\tilde{m}$ und mit dem Schwerpunktsvektor $\tilde{\mathbf{c}}$. Demnach bedeuten die Verträglichkeitsbedingungen für die Randspannungen eines
Eisberges im Schwimmgleichgewicht, dass das Archimedische Prinzip [(11.24)] gilt und dass
der Schwerpunkt des Eisberges und der Schwerpunkt der fiktiven Wassermenge vertikal
übereinander liegen [(11.25)].

$$\oint_{\partial\Omega} \tilde{\mathbf{S}}\mathbf{n} \cdot dA + m\mathbf{g} = 0 \tag{11.20}$$

$$\oint_{\partial\Omega} \mathbf{r} \times \tilde{\mathbf{S}}\mathbf{n} \cdot dA + m\mathbf{c} \times \mathbf{g} = 0 \tag{11.21}$$

$$\oint_{\partial\Omega} \tilde{\mathbf{S}}\mathbf{n} \cdot dA + \tilde{m}\mathbf{g} = 0 \tag{11.22}$$

$$\oint_{\partial\Omega} \mathbf{r} \times \tilde{\mathbf{S}}\mathbf{n} \cdot dA + \tilde{m}\tilde{\mathbf{c}} \times \mathbf{g} = 0 \tag{11.23}$$

$$m\mathbf{g} = \tilde{m}\mathbf{g} \tag{11.24}$$

$$(\mathbf{c} - \tilde{\mathbf{c}}) \times \mathbf{g} = 0 \tag{11.25}$$

---

[5] Es handelt sich um die auf den gesamten Eisberg angewandten Balancebedingungen (2.8) und
(2.9), wobei die Schwerpunktsdefinition (2.7) verwendet wurde. Die Randspannungen $\tilde{\mathbf{S}}\mathbf{n}$ sind durch
den hydrostatischen Tensor $\tilde{\mathbf{S}}$ (11.5) definiert, der in dem Halbraum oberhalb des Wasserspiegels
verschwindet.

[6] Die fiktive Wassermenge füllt das Eisbergvolumen bis zur Höhe des Wasserspiegels.

11.3 Horizontal isotrop-homogene Tafeleisbergmodelle

In diesem Abschnitt werden horizontal isotrop-homogene, unendlich ausgedehnte Tafeleisbergmodelle[7] diskutiert, wobei nicht nur die Balance- und Randbedingungen für die Spannungen, sondern auch das Fließgesetz berücksichtigt werden. Diese Modelle lassen sich wegen ihrer hohen Symmetrie gut analysieren. Sie sind von prinzipieller theoretischer Bedeutung, weil sie eine eindeutige Lösung haben und sie sind Kandidaten zur Beschreibung horizontal sehr ausgedehnter, homogener Tafeleisberge in genügender Entfernung von ihren seitlichen Rändern.[8]

Die Modelle erfüllen jeweils die folgenden Bedingungen:

1. Horizontale Isotropie und Homogenität des Spannungstensorfeldes
2. Balancebedingungen aller Kräfte und Drehmomente [(2.14), (2.15)]
3. Randbedingungen gegebener Randspannungen [(2.16)] an der Oberfläche und an der Sohle des Tafeleisberges
4. Berücksichtigung des seitlichen Wasserdruckes
5. Inkompressible Fließbewegung und horizontale Isotropie und Homogenität des Tensorfeldes der Verzerrungsraten
6. Fließgesetz

11.3.1 Horizontal isotrop-homogene Spannungstensorfelder

Die Spannungstensorfelder, welche die oben unter den Ziffern 1–3 genannten Bedingungen erfüllen, [(11.28)] sind diagonal, enthalten eine unbestimmte Funktion $S_{xx}(z)$ und enthalten den Schweredruck p [(11.26)] des Eises, der an der Sohle mit dem Wasserdruck $\tilde{p}$ [(11.27)] übereinstimmen muss [(11.29)]. Das ist gleichbedeutend mit dem Archimedischen Prinzip. Dadurch wird die Eintauchtiefe des Tafeleisberges festgelegt.

$$p(z) = g \cdot \int_{z}^{z_0} dz' \cdot \rho(z') \tag{11.26}$$

$$\tilde{p}(z) = g \cdot \int_{z}^{0} dz' \cdot \tilde{\rho}(z') \tag{11.27}$$

---

[7] Das bedeutet, dass die Tensorfelder der Spannungen und der Verzerrungsraten invariant gegenüber horizontalen Verschiebungen und gegenüber Drehungen um eine vertikale Achse sind und dass die physikalischen Eigenschaften des Eises, also Dichte, Temperatur usw. horizontal homogen sind.

[8] Dieser Kandidatenstatus beruht auf der Vermutung, dass sich die eindeutige Lösung dieser Modelle als Grenzwert ergibt, wenn man von endlichen, horizontal homogenen Tafeleisbergen ausgeht und diese Tafeleisberge horizontal unbeschränkt wachsen lässt. Ein Beweis dieser Vermutung konnte nicht gefunden werden.

$$\mathbf{S}(z) = \begin{bmatrix} S_{xx}(z) & 0 & 0 \\ 0 & S_{xx}(z) & 0 \\ 0 & 0 & -p(z) \end{bmatrix} \tag{11.28}$$

$$p(z_1) = \tilde{p}(z_1) \tag{11.29}$$

11.3.2 Einfluss des seitlichen Wasserdruckes

In diesem Abschnitt wird der Einfluss des seitlichen Wasserdruckes diskutiert und damit die oben unter Ziffer 4 genannte Bedingung erläutert.

Um eine Vorstellung über den Einfluss des seitlichen Wasserdruckes zu entwickeln, nimmt man an, dass sich der horizontal unbegrenzte Modell-Tafeleisberg und sein Spannungstensorfeld als eindeutiger Grenzfall ergibt. Man geht von endlichen, horizontal homogenen[9] Modell-Tafeleisbergen mit vertikalen Seitenwänden aus und lässt diese unbeschränkt wachsen. Dabei untersucht man die Kräfte und Drehmomente auf orientierten, vertikalen Schnittflächen. Eine solche Fläche wird auch als orientierte Vorhangfläche bezeichnet, da sie einem Vorhang gleicht, der an der Oberfläche des Tafeleisbergs aufgehängt ist und der bis zu seinem orientierten, unteren Saum an der Sohle reicht.[10]

In einem unbegrenzten Modell-Tafeleisberg hängen die Kraft $\mathbf{F_{a,b}}$ [(11.30)] und das Drehmoment $\mathbf{G_{a,b}}$ [(11.31)], welche vom Spannungstensorfeld $\mathbf{S}$ [(11.28)] auf einer orientierten Vorhangfläche $\Gamma_{a,b}$ erzeugt werden, nur vom Anfangspunkt $\mathbf{a}$ und vom Endpunkt $\mathbf{b}$ ihres unteren Saumes ab, nicht jedoch vom übrigen Verlauf der Vorhangfläche.[11] Diese Unabhängigkeit vom Verlauf der Vorhangfläche besteht deshalb, weil die Kraft und das Drehmoment auf einer orientierten, geschlossenen Vorhangfläche[12] verschwinden, denn das Gewicht und das gewichtsbedingte Drehmoment der zylinderförmigen Eismasse, die innerhalb der geschlossenen Vorhangfläche liegt, werden allein durch die Kraft und das Drehmoment an der Sohle balanciert.

Zum Vergleich wird ein endlicher Tafeleisberg im Schwimmgleichgewicht mit senkrechter Seitenwand und horizontal homogener Eisdichte betrachtet. In diesem Tafeleisberg hängen die Kraft und das Drehmoment auf einer orientierten Vorhangfläche ebenfalls nur vom Anfangspunkt $\mathbf{a}$ und Endpunkt $\mathbf{b}$ ihres unteren Saumes ab.[13] Obwohl das Span-

---

[9] Diese endlichen Modell-Tafeleisberge sollen horizontal homogene physikalische Parameter wie Eisdichte, Temperatur usw. haben. Die Spannungstensorfelder in diesen endlichen Tafeleisbergen sind jedoch wegen der vom seitlichen Rand ausgehenden Einflüsse nicht horizontal homogen.

[10] Die orientierte Flächennormale $\mathbf{n}$ auf einer solchen Vorhangfläche wird durch ihren orientierten unteren Saum definiert. Diese Flächennormale $\mathbf{n}$ ist das Vektorprodukt aus dem orientierten, tangentialen Einheitsvektor an den unteren Saum und aus dem Einheitsvektor $\mathbf{e}_z$, der vertikal nach oben weist.

[11] Der Vektor $(\mathbf{a} + \mathbf{b})/2$ in Formel (11.31) führt vom Koordinatenursprung zum Mittelpunkt zwischen den Punkten $\mathbf{a}$ und $\mathbf{b}$ und der Vektor $\mathbf{b} - \mathbf{a}$ führt vom Punkt $\mathbf{a}$ zum Punkt $\mathbf{b}$.

[12] Bei einer geschlossenen Vorhangfläche fallen Anfangs- und Endpunkt ihres unteren Saumes zusammen.

nungstensorfeld in dem endlichen Tafeleisberg unbekannt ist, können die Kraft und das Drehmoment auf einer orientierten, den Tafeleisberg völlig durchtrennenden Vorhangfläche angegeben werden, deren unterer Saum also in einem Anfangspunkt **a** am unteren Rand der vertikalen Seitenwand beginnt und sich an der Sohle bis zu einem Endpunkt **b** zieht, der wiederum am unteren Rand der vertikalen Seitenwand liegt. Da diese Größen nur vom Anfangspunkt **a** und vom Endpunkt **b** des unteren Saumes abhängen, können sie berechnet werden, indem man den unteren Saum entlang der senkrechten Seitenwand des Tafeleisberges von **a** nach **b** führt. Die Vorhangfläche über diesem Saum liegt dann auf dem senkrechten Rand des Tafeleisberges, wo die Spannungen durch den Wasserdruck definiert werden. Daher gleichen die Kraft und das Drehmoment auf einer orientierten, den endlichen Tafeleisberg völlig durchtrennenden Vorhangfläche den entsprechenden Größen $\tilde{\mathbf{F}}_{\mathbf{a},\mathbf{b}}$ [(11.32)] bzw. $\tilde{\mathbf{G}}_{\mathbf{a},\mathbf{b}}$ [(11.33)] im Gewässer.

Im Folgenden wird angenommen, dass das Spannungstensorfeld in einem solchen endlichen Modell-Tafeleisberg, dessen horizontale Ausdehnung immer größer wird, gegen dasjenige Spannungstensorfeld $\mathbf{S}$ [(11.28), (11.29)] in einem unbegrenzten Modell-Tafeleisberg konvergiert, welches auf Vorhangflächen die gleichen Kräfte [(11.34)] und Drehmomente [(11.35)] erzeugt wie der Wasserdruck.[14] Die Longitudinalspannung S_{xx} des Spannungstensorfeldes $\mathbf{S}$ [(11.28)] in dem unbegrenzten Modell-Tafeleisberg muss also zwei entsprechende Bedingungen [(11.36), (11.37)] erfüllen.

Der Einfluss des seitlichen Wasserdruckes wird also durch die Bedingungen [(11.36), (11.37)] für die Longitudinalspannung S_{xx} berücksichtigt, die als Randbedingungen auf der unendlich fernen seitlichen Begrenzung des Modell-Tafeleisberges interpretiert werden können. Da im Folgenden auch das Fließgesetz eine Rolle spielt, in welchem die deviatorische Longitudinalspannung σ [(11.39)] auftritt, werden die Bedingungen für die Longitudinalspannung S_{xx} in Bedingungen [(11.40), (11.41)] für die deviatorische Longitudinalspannung σ umgeformt.[15]

Führt man in dem Tafeleisberg der Dicke h [(11.42)] und der Eintauchtiefe $\tilde{h}$ [(11.43)] statt der vertikalen Koordinate z die dimensionslose vertikale Koordinate λ [(11.44)] ein, die an der Sohle den Wert Null und an der Oberfläche den Wert Eins hat, nehmen die Bedingungen für die deviatorische Longitudinalspannung eine entsprechende Form [(11.46), (11.47)] an.[16]

---

[13] Die Begründung ist dieselbe wie bei dem unbegrenzten Modell-Tafeleisberg.

[14] Diese Annahme konnte nicht bewiesen werden und bleibt daher lediglich eine plausible Hypothese.

[15] In den Formeln (11.40) und (11.41) ist der Schweredruck $\bar{p}(z)$ auch oberhalb des Wasserspiegels durch den Wert Null definiert.

[16] Zur übersichtlichen Symbolisierung der funktionalen Abhängigkeiten von den vertikalen Variablen z bzw. λ werden die gleichen Funktionssymbole verwendet. Beispielsweise wird die vertikale Variation des Schweredrucks p sowohl durch $p(z)$ als auch durch $p(\lambda)$ zum Ausdruck gebracht, wobei das Funktionssymbol $p(\cdot)$ jeweils unterschiedliche Bedeutungen hat. (Um eine einheitliche Bedeutung zu erhalten, müsste man wegen $z = h \cdot \lambda - \tilde{h}$ statt des einfachen Symbols $p(\lambda)$ das umständlichere Symbol $p(h \cdot \lambda - \tilde{h})$ verwenden.)

$$\mathbf{F_{a,b}} = \int_{\Gamma_{a,b}} \mathbf{Sn} \cdot dA = -\mathbf{e}_z \times (\mathbf{b} - \mathbf{a}) \cdot \int_{z_1}^{z_0} dz \cdot S_{xx}(z) \tag{11.30}$$

$$\mathbf{G_{a,b}} = \int_{\Gamma_{a,b}} \mathbf{r} \times \mathbf{Sn} \cdot dA$$

$$= \frac{1}{2} \cdot (\mathbf{a} + \mathbf{b}) \times \mathbf{F_{a,b}} + (\mathbf{b} - \mathbf{a}) \cdot \int_{z_1}^{z_0} dz \cdot (z - z_1) \cdot S_{xx}(z) \tag{11.31}$$

$$\tilde{\mathbf{F}}_{\mathbf{a,b}} = \int_{\Gamma_{a,b}} \tilde{\mathbf{S}} \mathbf{n} \cdot dA = \mathbf{e}_z \times (\mathbf{b} - \mathbf{a}) \cdot \int_{z_1}^{0} dz \cdot \tilde{p}(z) \tag{11.32}$$

$$\tilde{\mathbf{G}}_{\mathbf{a,b}} = \int_{\Gamma_{a,b}} \mathbf{r} \times \tilde{\mathbf{S}} \mathbf{n} \cdot dA$$

$$= \frac{1}{2} \cdot (\mathbf{a} + \mathbf{b}) \times \tilde{\mathbf{F}}_{\mathbf{a,b}} - (\mathbf{b} - \mathbf{a}) \cdot \int_{z_1}^{0} dz \cdot (z - z_1) \cdot \tilde{p}(z) \tag{11.33}$$

$$***$$

$$\mathbf{F_{a,b}} = \tilde{\mathbf{F}}_{\mathbf{a,b}} \tag{11.34}$$

$$\mathbf{G_{a,b}} = \tilde{\mathbf{G}}_{\mathbf{a,b}} \tag{11.35}$$

$$\int_{z_1}^{z_0} dz \cdot S_{xx}(z) = -\int_{z_1}^{0} dz \cdot \tilde{p}(z) \tag{11.36}$$

$$\int_{z_1}^{z_0} dz \cdot z \cdot S_{xx}(z) = -\int_{z_1}^{0} dz \cdot z \cdot \tilde{p}(z) \tag{11.37}$$

$$***$$

$$\mathbf{S}'(z) = \sigma(z) \cdot \begin{bmatrix} 1 & 0 & 0 \\ 0 & 1 & 0 \\ 0 & 0 & -2 \end{bmatrix} \tag{11.38}$$

$$\sigma = \frac{1}{3} \cdot (S_{xx} + p); \quad S_{xx} = 3\sigma - p \tag{11.39}$$

$$***$$

$$\int_{z_1}^{z_0} dz \cdot \sigma(z) = \int_{z_1}^{z_0} dz \cdot \frac{[p(z) - \tilde{p}(z)]}{3} \tag{11.40}$$

$$\int_{z_1}^{z_0} dz \cdot z \cdot \sigma(z) = \int_{z_1}^{z_0} dz \cdot z \cdot \frac{[p(z) - \tilde{p}(z)]}{3} \tag{11.41}$$

$$* * *$$

$$h \stackrel{\text{def.}}{=} z_0 - z_1 \tag{11.42}$$

$$\tilde{h} \stackrel{\text{def.}}{=} -z_1 \tag{11.43}$$

$$\lambda \stackrel{\text{def.}}{=} \frac{z + \tilde{h}}{h} \tag{11.44}$$

$$z = h \cdot \lambda - \tilde{h} \tag{11.45}$$

$$* * *$$

$$\int_0^1 d\lambda \cdot \sigma(\lambda) = \int_0^1 d\lambda \cdot \frac{[p(\lambda) - \tilde{p}(\lambda)]}{3} \stackrel{\text{def.}}{=} C_1 \tag{11.46}$$

$$\int_0^1 d\lambda \cdot \lambda \cdot \sigma(\lambda) = \int_0^1 d\lambda \cdot \lambda \cdot \frac{[p(\lambda) - \tilde{p}(\lambda)]}{3} \stackrel{\text{def.}}{=} C_2 \tag{11.47}$$

11.3.3 Fließgeschwindigkeiten und Verzerrungsraten

In diesem Abschnitt werden die horizontal isotrop-homogenen Tensorfelder der Verzerrungsraten inkompressibler Fließbewegungen vorgestellt. Diese erfüllen die oben unter Ziffer 1(Abschn. 11.3) genannten Bedingungen.

Jedes Vektorfeld $\mathbf{v}$ von Fließgeschwindigkeiten definiert sein Tensorfeld $\mathbf{D}$ [(11.48)] der Verzerrungsraten. Dieses Tensorfeld $\mathbf{D}$ ist symmetrisch [(11.49)] und es erfüllt eine Integrabilitätsbedingung [(11.50)]. Diese Symmetrie und diese Integrabilitätsbedingung sind für alle Tensorfelder $\mathbf{D}$ von Verzerrungsraten charakteristisch, da sie nicht nur notwendig, sondern auch hinreichend [2, S. 40] dafür sind, dass es ein Geschwindigkeitsfeld $\mathbf{v}$ gibt, dessen Verzerrungsraten durch $\mathbf{D}$ [(11.48)] gegeben sind.[17]

---

[17] Dieses Kompatibilitätstheorem ergibt sich auch aus Abschn. 14.1, mit $\mathbf{D} = \mathbf{A}_+^\bullet$.

Die horizontal isotrop-homogenen Verzerrungsraten-Tensorfelder **D** inkompressibler Fließbewegungen sind invariant unter Drehungen um eine vertikale Achse sowie invariant unter horizontalen Verschiebungen und haben verschwindende Spur. Daher sind sie durch die horizontale Verzerrungsrate d definiert [11.51] und hängen nur von der vertikalen Ortskoordinate λ ab. Berücksichtigt man noch die o.g. Integrabilitätsbedingung [11.50], dann muss die horizontale Verzerrungsrate d eine lineare Funktion der vertikalen Koordinate λ sein. [11.52] Diese lineare Funktion d kann entweder durch ihre Nullstelle λ_* [11.53] und die Differenz Δ [11.54] zwischen den horizontalen Verzerrungsraten an der Oberfläche und an der Sohle des Tafeleisberges charakterisiert werden [11.55] oder sie ist eine Konstante d_c [11.56].

Damit liegt die allgemeine Form eines horizontal isotrop-homogenen Verzerrungsraten-Tensorfeldes **D** einer inkompressiblen Fließbewegung vor. [11.51], [11.55], [11.56]

$$\mathbf{D} = \frac{1}{2} \cdot [\mathrm{grad}\ \mathbf{v} + (\mathrm{grad}\ \mathbf{v})^T]; \quad D_{ik} = \frac{1}{2} \cdot (\partial_k v_i + \partial_i v_k) \tag{11.48}$$

$$\mathbf{D} = \mathbf{D}^T \tag{11.49}$$

$$\mathrm{rot\ rot}\ \mathbf{D} = \mathbf{0} \tag{11.50}$$

$$***$$

$$\mathbf{D}(\lambda) = d(\lambda) \cdot \begin{bmatrix} 1 & 0 & 0 \\ 0 & 1 & 0 \\ 0 & 0 & -2 \end{bmatrix} \tag{11.51}$$

$$\partial_\lambda^2 d(\lambda) = 0 \tag{11.52}$$

$$***$$

$$d(\lambda_*) \overset{\text{def.}}{=} 0 \tag{11.53}$$

$$\Delta \overset{\text{def.}}{=} d|_{\lambda=1} - d|_{\lambda=0} \tag{11.54}$$

$$d(\lambda) = \Delta \cdot (\lambda - \lambda_*); \quad \Delta \overset{\text{vor.}}{\neq} 0 \tag{11.55}$$

$$d(\lambda) = d_c; \quad \Delta \overset{\text{vor.}}{=} 0 \tag{11.56}$$

11.3.4 Die eindeutige Lösung, auch bei verallgemeinertem Fließgesetz und bei verallgemeinerten seitlichen Randbedingungen

In diesem Abschnitt wird gezeigt, dass es eine eindeutige Lösung der Modellbedingungen (s. Abschn. 11.3) gibt. Diese Eindeutigkeit ergibt sich aus der allgemeinen mathematischen Struktur des Modells, wird also für ein verallgemeinertes Modell nachgewiesen, wobei sich die Verallgemeinerung auf das Fließgesetz erstreckt und auf die Werte der Parameter, welche den Einfluss des seitlichen Wasserdruckes berücksichtigen. Dass auch dieses verallgemeinerte Modell eine eindeutige Lösung hat, ist nicht nur von theoretischem Interesse, sondern kann auch eine Rolle spielen, wenn man – aus welchen Gründen auch immer – gezwungen sein sollte, ein anderes als das übliche Fließgesetz zu verwenden. Auch in diesem Fall ist eine eindeutige Lösung garantiert, sofern das Fließgesetz in dem unten beschriebenen Rahmen bleibt.

Die Verallgemeinerung der seitlichen Randbedingungen, [(11.46), (11.47)] welche den Einfluss des seitlichen Wasserdruckes berücksichtigen, betrifft die dabei auftretenden Konstanten C_1 und C_2, welche durch die Schweredrucke von Eis und Wasser definiert sind. In den verallgemeinerten seitlichen Randbedingungen [(11.57), (11.58)] sind diese Konstanten C_1 und C_2 unabhängig und können beliebige Werte annehmen. Diese Konstanten C_1 und C_2 definieren die Kräfte [(11.30)] und Drehmomente [(11.31)], welche auf Vorhangflächen im Tafeleisberg wirken.[18]

Bei der Verallgemeinerung des Fließgesetzes wird berücksichtigt, dass der deviatorische Spannungstensor $\mathbf{S}'$ [(11.38)] durch die deviatorische Horizontalspannung σ und dass der Verzerrungsraten-Tensor $\mathbf{D}$ [(11.51)] durch die horizontale Verzerrungsrate d definiert sind. Also muss in diesem Fall jedes prinzipiell mögliche Fließgesetz die deviatorische Horizontalspannung σ als Funktion Φ [(11.61)] der horizontalen Verzerrungsrate d angeben. Diese Funktion Φ kann auf verschiedenen horizontalen Ebenen verschieden sein,[19] kann also noch von der dimensionslosen vertikalen Koordinate λ [(11.44)] explizit abhängen. Die Verallgemeinerung des Fließgesetzes besteht darin, dass diese Funktion Φ beliebig ist bis auf folgende Rahmenbedingungen:[20]

- Wenn die horizontale Verzerrungsrate d verschwindet, verschwindet auch die deviatorische Horizontalspannung σ. [(11.62)]
- Wenn die horizontale Verzerrungsrate d zunimmt, nimmt auch die deviatorische Horizontalspannung σ zu. [(11.63)]

---

[18] S. Abschn. 11.3.2. Die Konstanten C_1 und C_2 definieren die Integrale (11.59) und (11.60) über die Longitudinalspannung und damit die Kräfte (11.30) und Drehmomente (11.31) auf Vorhangflächen.
[19] Das konkrete Fließgesetz hängt von der Eistemperatur ab, die auf verschiedenen horizontalen Ebenen verschieden sein kann. Deshalb kann das verallgemeinerte Fließgesetz von der vertikalen Koordinate λ explizit abhängen.
[20] Diese Bedingungen werden nicht weiter begründet sondern dadurch gerechtfertigt, dass das Fließgesetz des Eises (S. Abschn. 11.3.5.) diese Bedingungen erfüllt.

- Wenn die horizontale Verzerrungsrate d unbeschränkt wächst oder fällt, wächst oder fällt auch die deviatorische Horizontalspannung σ unbeschränkt, und zwar gleichmäßig für alle λ.

  Das bedeutet, dass es eine von λ unabhängige Funktion $\check{\Phi}(d)$ der horizontalen Verzerrungsrate d gibt, deren Betrag gegen Unendlich strebt, [(11.65)] wenn die horizontale Verzerrungsrate d gegen Unendlich strebt,[21] wobei dieser Betrag von $\check{\Phi}(d)$ nicht größer als der Betrag der Funktion $\Phi(\lambda, d)$ sein soll. [(11.64)]

Die horizontale Verzerrungsrate d ist eine lineare Funktion [(11.55), (11.56)] der dimensionslosen vertikalen Koordinate λ. Eindeutigkeit der Lösung bedeutet, dass es genau eine lineare Funktion d gibt, so dass die daraus mit Hilfe des verallgemeinerten Fließgesetzes berechnete deviatorische Horizontalspannung σ [(11.61)] die verallgemeinerten seitlichen Randbedingungen [(11.57), (11.58)] erfüllt.

Ist die horizontale Verzerrungsrate d räumlich konstant [(11.71)], so nehmen die verallgemeinerten seitlichen Randbedingungen [(11.57), (11.58)] in Verbindung mit dem verallgemeinerten Fließgesetz [(11.61)] Formen [(11.72), (11.73)] an, die nur erfüllt werden können, wenn zwischen den Konstanten C_1 und C_2 eine Relation [(11.75)] besteht, welche durch die Funktion χ [(11.70)] definiert wird.[22] Wenn also die Konstanten C_1 und C_2 diese Relation erfüllen, gibt es eine definierte räumlich konstante longitudinale Verzerrungsrate d_c [(11.74)] als Lösung der verallgemeinerten seitlichen Randbedingungen in Verbindung mit dem verallgemeinerten Fließgesetz. Diese Lösung ist eindeutig, da es keine nicht konstante longitudinale Verzerrungsrate als Lösung gibt. Letzteres ergibt sich aus der folgenden Untersuchung der räumlich nicht konstanten longitudinalen Verzerrungsraten.

Ist die horizontale Verzerrungsrate d räumlich nicht konstant [(11.76)], so nehmen die verallgemeinerten seitlichen Randbedingungen [(11.57), (11.58)] in Verbindung mit dem verallgemeinerten Fließgesetz [(11.61)] Formen [(11.77), (11.78)] an, in denen die Funktionen $I_1(\lambda_*, \Delta)$ [(11.66)] und $I_2(\lambda_*, \Delta)$ [(11.67)] die Werte C_1 bzw. C_2 annehmen sollen.[23] Die Lösung dieser Bedingungen lässt sich graphisch darstellen (S. Abb. 11.2.). Es gibt deshalb eine eindeutige Lösung dieser Bedingungen,[24] weil die Funktionswerte von $I_2(\lambda_*, \Delta)$ monoton von minus Unendlich bis plus Unendlich variieren, wenn man im λ_*-Δ-Koordinatensystem die I_1-Niveaulinien zu konstanten I_1-Werten C_1 (S. Abb. 11.1.) von unten nach oben durchläuft. Dabei wird jeweils derjenige spezielle I_2-Wert C_2, [(11.75)] zu welchem es eine räumlich konstante Lösung gibt, nicht erreicht, sondern als Grenzwert

---

[21] Eine Zahlenfolge strebt definitionsgemäß gegen Unendlich, wenn die Folge ihrer Kehrwerte gegen Null konvergiert.

[22] Die Funktion χ wird durch die Funktion Φ des Fließgesetzes definiert. Diese Funktion χ ist eine verschachtelte Funktion und besteht aus der Umkehrfunktion der Funktion K_1 und der Funktion K_2. Diese Funktionen K_1, K_2 und χ sind monoton wachsend, verschwinden für verschwindendes Argument und ihr Wertebereich erstreckt sich von minus Unendlich bis plus Unendlich. Das folgt aus den Eigenschaften (11.62)–(11.64) der Funktion Φ.

[23] Die Funktionen I_1 und I_1 werden in Abschn. 20.1 diskutiert.

[24] S. die ausführliche Begründung in Abschn. 20.2.

angestrebt, wenn man sich auf der I_1-Niveaulinien asymptotisch der Abszisse nähert. Also gibt es auch in diesem Sonderfall $^{(11.75)}$ – wie bereits oben erwähnt – nur eine Lösung, nämlich die räumlich konstante Lösung.

$$\int_0^1 d\lambda \cdot \sigma = C_1 \tag{11.57}$$

$$\int_0^1 d\lambda \cdot \lambda \cdot \sigma = C_2 \tag{11.58}$$

$$\int_{z_1}^{z_0} dz \cdot S_{xx} = 3h \cdot C_1 - h \cdot \int_0^1 d\lambda \cdot p \tag{11.59}$$

$$\int_{z_1}^{z_0} dz \cdot (z - z_1) \cdot S_{xx} = 3h^2 \cdot C_2 - h^2 \cdot \int_0^1 d\lambda \cdot \lambda \cdot p \tag{11.60}$$

***

$$\sigma = \Phi(\lambda, d) \tag{11.61}$$

$$\Phi(\lambda, 0) \overset{\text{vor.}}{=} 0 \tag{11.62}$$

$$\frac{\Phi(\lambda, d') - \Phi(\lambda, d)}{d' - d} \overset{\text{vor.}}{>} 0; \quad d' \neq d \tag{11.63}$$

$$|\check{\Phi}(d)| \overset{\text{vor.}}{\leq} |\Phi(\lambda, d)| \tag{11.64}$$

$$d \to \pm\infty: \quad |\check{\Phi}(d)| \overset{\text{vor.}}{\to} \infty \tag{11.65}$$

***

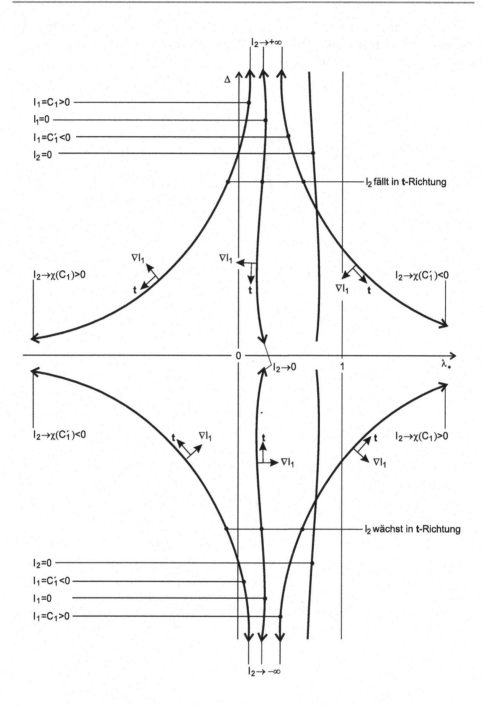

Abb. 11.1 Das λ_*-Δ-Koordinatensystem mit Niveaulinien der Funktion $I_1(\lambda_*, \Delta)$, mit der Nullniveaulinie der Funktion $I_2(\lambda_*, \Delta)$, mit den Gradienten- und Tangentialvektoren der I_1-Niveaulinien und mit Angaben zum Verlauf der Funktion I_2 auf den I_1-Niveaulinien (s. Abschn. 20.1.)

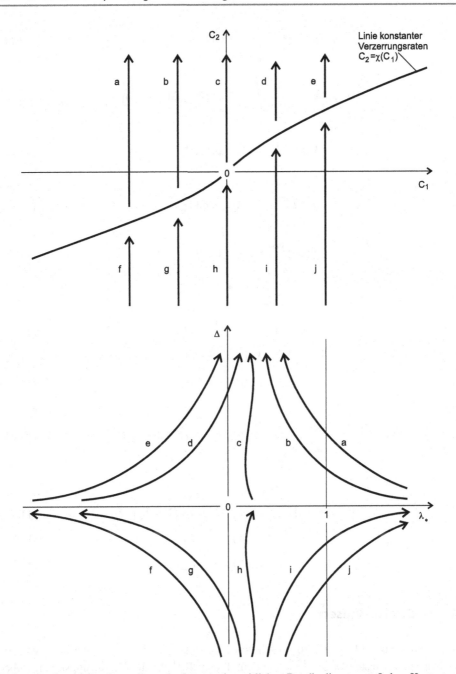

Abb. 11.2 Graphische Darstellung der Lösung der seitlichen Randbedingungen. Jedem Kostanten-paar bzw. Punkt (C_1, C_2) im C_1-C_2-Koordinatensystem, der nicht auf der Linie räumlich konstanter Verzerrungsraten liegt, ist ein Lösungspaar bzw. Punkt (λ_*, Δ) im λ_*-Δ-Koordinatensystem zu-geordnet. Bei dieser Zuordnung gehen die im C_1-C_2-Koordinatensystem parallel zur Ordinate verlaufenden Linien „a" bis „j" in die entsprechenden Niveaulinien der Funktion I_1 im λ_*-Δ-Koordinatensystem über

$$I_1(\lambda_*, \Delta) \stackrel{\text{def.}}{=} \int_0^1 d\lambda \cdot \Phi[\lambda, \Delta(\lambda - \lambda_*)] \tag{11.66}$$

$$I_2(\lambda_*, \Delta) \stackrel{\text{def.}}{=} \int_0^1 d\lambda \cdot \lambda \cdot \Phi[\lambda, \Delta(\lambda - \lambda_*)] \tag{11.67}$$

$$K_1(d) \stackrel{\text{def.}}{=} \int_0^1 d\lambda \cdot \Phi[\lambda, d] \tag{11.68}$$

$$K_2(d) \stackrel{\text{def.}}{=} \int_0^1 d\lambda \cdot \lambda \cdot \Phi[\lambda, d] \tag{11.69}$$

$$\chi(C_1) \stackrel{\text{def.}}{=} K_2[\overset{-1}{K_1}(C_1)] \tag{11.70}$$

$$***$$

$$\Delta = 0: \quad d(\lambda) \stackrel{(11.56)}{=} d_c \tag{11.71}$$

$$K_1(d_c) = C_1 \tag{11.72}$$

$$K_2(d_c) = C_2 \tag{11.73}$$

$$d_c = \overset{-1}{K_1}(C_1) \tag{11.74}$$

$$C_2 \stackrel{(11.70)}{=} \chi(C_1) \tag{11.75}$$

$$***$$

$$\Delta \neq 0: \quad d(\lambda) \stackrel{(11.55)}{=} \Delta \cdot (\lambda - \lambda_*) \tag{11.76}$$

$$I_1(\lambda_*, \Delta) = C_1 \tag{11.77}$$

$$I_2(\lambda_*, \Delta) = C_2 \tag{11.78}$$

11.3.5   Das Fließgesetz

Das Fließgesetz[25] [4, S. 91, 96] beschreibt eine Relation [(11.82)] zwischen dem deviatorischen Spannungstensor $\mathbf{S}'$ [(11.79)] und dem Tensor $\mathbf{D}$ [(11.48)] der Verzerrungsraten, wobei die Invarianten S' [(11.80)] und D [(11.81)] dieser Tensoren und der Fließgesetzparameter A auftreten. Zwischen den Invarianten D und S' gelten entsprechende Relationen. [(11.83)]

---

[25] Eine allgemeine Diskussion möglicher Fließgesetze wird von Serrin [5, S. 230–236] geführt.

Im horizontal isotropen Fall definiert das Fließgesetz die horizontale Komponente σ des deviatorischen Spannungstensorfeldes $\mathbf{S}'$ [(11.85)] als Funktion [(11.88)] der horizontalen Komponente d des Tensorfeldes $\mathbf{D}$ [(11.84)] der Verzerrungsraten.[26] Für die Funktionen, die gemäß der oben durchgeführten allgemeinen Untersuchung[27] eine Rolle spielen, ergeben sich spezielle Ausdrücke. [(11.89)–(11.95)]

$$\mathbf{S}' \overset{\text{def.}}{=} \mathbf{S} - \frac{1}{3} \cdot \text{Spur}\,(\mathbf{S}) \cdot \mathbf{1} \tag{11.79}$$

$$S' \overset{\text{def.}}{=} \frac{1}{\sqrt{2}} \cdot \sqrt{S'_{ik} S'_{ik}} = \frac{1}{\sqrt{2}} \cdot \sqrt{\text{Spur}\,(\mathbf{S}'^T \mathbf{S}')} \tag{11.80}$$

$$D \overset{\text{def.}}{=} \frac{1}{\sqrt{2}} \cdot \sqrt{D_{ik} D_{ik}} = \frac{1}{\sqrt{2}} \cdot \sqrt{\text{Spur}\,(\mathbf{D}^T \mathbf{D})} \tag{11.81}$$

$$\mathbf{D} = A \cdot S'^{n-1} \cdot \mathbf{S}'; \quad \mathbf{S}' = A^{-1/n} \cdot D^{-1+1/n} \cdot \mathbf{D} \tag{11.82}$$

$$D = A \cdot S'^{m}; \quad S' = A^{-1/n} \cdot D^{1/n} \tag{11.83}$$

$$* * *$$

$$\mathbf{D} = d \cdot \begin{bmatrix} 1 & 0 & 0 \\ 0 & 1 & 0 \\ 0 & 0 & -2 \end{bmatrix} \tag{11.84}$$

$$\mathbf{S}' = \sigma \cdot \begin{bmatrix} 1 & 0 & 0 \\ 0 & 1 & 0 \\ 0 & 0 & -2 \end{bmatrix} \tag{11.85}$$

$$S' = \sqrt{3} \cdot |\sigma| \tag{11.86}$$

$$D = \sqrt{3} \cdot |d| \tag{11.87}$$

$$\sigma = \sqrt{3}^{(-1+1/n)} \cdot A^{-1/n}(\lambda) \cdot |d|^{1/n} \cdot \text{sign}(d) \tag{11.88}$$

$$* * *$$

---

[26] Der Parameter A hängt von der Temperatur und damit von der dimensionslosen vertikalen Koordinate λ ab.

[27] S. Abschn. 11.3.4.

$$\Phi(\lambda, d) = \sqrt{3}^{(-1+1/n)} \cdot A^{-1/n}(\lambda) \cdot |d|^{1/n} \cdot \text{sign}(d) \tag{11.89}$$

$$I_1(\lambda_*, \Delta) = \sqrt{3}^{(-1+1/n)} \cdot |\Delta|^{1/n} \cdot \text{sign}(\Delta)$$
$$\cdot \int\limits_0^1 d\lambda \cdot A^{-1/n}(\lambda) \cdot |\lambda - \lambda_*|^{1/n} \cdot \text{sign}(\lambda - \lambda_*) \tag{11.90}$$

$$I_2(\lambda_*, \Delta) = \sqrt{3}^{(-1+1/n)} \cdot |\Delta|^{1/n} \cdot \text{sign}(\Delta)$$
$$\cdot \int\limits_0^1 d\lambda \cdot \lambda \cdot A^{-1/n}(\lambda) \cdot |\lambda - \lambda_*|^{1/n} \cdot \text{sign}(\lambda - \lambda_*) \tag{11.91}$$

$$K_1(d) = \sqrt{3}^{(-1+1/n)} \cdot |d|^{1/n} \cdot \text{sign}(d) \cdot \int\limits_0^1 d\lambda \cdot A^{-1/n}(\lambda) \tag{11.92}$$

$$\overset{-1}{K_1}(C_1) = \sqrt{3}^{(n-1)} \cdot \left[\int\limits_0^1 d\lambda \cdot A^{-1/n}(\lambda) \right]^{-n} \cdot |C_1|^n \cdot \text{sign}(C_1) \tag{11.93}$$

$$K_2(d) = \sqrt{3}^{(-1+1/n)} \cdot |d|^{1/n} \cdot \text{sign}(d) \cdot \int\limits_0^1 d\lambda \cdot \lambda \cdot A^{-1/n}(\lambda) \tag{11.94}$$

$$\chi(C_1) = \frac{\int_0^1 d\lambda \cdot \lambda \cdot A^{-1/n}(\lambda)}{\int_0^1 d\lambda \cdot A^{-1/n}(\lambda)} \cdot C_1 \tag{11.95}$$

11.3.6 Berechnung der Lösung

Berücksichtigt man das Fließgesetz, dann werden die Parameter λ_* und Δ der räumlich nicht konstanten horizontalen Verzerrungsrate d [(11.98)] durch entsprechende Bestimmungsgleichungen [(11.100), (11.101)] festgelegt. Dazu müssen der vertikale Verlauf $A(\lambda)$ des Fließgesetzparameters und die beiden Konstanten C_1 und C_2 bekannt sein. Im Sonderfall, wenn die beiden Konstanten C_1 und C_2 eine entsprechende Relation [(11.102)] erfüllen, stellt sich eine räumlich konstante, horizontale Verzerrungsrate d_c ein, die ebenfalls durch eine aus dem Fließgesetz folgende Bestimmungsgleichung [(11.105)] festgelegt ist.

Im Folgenden seien die Dichten von Eis und von Wasser durch die räumlich konstanten Werte ρ_c bzw. $\tilde{\rho}_c$ gegeben. Die beiden Konstanten C_1 und C_2[28] werden durch die

---

[28] S. Abschn. 20.4. Dort wird auch der allgemeinere Fall räumlich nicht konstanter Dichten behandelt.

Schweredrucke von Eis und Wasser und damit durch die Dichten von Eis und Wasser definiert. [(11.107), (11.108)] Die horizontalen Verzerrungsraten d lassen sich durch die Alternativen [(11.110)] zu räumlich konstanten Verzerrungsraten klassifizieren:[29]

- Die horizontale Verzerrungsrate d nimmt nach oben hin zu ($\Delta > 0$):
  d ist an der Oberfläche expansiv.[30] Dieser Fall tritt beispielsweise ein, wenn der Parameter A des Fließgesetzes wegen räumlich konstanter Eistemperatur ebenfalls räumlich konstant ist.[31]
- Die horizontale Verzerrungsrate d ist räumlich konstant ($\Delta = 0$):
  d [(11.104), (11.105)] ist expansiv. Dieser Spezialfall kann nur eintreten, wenn der Parameter A des Fließgesetzes von der Sohle zur Oberfläche hin ausreichend stark abnimmt,[32] die Temperatur also nach oben hin ausreichend stark abfällt.[33]
- Die horizontale Verzerrungsrate d nimmt nach oben hin ab ($\Delta < 0$):
  d ist an der Sohle expansiv.[34] In diesem Fall müssen der Parameter A des Fließgesetzes und die Temperatur nach oben hin noch stärker als bei räumlich konstanter Verzerrungsrate abfallen.[35]

In jedem Fall gibt es eine Zone, in der die horizontale Verzerrungsrate d expansiv ist. Diese Zone erstreckt sich von der Oberfläche nach unten, wenn die horizontale Verzerrungsrate nach unten hin abnimmt und von der Sohle nach oben, wenn die horizontale Verzerrungsrate nach oben hin abnimmt. Dabei kann diese Zone den ganzen Tafeleisberg durchdringen, wie im Fall räumlich konstanter, horizontaler Verzerrungsraten.

Die Verzerrungsraten werden durch die vertikale Variation des Fließgesetzparameters A definiert, also durch seine Abhängigkeit $A(\lambda)$ von der dimensionslosen vertikalen Koor-

---

[29] C_1 und C_2 sind positiv und das Vorzeichen von Δ ergibt sich aus Abb. 11.2.

[30] Im C_1-C_2-Koordinatensystem (S. Abb. 11.2.) befindet man sich an einem Punkt rechts von der Ordinate, da die Konstante C_1 (11.107) positiv ist. Die Linie konstanter Verzerrungsraten verläuft unter diesem Punkt. Im λ_*-Δ-Koordinatensystem befindet man sich daher oberhalb der Abszisse links von der Linie „c". Deshalb ist λ_* kleiner als 1 und Δ ist positiv, weshalb die Verzerrungsrate d (11.98) an der Oberfläche ($\lambda = 1$) positiv ist.

[31] Dann erhält man für den Bruch in (11.110) den Wert $0,5$, der kleiner als der Wert von $(1 + \rho_c/\tilde{\rho}_c)/3 \approx 1,9/3 = 0,633$ ist.

[32] Um die entsprechende Bedingung (11.110) zu erfüllen, muss der Bruch in dieser Bedingung, der bei räumlich konstantem A den Wert $1/2$ haben würde, den Wert von $(1+\rho_c/\tilde{\rho}_c)/3 \approx 1,9/3 = 0,63$ erreichen, weshalb die negative Potenz $A^{-1/n}(\lambda)$ mit wachsendem λ ausreichend stark zunehmen muss.

[33] Niedrigere Temperaturen bedeuten niedrigere A-Werte [4, S. 97]. Das Eis wird also nach oben hin zäher.

[34] Bei dieser Alternative verläuft die Linie konstanter Verzerrungsraten über dem relevanten Punkt im C_1-C_2-Koordinatensystem (S. Fußnote 30). Im λ_*-Δ-Koordinatensystem befindet man sich dann unterhalb der Abszisse rechts von der Linie „h". Deshalb ist λ_* größer als 0 und Δ ist negativ, weshalb die Verzerrungsrate d (11.98) an der Sohle ($\lambda = 0$) positiv ist.

[35] Um die entsprechende Ungleichung (11.110) zu erfüllen, muss der Bruch in dieser Ungleichung den Wert von $(1 + \rho_c/\tilde{\rho}_c)/3 \approx 1,9/3 = 0,63$ überschreiten, weshalb die negative Potenz $A^{-1/n}(\lambda)$ mit wachsendem λ entsprechend stark zunehmen muss.

Tab. 11.1 Charakteristische Parameter der horizontalen Verzerrungsraten d in einem Tafeleisberg mit in vertikaler Richtung linear variierender negativer Potenz $A^{-1/n}$ des Fließgesetzparameters bei einer Sohlentemperatur von $0\,°C$ und bei verschiedenen Oberflächentemperaturen T. Der Exponent n, die räumlich konstanten Dichten ρ_c von Eis und $\bar{\rho}_c$ von Wasser und die Eisdicke h haben die angegebenen Werte. Für jede Oberflächentemperatur werden die dimensionslose vertikale Koordinate λ_* der Ebene verschwindender Verzerrungsraten, die Differenz Δ der horizontalen Verzerrungsraten d zwischen Oberfläche und Sohle und die horizontalen Verzerrungsraten d selbst an der Sohle und an der Oberfläche angegeben. (Die temperaturabhängigen Werte A_T des Fließgesetzparameters werden von Paterson [4, S. 97] mit einer Genauigkeit von zwei Dezimalstellen angegeben, hier werden sie als exakte Werte verwendet.)

$n = 3;\quad \rho_c = 0{,}9\,\text{t/m}^3;\quad \bar{\rho}_c = 1\,\text{t/m}^3;\quad h = 500\,\text{m};\quad T(\text{Sohle}) = 0\,°C$

T(Oberfläche)	$A_T \cdot 10^{18}$	λ_*	Δ	d (Sohle)	d (Oberfläche)
°C	$\text{s}^{-1}(\text{kPa})^{-3}$		a^{-1}	a^{-1}	a^{-1}
0	6800	0,09	$9{,}85 \cdot 10^{-1}$	$-8{,}38 \cdot 10^{-2}$	$9{,}02 \cdot 10^{-1}$
-2	2400	0,06	$4{,}33 \cdot 10^{-1}$	$-2{,}73 \cdot 10^{-2}$	$4{,}06 \cdot 10^{-1}$
-5	1600	0,05	$3{,}08 \cdot 10^{-1}$	$-1{,}60 \cdot 10^{-2}$	$2{,}92 \cdot 10^{-1}$
-10	490	0,01	$1{,}08 \cdot 10^{-1}$	$-1{,}30 \cdot 10^{-3}$	$1{,}07 \cdot 10^{-1}$
-15	290	$-0{,}03$	$6{,}51 \cdot 10^{-2}$	$1{,}63 \cdot 10^{-3}$	$6{,}67 \cdot 10^{-2}$
-20	170	$-0{,}11$	$3{,}64 \cdot 10^{-2}$	$3{,}86 \cdot 10^{-3}$	$4{,}03 \cdot 10^{-2}$
-25	94	$-0{,}26$	$1{,}78 \cdot 10^{-2}$	$4{,}71 \cdot 10^{-3}$	$2{,}25 \cdot 10^{-2}$
-30	51	$-0{,}57$	$7{,}74 \cdot 10^{-3}$	$4{,}42 \cdot 10^{-3}$	$1{,}22 \cdot 10^{-2}$
-35	27	$-1{,}31$	$2{,}73 \cdot 10^{-3}$	$3{,}58 \cdot 10^{-3}$	$6{,}30 \cdot 10^{-3}$
-40	14	$-4{,}61$	$5{,}63 \cdot 10^{-4}$	$2{,}59 \cdot 10^{-3}$	$3{,}16 \cdot 10^{-3}$
	9,3	$\pm\infty$	0	$2{,}05 \cdot 10^{-3}$	$2{,}05 \cdot 10^{-3}$
-45	7,3	9,72	$-1{,}81 \cdot 10^{-4}$	$1{,}76 \cdot 10^{-3}$	$1{,}58 \cdot 10^{-3}$
-50	3,6	3,12	$-3{,}47 \cdot 10^{-4}$	$1{,}08 \cdot 10^{-3}$	$7{,}37 \cdot 10^{-4}$

dinate λ. In den folgenden Beispielen soll sich die negative Potenz $A^{-1/n}(\lambda)$ in vertikaler Richtung linear ändern, [(11.111)] wobei an der Sohle eine Temperatur von $0\,°C$ mit dem entsprechenden Wert $A_{0\,°C}$ des Fließgesetzparameters A und an der Oberfläche eine Temperatur T mit dem entsprechenden Wert A_T des Fließgesetzparameters A herrschen soll.[36] Zu verschiedenen Oberflächentemperaturen T werden horizontale Verzerrungsraten d berechnet (S. Tab. 11.1.).[37] Ihre Abhängigkeit von der Oberflächentemperatur T folgt dem oben beschriebenen Muster, wobei die Oberflächentemperatur, bei der sich räumlich konstante, horizontale Verzerrungsraten einstellen, zwischen $-40\,°C$ und $-45\,°C$ liegt.[38] Die Oberflächentemperatur von $-45\,°C$ führt zu räumlich fast konstanten Verzerrungsraten,

---

[36] Mit Hilfe dieses Ansatzes (11.111) sollen nur die Eigenschaften des Tafeleisbergmodells anhand konkreter Beispiele illustriert werden. Inwieweit dieser Ansatz der Realität entspricht, ist nicht Gegenstand dieser Untersuchung.

[37] Die Berechnung erfolgt nach dem in Abschn. 20.3 angegebenen Verfahren.

[38] Das ist die Temperatur, bei welcher der Fließgesetzparameter A den Wert $9{,}3 \cdot 10^{-18}\,\text{s}^{-1}(\text{kPa})^{-3}$ hat (S. Kap. 20, Gl. (20.54).).

da in diesem Fall $|\lambda_*|$ groß im Vergleich zu 1 ist und daher der Betrag der relativen räumlichen Schwankung der Verzerrungsraten [(11.99)] klein im Vergleich zu 1 ist.

Die horizontalen Verzerrungsraten sind überall im Tafeleisberg expansiv ($d > 0$), nur bei Oberflächentemperaturen von 0 °C bis −10 °C nicht. Bei diesen Oberflächentemperaturen werden die an der Oberfläche expansiven horizontalen Verzerrungsraten zur Sohle hin kompressiv, da die Ebene verschwindender horizontaler Verzerrungsraten zwischen Sohle und Oberfläche liegt ($0 < \lambda_* < 1$).

An der Oberfläche ist die horizontale Verzerrungsrate expansiv und nimmt mit abnehmender Oberflächentemperatur ab. An der Sohle dagegen ist die horizontale Verzerrungsrate bei einer Oberflächentemperatur von 0 °C kompressiv und nimmt mit abnehmender Oberflächentemperatur zu bis zu einer Oberflächentemperatur von −25 °C, bei der sie expansiv ist. Erst bei Oberflächentemperaturen unter −25 °C nimmt sie mit abnehmender Oberflächentemperatur ab.

$$\frac{\int_0^1 d\lambda \cdot \lambda \cdot A^{-1/n}(\lambda)}{\int_0^1 d\lambda \cdot A^{-1/n}(\lambda)} \cdot C_1 \overset{\text{vor.}}{\neq} C_2 : \tag{11.96}$$

$$\Delta \neq 0 \tag{11.97}$$

$$d(\lambda) = \Delta \cdot (\lambda - \lambda_*) \tag{11.98}$$

$$\frac{d|_{\lambda=1} - d|_{\lambda=0}}{d|_{\lambda=0}} = -\frac{1}{\lambda_*} \tag{11.99}$$

$$\frac{\int_0^1 d\lambda \cdot \lambda \cdot A^{-1/n}(\lambda) \cdot |\lambda - \lambda_*|^{1/n} \cdot \text{sign}(\lambda - \lambda_*)}{\int_0^1 d\lambda \cdot A^{-1/n}(\lambda) \cdot |\lambda - \lambda_*|^{1/n} \cdot \text{sign}(\lambda - \lambda_*)} = \frac{C_2}{C_1} \tag{11.100}$$

$[\rightarrow (11.77), (11.78), (11.90), (11.91)]$

$$|\Delta|^{1/n}\text{sign}(\Delta)$$
$$= C_1 \sqrt{3}^{(1-1/n)} \left[\int_0^1 d\lambda \cdot A^{-1/n}(\lambda) \cdot |\lambda - \lambda_*|^{1/n} \cdot \text{sign}(\lambda - \lambda_*) \right]^{-1} \tag{11.101}$$

$[\rightarrow (11.77), (11.90)]$

***

$$\frac{\int_0^1 d\lambda \cdot \lambda \cdot A^{-1/n}(\lambda)}{\int_0^1 d\lambda \cdot A^{-1/n}(\lambda)} \cdot C_1 \stackrel{\text{vor.}}{=} C_2 : \tag{11.102}$$

$$\Delta = 0 \tag{11.103}$$

$$d = d_c \tag{11.104}$$

$$|d_c|^{1/n} \cdot \text{sign}(d_c) = C_1 \sqrt{3}^{(1-1/n)} \left[\int_0^1 d\lambda \cdot A^{-1/n}(\lambda) \right]^{-1} \tag{11.105}$$

$[\rightarrow (11.72), (11.92)]$

$$***$$

$$\frac{\rho_c}{\tilde{\rho}_c} = \frac{\tilde{h}}{h} \tag{11.106}$$

$$C_1 \stackrel{(20.79)}{=} \frac{1}{6} \cdot gh\rho_c \cdot \left(1 - \frac{\rho_c}{\tilde{\rho}_c}\right) > 0 \tag{11.107}$$

$$C_2 \stackrel{(20.80)}{=} \frac{1}{18} \cdot gh\rho_c \cdot \left(1 - \frac{\rho_c^2}{\tilde{\rho}_c^2}\right) \tag{11.108}$$

$$\frac{C_2}{C_1} = \frac{1}{3} \cdot \left(1 + \frac{\rho_c}{\tilde{\rho}_c}\right) \tag{11.109}$$

$$***$$

$$C_2 \overset{>}{\underset{<}{=}} \chi(C_1) \Leftrightarrow \underbrace{\frac{1}{3}\left(1 + \frac{\rho_c}{\tilde{\rho}_c}\right)}_{\approx 1{,}9/3 = 0{,}633} \overset{>}{\underset{<}{=}} \frac{\int_0^1 d\lambda \cdot \lambda \cdot A^{-1/n}(\lambda)}{\int_0^1 d\lambda \cdot A^{-1/n}(\lambda)} \Leftrightarrow \Delta \overset{>}{\underset{<}{=}} 0 \tag{11.110}$$

$$***$$

$$A^{-1/n}(\lambda) = A_{0\,°C}^{-1/n} + \lambda \cdot [A_T^{-1/n} - A_{0\,°C}^{-1/n}] \tag{11.111}$$

Teil IV
Anhang

Vektoren und Tensoren 12

In den unten angegebenen Definitionen und Rechenregeln [(12.1)–(12.28)] werden folgende Bezeichnungen verwendet:

- δ_{ij}: Komponenten des Einheitstensors [(12.1)]
- ϵ_{ijk}: Komponenten des antisymmetrischen Tensors [(12.2)]
- $\mathbf{e}_1, \mathbf{e}_2, \mathbf{e}_3$: Orthonormalbasis [(12.4)]
- $\mathbf{H}, \mathbf{K}$: beliebige Tensoren
- $\mathbf{H}_+, \mathbf{H}_-$: symmetrischer bzw. antisymmetrischer Teil des Tensors $\mathbf{H}$ [(12.12)]
- $\overset{\times}{\mathbf{H}}$: Vektor, der dem antisymmetrischen Teil von $\mathbf{H}$ zugeordnet ist [(12.11)]
- $\mathbf{n}$: Vektor der Länge 1
- $\mathbf{P}$: Projektor auf $\mathbf{n}$ [(12.21)]
- $\mathbf{Q}$: Projektor auf die zu $\mathbf{n}$ senkrechte Ebene [(12.22)]
- $\mathbf{r}$: Ortsvektor [(12.9)]
- $\mathbf{u}, \mathbf{v}$: beliebige Vektoren [(12.6)]
- $\overset{\times}{\mathbf{u}}$: antisymmetrischer Tensor, welcher dem Vektor $\mathbf{u}$ zugeordnet ist [(12.7)]

$$\delta_{ij} = \begin{cases} 1; & i = j \\ 0; & i \neq j \end{cases} \tag{12.1}$$

$$\epsilon_{ijk} = \begin{cases} 1; & i, j, k \text{ gerade Permutation von } 1, 2, 3 \\ -1; & i, j, k \text{ ungerade P. von } 1, 2, 3 \\ 0; & \text{sonst} \end{cases} \tag{12.2}$$

$$\epsilon_{ijk} \cdot \epsilon_{ilm} = \delta_{jl} \cdot \delta_{km} - \delta_{jm} \cdot \delta_{kl} \tag{12.3}$$

***

© Springer-Verlag Berlin Heidelberg 2016
P. Halfar, *Spannungen in Gletschern*, DOI 10.1007/978-3-662-48022-9_12

$$\mathbf{e}_1 = \begin{bmatrix} 1 \\ 0 \\ 0 \end{bmatrix}; \quad \mathbf{e}_2 = \begin{bmatrix} 0 \\ 1 \\ 0 \end{bmatrix}; \quad \mathbf{e}_3 = \begin{bmatrix} 0 \\ 0 \\ 1 \end{bmatrix} \tag{12.4}$$

$$\boldsymbol{\epsilon}_1 \stackrel{\text{def.}}{=} \begin{bmatrix} 0 & 0 & 0 \\ 0 & 0 & -1 \\ 0 & 1 & 0 \end{bmatrix}; \quad \boldsymbol{\epsilon}_2 \stackrel{\text{def.}}{=} \begin{bmatrix} 0 & 0 & 1 \\ 0 & 0 & 0 \\ -1 & 0 & 0 \end{bmatrix}; \quad \boldsymbol{\epsilon}_3 \stackrel{\text{def.}}{=} \begin{bmatrix} 0 & -1 & 0 \\ 1 & 0 & 0 \\ 0 & 0 & 0 \end{bmatrix} \tag{12.5}$$

$$\mathbf{u} = \begin{bmatrix} u_1 \\ u_2 \\ u_3 \end{bmatrix} = u_i \cdot \mathbf{e}_i \tag{12.6}$$

$$\boldsymbol{\mu} \stackrel{\text{def.}}{=} \begin{bmatrix} 0 & -u_3 & u_2 \\ u_3 & 0 & -u_1 \\ -u_2 & u_1 & 0 \end{bmatrix} = u_i \cdot \boldsymbol{\epsilon}_i; \quad \mu_{ij} = -\epsilon_{ijk} \cdot u_k \tag{12.7}$$

$$\mathbf{u} = -\frac{1}{2} \begin{bmatrix} \mu_{23} - \mu_{32} \\ \mu_{31} - \mu_{13} \\ \mu_{12} - \mu_{21} \end{bmatrix} = - \begin{bmatrix} \mu_{23} \\ \mu_{31} \\ \mu_{12} \end{bmatrix}; \quad u_i = -\frac{1}{2}\epsilon_{ijk} \cdot \mu_{jk} \tag{12.8}$$

$$\mathbf{r} = \begin{bmatrix} x_1 \\ x_2 \\ x_3 \end{bmatrix} = x_i \cdot \mathbf{e}_i \tag{12.9}$$

$$\boldsymbol{r} = \begin{bmatrix} 0 & -x_3 & x_2 \\ x_3 & 0 & -x_1 \\ -x_2 & x_1 & 0 \end{bmatrix} = x_i \cdot \boldsymbol{\epsilon}_i; \quad (\boldsymbol{r})_{ij} = -\epsilon_{ijk} \cdot x_k \tag{12.10}$$

$$\boldsymbol{H} \stackrel{\text{def.}}{=} -\frac{1}{2} \begin{bmatrix} H_{23} - H_{32} \\ H_{31} - H_{13} \\ H_{12} - H_{21} \end{bmatrix}; \quad H_i = -\frac{1}{2}\epsilon_{ijk} \cdot H_{jk} \tag{12.11}$$

$$\mathbf{H}_+ \stackrel{\text{def.}}{=} \frac{1}{2}(\mathbf{H} + \mathbf{H}^T); \quad \mathbf{H}_- \stackrel{\text{def.}}{=} \frac{1}{2}(\mathbf{H} - \mathbf{H}^T) \tag{12.12}$$

***

$$\slashed{\mathbf{u}} \cdot \mathbf{v} = \mathbf{u} \times \mathbf{v} \tag{12.13}$$

$$\slashed{\mathbf{u}} \cdot \slashed{\mathbf{v}} = \mathbf{v}\mathbf{u}^T - (\mathbf{u}\mathbf{v})\mathbf{1} \tag{12.14}$$

$$\slashed{\mathbf{w}} = \mathbf{v}\mathbf{u}^T - \mathbf{u}\mathbf{v}^T; \qquad \mathbf{w} \overset{\text{vor.}}{=} \mathbf{u} \times \mathbf{v} \tag{12.15}$$

$$\operatorname{Spur} \mathbf{H} = \operatorname{Spur} \mathbf{H}^T = \operatorname{Spur} \mathbf{H}_+ \tag{12.16}$$

$$\operatorname{Spur} \mathbf{HK} = \operatorname{Spur} \mathbf{KH} \tag{12.17}$$

$$\operatorname{Spur} \mathbf{u}\mathbf{v}^T = \mathbf{u}\mathbf{v} \tag{12.18}$$

$$\operatorname{Spur} \slashed{\mathbf{u}}\slashed{\mathbf{v}} = -2\mathbf{u}\mathbf{v} \tag{12.19}$$

$$\operatorname{Spur} \slashed{\mathbf{u}}\mathbf{H} = \operatorname{Spur} \slashed{\mathbf{u}}\mathbf{H}_- = -2\mathbf{u}\slashed{\mathbf{H}} \tag{12.20}$$

$$* * *$$

$$|\mathbf{n}| \overset{\text{vor.}}{=} 1: \quad \mathbf{P} \overset{\text{def.}}{=} \mathbf{n}\mathbf{n}^T \tag{12.21}$$

$$\mathbf{Q} \overset{\text{def.}}{=} \mathbf{1} - \mathbf{P} \tag{12.22}$$

$$\mathbf{P} = \mathbf{P}^T = \mathbf{P}^2 = \mathbf{1} + \slashed{\mathbf{n}}^2 \tag{12.23}$$

$$\mathbf{Q} = \mathbf{Q}^T = \mathbf{Q}^2 = -\slashed{\mathbf{n}}^2 \tag{12.24}$$

$$\mathbf{PQ} = \mathbf{QP} = \mathbf{0} \tag{12.25}$$

$$\mathbf{u} = \underbrace{\mathbf{n}(\mathbf{n}\mathbf{u})}_{\mathbf{Pu}} \; \underbrace{-\mathbf{n}\times(\mathbf{n}\times\mathbf{u})}_{\mathbf{Qu}} = \mathbf{n}(\mathbf{n}\mathbf{u}) - \slashed{\mathbf{n}}^2\mathbf{u} \tag{12.26}$$

$$\slashed{\mathbf{u}} = \underbrace{\slashed{\mathbf{n}}(\mathbf{n}\mathbf{u})}_{\mathbf{Q}\slashed{\mathbf{u}}\mathbf{Q}} \; \underbrace{-\mathbf{n}\mathbf{u}^T\slashed{\mathbf{n}}}_{\mathbf{P}\slashed{\mathbf{u}}\mathbf{Q}} \; \underbrace{-\slashed{\mathbf{n}}\mathbf{u}\mathbf{n}^T}_{\mathbf{Q}\slashed{\mathbf{u}}\mathbf{P}} \tag{12.27}$$

$$\mathbf{h_n} \overset{\text{def.}}{=} \mathbf{Hn}: \quad (\mathbf{H}^T - \operatorname{Spur}\mathbf{H}\cdot\mathbf{1})\cdot\slashed{\mathbf{n}} = \slashed{\mathbf{n}}\cdot\mathbf{H}\cdot\slashed{\mathbf{n}}^2 + \slashed{\mathbf{h_n}}\cdot\slashed{\mathbf{n}}^2 \tag{12.28}$$

Tensoranalysis

13

Die folgenden Rechenregeln[1] betreffen die Bildungen von Gradienten, Divergenzen und Rotationen mit Hilfe des Nablaoperators $^{(13.1)}$. Einige Regeln sind in Matrizenschreibweise formuliert, was den Vorteil hat, dass man die Regeln der Matrizenrechnung verwenden kann. Dabei muss der Differentialoperator, anders als üblich, manchmal rechts von der Funktion stehen, auf welche er wirkt, wie beispielsweise beim Gradienten eines Vektorfeldes. $^{(13.5)}$ In solchen unkonventionellen Fällen werden die Funktionen, auf welche der Differentialoperator wirkt, durch einen vertikalen Pfeil gekennzeichnet. Es bezeichnen ψ ein skalares Feld, $\mathbf{u}$ und $\mathbf{v}$ Vektorfelder, $\mathbf{r}$ das Ortsvektorfeld $^{(12.9)}$ und $\mathbf{H}$ ein Tensorfeld.

$$\nabla \overset{\text{def.}}{=} \begin{bmatrix} \partial_1 \\ \partial_2 \\ \partial_3 \end{bmatrix} = \mathbf{e}_i \cdot \partial_i; \quad \nabla_i = \partial_i \tag{13.1}$$

$$\overset{\times}{\nabla} = \begin{bmatrix} 0 & -\partial_3 & \partial_2 \\ \partial_3 & 0 & -\partial_1 \\ -\partial_2 & \partial_1 & 0 \end{bmatrix} = \not{\mathbf{e}}_i \cdot \partial_i; \quad \overset{\times}{\nabla}_{ij} = -\epsilon_{ijk} \cdot \partial_k \tag{13.2}$$

$$\partial_n \overset{\text{def.}}{=} \mathbf{n} \cdot \nabla \tag{13.3}$$

$$***$$

$$\text{grad } \psi \overset{\text{def.}}{=} \nabla \psi; \qquad\qquad [\text{grad } \psi]_i = \partial_i \psi \tag{13.4}$$

$$\text{grad } \mathbf{u} \overset{\text{def.}}{=} \overset{\downarrow}{\mathbf{u}} \nabla^T; \qquad\qquad [\text{grad } \mathbf{u}]_{ik} = \partial_k u_i \tag{13.5}$$

---

[1] Viele dieser Regeln werden von Gurtin [2, S. 12] angegeben.

© Springer-Verlag Berlin Heidelberg 2016
P. Halfar, *Spannungen in Gletschern*, DOI 10.1007/978-3-662-48022-9_13

$$\operatorname{rot}\mathbf{u} \stackrel{\text{def.}}{=} \nabla \times \mathbf{u} = \not\nabla\mathbf{u}; \qquad\qquad [\operatorname{rot}\mathbf{u}]_i = \epsilon_{ijk}\partial_j u_k \tag{13.6}$$

$$\operatorname{div}\mathbf{u} \stackrel{\text{def.}}{=} \nabla\mathbf{u} = \partial_i u_i \tag{13.7}$$

$$\operatorname{div}\mathbf{H} \stackrel{\text{def.}}{=} \overset{\downarrow}{\mathbf{H}}\nabla; \qquad\qquad [\operatorname{div}\mathbf{H}]_i = \partial_k H_{ik} \tag{13.8}$$

$$\operatorname{rot}\mathbf{H} \stackrel{\text{def.}}{=} \not\nabla\mathbf{H}^T; \qquad\qquad [\operatorname{rot}\mathbf{H}]_{ik} = \epsilon_{ilm}\partial_l H_{km} \tag{13.9}$$

$$* * *$$

$$\operatorname{grad}\mathbf{r} = \mathbf{1} \tag{13.10}$$

$$\operatorname{Spur}\operatorname{grad}\mathbf{u} = \operatorname{div}\mathbf{u} \tag{13.11}$$

$$\operatorname{grad}(\not{\mathbf{u}}\mathbf{v}) = \operatorname{grad}(\mathbf{u}\times\mathbf{v}) = \not{\mathbf{u}}\cdot\operatorname{grad}\mathbf{v} - \not{\mathbf{v}}\cdot\operatorname{grad}\mathbf{u} \tag{13.12}$$

$$\operatorname{rot}\not{\mathbf{u}} = -\operatorname{grad}\mathbf{u} + (\operatorname{div}\mathbf{u})\cdot\mathbf{1} \tag{13.13}$$

$$\operatorname{Spur}\operatorname{rot}\not{\mathbf{u}} = 2\cdot\operatorname{div}\mathbf{u} \tag{13.14}$$

$$\operatorname{rot}\not{\mathbf{u}} - \frac{1}{2}\cdot(\operatorname{Spur}\operatorname{rot}\not{\mathbf{u}})\cdot\mathbf{1} = -\operatorname{grad}\mathbf{u} \tag{13.15}$$

$$\operatorname{rot}\mathbf{H} = \operatorname{rot}\mathbf{H}_+ - \operatorname{grad}\not{\mathbf{H}} + (\operatorname{div}\not{\mathbf{H}})\cdot\mathbf{1} \tag{13.16}$$

$$(\operatorname{rot}\operatorname{rot}\mathbf{H})^T = \operatorname{rot}\operatorname{rot}\mathbf{H}^T \tag{13.17}$$

$$(\operatorname{rot}\operatorname{rot}\mathbf{H})_+ = \operatorname{rot}\operatorname{rot}\mathbf{H}_+ \tag{13.18}$$

$$\operatorname{Spur}\operatorname{rot}\mathbf{H} = 2\cdot\operatorname{div}\not{\mathbf{H}} \tag{13.19}$$

$$\operatorname{rot}\mathbf{H} - \frac{1}{2}\cdot(\operatorname{Spur}\operatorname{rot}\mathbf{H})\cdot\mathbf{1} = \operatorname{rot}\mathbf{H}_+ - \operatorname{grad}\not{\mathbf{H}} \tag{13.20}$$

$$\operatorname{div}(\not{\mathbf{r}}\mathbf{H}) = \mathbf{r}\times\operatorname{div}\mathbf{H} + 2\cdot\not{\mathbf{H}} \tag{13.21}$$

$$\operatorname{rot}(\not{\mathbf{r}}\mathbf{H}) = -(\operatorname{rot}\mathbf{H})\cdot\not{\mathbf{r}} - \mathbf{H} + (\operatorname{Spur}\mathbf{H})\cdot\mathbf{1} \tag{13.22}$$

$$* * *$$

$$\operatorname{rot}\mathbf{H} = \left[\begin{array}{ccc|c} \partial_2 H_{13} - \partial_3 H_{12} & \partial_2 H_{23} - \partial_3 H_{22} & \partial_2 H_{33} - \partial_3 H_{32} \\ \partial_3 H_{11} - \partial_1 H_{13} & \partial_3 H_{21} - \partial_1 H_{23} & \partial_3 H_{31} - \partial_1 H_{33} \\ \partial_1 H_{12} - \partial_2 H_{11} & \partial_1 H_{22} - \partial_2 H_{21} & \partial_1 H_{32} - \partial_2 H_{31} \end{array}\right] \tag{13.23}$$

$$\operatorname{rot}\operatorname{rot}\mathbf{H} = \left[\begin{array}{c|c|c}
\begin{aligned}&\partial_2^2 H_{33} + \partial_3^2 H_{22}\\ &-\partial_2\partial_3(H_{23} + H_{32})\end{aligned} &
\begin{aligned}&-\partial_1\partial_2 H_{33} - \partial_3^2 H_{21}\\ &+\partial_3(\partial_1 H_{23} + \partial_2 H_{31})\end{aligned} &
\begin{aligned}&-\partial_1\partial_3 H_{22} - \partial_2^2 H_{31}\\ &+\partial_2(\partial_1 H_{32} + \partial_3 H_{21})\end{aligned} \\ \hline
\begin{aligned}&-\partial_1\partial_2 H_{33} - \partial_3^2 H_{12}\\ &+\partial_3(\partial_1 H_{32} + \partial_2 H_{13})\end{aligned} &
\begin{aligned}&\partial_1^2 H_{33} + \partial_3^2 H_{11}\\ &-\partial_1\partial_3(H_{13} + H_{31})\end{aligned} &
\begin{aligned}&-\partial_2\partial_3 H_{11} - \partial_1^2 H_{32}\\ &+\partial_1(\partial_2 H_{31} + \partial_3 H_{12})\end{aligned} \\ \hline
\begin{aligned}&-\partial_1\partial_3 H_{22} - \partial_2^2 H_{13}\\ &+\partial_2(\partial_1 H_{23} + \partial_3 H_{12})\end{aligned} &
\begin{aligned}&-\partial_2\partial_3 H_{11} - \partial_1^2 H_{23}\\ &+\partial_1(\partial_2 H_{13} + \partial_3 H_{21})\end{aligned} &
\begin{aligned}&\partial_1^2 H_{22} + \partial_2^2 H_{11}\\ &-\partial_1\partial_2(H_{12} + H_{21})\end{aligned}
\end{array}\right]$$
$$\tag{13.24}$$

Redundanzfunktionen und Normierungen

14

14.1 Redundanzfunktionen

Zwei Spannungsfunktionen führen genau dann auf das gleiche Spannungstensorfeld, wenn ihre Differenz eine so genannte Redundanzfunktion $\mathbf{A}^\bullet$ ist, deren $\mathbf{T}$-feld $\mathbf{T}^\bullet$ verschwindet. (14.1) Die Redundanzfunktionen $\mathbf{A}^\bullet$ (14.5) können als Summen aus einem beliebigen antisymmetrischen Tensorfeld $\not{\mu}$ und aus dem Gradienten eines beliebigen Vektorfeldes $\mathbf{v}$ geschrieben werden.[1] Die Redundanzfunktionen können auch dadurch charakterisiert werden, dass ihr symmetrischer Teil $\mathbf{A}^\bullet_+$ (14.6) der symmetrisierte Gradient eines beliebigen Vektorfeldes $\mathbf{v}$ ist und dass ihr antisymmetrischer Teil $\mathbf{A}^\bullet_-$ (14.7) beliebig ist. Die $\mathbf{B}$- und $\mathbf{C}$-Felder $\mathbf{B}^\bullet$ (14.8) und $\mathbf{C}^\bullet$ (14.9) der Redundanzfunktionen $\mathbf{A}^\bullet$ sind Gradientenfelder.

———

$$\mathbf{T}^\bullet \stackrel{\text{def.}}{=} \text{rot} \left[\text{rot}\, \mathbf{A}^\bullet - \frac{1}{2} \cdot \text{Spur}(\text{rot}\, \mathbf{A}^\bullet) \cdot \mathbf{1} \right] \stackrel{(13.20)}{=} \text{rot rot}\, \mathbf{A}^\bullet_+ \stackrel{\text{vor.}}{=} \mathbf{0} \qquad (14.1)$$

$$***$$

$$\text{rot}\, \mathbf{A}^\bullet - \frac{1}{2} \cdot \text{Spur}(\text{rot}\, \mathbf{A}^\bullet) \cdot \mathbf{1} = -\text{grad}\, \mathbf{u} \qquad (14.2)$$

$$-\frac{1}{2} \cdot \text{Spur}(\text{rot}\, \mathbf{A}^\bullet) = -\text{div}\, \mathbf{u} \qquad (14.3)$$

$$\text{rot}\, \mathbf{A}^\bullet = -\text{grad}\, \mathbf{u} + \text{div}\, \mathbf{u} \cdot \mathbf{1} \stackrel{(13.13)}{=} \text{rot}\, \not{\mu} \qquad (14.4)$$

$$***$$

---

[1] Jeder Ausdruck (14.5) ist eine Redundanzfunktion und jede Redundanzfunktion lässt sich so schreiben.

© Springer-Verlag Berlin Heidelberg 2016
P. Halfar, *Spannungen in Gletschern*, DOI 10.1007/978-3-662-48022-9_14

$$\mathbf{A}^{\bullet} = \not{\mu} + \operatorname{grad} \mathbf{v} \tag{14.5}$$

$$\mathbf{A}^{\bullet}_{+} = \frac{1}{2}[\operatorname{grad} \mathbf{v} + (\operatorname{grad} \mathbf{v})^{T}] \tag{14.6}$$

$$\mathbf{A}^{\bullet}_{-} = \frac{1}{2}[\operatorname{grad} \mathbf{v} - (\operatorname{grad} \mathbf{v})^{T}] + \not{\mu} \tag{14.7}$$

$$\mathbf{B}^{\bullet} \stackrel{\text{def.}}{=} \operatorname{rot} \mathbf{A}^{\bullet} - \frac{1}{2} \cdot \operatorname{Spur}(\operatorname{rot} \mathbf{A}^{\bullet}) \cdot \mathbf{1} = -\operatorname{grad} \mathbf{u} \tag{14.8}$$

$$\mathbf{C}^{\bullet} \stackrel{\text{def.}}{=} \mathbf{A}^{\bullet} + \not{r}\mathbf{B}^{\bullet} = \operatorname{grad}(\mathbf{v} - \mathbf{r} \times \mathbf{u}) \tag{14.9}$$

14.2   Normierungen

In diesem Abschnitt wird bewiesen, dass man alle gewichtslosen Spannungstensorfelder $\mathbf{T}$ jeweils aus Tensorfeldern $\mathbf{A}$ (Spannungsfunktionen) gewinnen kann, welche eine der fünf folgenden Normierungen[2] aufweisen. Dazu wird für jede dieser fünf Normierungen gezeigt, dass zu jedem symmetrischen Tensorfeld $\mathbf{A}$ eine symmetrische Redundanzfunktion [(14.6)] addiert werden kann, so dass man als Ergebnis ein Tensorfeld mit dieser Normierung erhält, dass also die entsprechenden drei (der sechs unabhängigen) Tensorkomponenten verschwinden.

14.2.1 xx-yy-zz-Normierung

Für die xx-yy-zz- bzw. 11-22-33-Normierung muss man die nicht-diagonalen Elemente der symmetrischen Spannungsfunktionsmatrix $\mathbf{A}$ durch Addition einer symmetrischen Redundanzfunktion zum Verschwinden bringen [(14.10)–(14.12)].

Mit dem Integral f von $-2A_{23}$ [(14.13)] lassen sich diese Bedingungen in eine Bedingung für eine Funktion ψ umformen. [(14.18)] Eine solche tatsächlich existierende Funktion ψ zeigt,[3] dass die xx-yy-zz-Normierung zulässig ist, dass man also aus den so normierten Spannungsfunktionen alle gewichtslosen Spannungstensorfelder gewinnen kann.

$$\partial_1 v_2 + \partial_2 v_1 = -2 \cdot A_{12} \tag{14.10}$$

$$\partial_2 v_3 + \partial_3 v_2 = -2 \cdot A_{23} \tag{14.11}$$

$$\partial_3 v_1 + \partial_1 v_3 = -2 \cdot A_{31} \tag{14.12}$$

$$***$$

---

[2] S. Abschn. 6.2.2.

[3] Wenn man bei den Integrationen in Bereiche außerhalb des Definitionsgebietes Ω vordringen muss, wo $\mathbf{A}$ zunächst nicht definiert ist, setzt man $\mathbf{A}$ in das Außengebiet von Ω irgendwie fort.

$$\partial_2 f \overset{\text{def.}}{=} -2 \cdot A_{23} \tag{14.13}$$

***

$$v_2 = \partial_2 \psi \tag{14.14}$$

$$v_3 = f - \partial_3 \psi \tag{14.15}$$

$$\partial_2 v_1 = -\partial_1 \partial_2 \psi - 2 \cdot A_{12} \tag{14.16}$$

$$\partial_3 v_1 = \partial_1 \partial_3 \psi - \partial_1 f - 2 \cdot A_{31} \tag{14.17}$$

***

$$\partial_1 \partial_2 \partial_3 \psi = -\partial_3 A_{12} + \partial_2 \cdot A_{31} - \partial_1 A_{23} \tag{14.18}$$

14.2.2 Die Normierungen xx-yy-xy, xx-yy-xz, xx-xy-yz, xy-yz-xz

Um eine Spannungsfunktion **A** in die jeweilige normierte Form zu überführen, bestimmt man in der Redundanzfunktion $^{(14.6)}$ die Komponenten von **v** nacheinander so, dass die entsprechenden Komponenten der Spannungsfunktion durch Addition der Redundanzfunktion verschwinden. Das wird durch folgendes Schema dargestellt:

Normierung	v_3	v_2	v_1
11-22-12 bzw. xx-yy-xy	$\partial_3 v_3 : \ A_{33} \to 0$	$\partial_3 v_2 : \ A_{23} \to 0$	$\partial_3 v_1 : \ A_{13} \to 0$
11-22-13 bzw. xx-yy-xz	$\partial_3 v_3 : \ A_{33} \to 0$	$\partial_3 v_2 : \ A_{23} \to 0$	$\partial_2 v_1 : \ A_{12} \to 0$
11-12-23 bzw. xx-xy-yz	$\partial_3 v_3 : \ A_{33} \to 0$	$\partial_2 v_2 : \ A_{22} \to 0$	$\partial_3 v_1 : \ A_{13} \to 0$
12-23-13 bzw. xy-yz-xz	$\partial_3 v_3 : \ A_{33} \to 0$	$\partial_2 v_2 : \ A_{22} \to 0$	$\partial_1 v_1 : \ A_{11} \to 0$

Beispielsweise werden bei der Normierung xx-yy-xy zuerst $\partial_3 v_3$ und dann v_3 durch Integration in x_3-Richtung so bestimmt, dass die 33-Komponente der Spannungsfunktion Null wird, dann werden $\partial_3 v_2$ und v_2 so bestimmt, dass die 23-Komponente Null wird und schließlich werden $\partial_3 v_1$ und v_1 so bestimmt, dass die 13-Komponente Null wird.

14.3   Normierungen mit Randbedingungen

Unter den **A**-Feldern [(7.14)] der allgemeinen Lösung **T** [(7.15)] spielen Gesamtheiten von Matrixfeldern $\mathbf{A}_0$ eine Rolle, die zusammen mit ihren ersten Ableitungen auf der Randfläche Σ verschwinden und sonst beliebig sind. Im Folgenden werden die Voraussetzungen angegeben, gemäß denen diese $\mathbf{A}_0$-Felder durch Additionen von Redundanzfunktionen so normiert werden können, dass sich wieder $\mathbf{A}_0$-Felder ergeben, dass also auch die normierten Matrixfelder zusammen mit ihren ersten Ableitungen auf der Randfläche Σ gegebener Randspannungen verschwinden.[4]

In jedem Fall kann man alle $\mathbf{A}_0$-Matrixfelder immer auf symmetrische $\mathbf{A}_0$-Matrixfelder normieren, indem man ihren antisymmetrischen Teil weglässt. Die Normierung aller symmetrischen $\mathbf{A}_0$-Matrixfelder auf einen der fünf oben genannten Normierungstypen xx-yy-zz usw. erfolgt gemäß Abschn. 14.2 durch Addition passender symmetrischer Redundanzfunktionen [(14.6)] mit den i-k-Komponenten $(\partial_i v_k + \partial_k v_i)/2$. Diese Normierung lässt sich dann so gestalten, dass auch die normierten Matrixfelder wieder $\mathbf{A}_0$-Matrixfelder sind, wenn man die drei Felder v_i so wählen kann, dass sie zusammen mit ihren ersten und zweiten Ableitungen auf der Randfläche Σ verschwinden, denn dann verschwinden auch die Redundanzfunktionen [(14.6)] zusammen mit ihren ersten Ableitungen auf der Randfläche Σ und somit auch die normierten Felder. Man muss also nur noch zeigen, dass die drei Felder v_i zusammen mit ihren ersten und zweiten Ableitungen auf der Randfläche Σ verschwinden.

In den Normierungsverfahren in Abschn. 14.2 werden diese Felder v_i durch Integration in Richtung jeweils einer Koordinatenachse festgelegt. Wenn die Randfläche Σ quer zu allen Integrationsrichtungen liegt[5] und man mit den Integrationen auf der Randfläche beginnt, dann verschwinden diese Felder v_i auf der Randfläche Σ und ebenso ihre ersten und zweiten Ableitungen in Integrationsrichtung, da die zu normierenden $\mathbf{A}_0$-Matrixfelder zusammen mit ihren ersten Ableitungen dort ebenfalls verschwinden. Wenn aber eine Funktion und ihre in einer bestimmten Richtung genommene erste und zweite Ableitung auf Σ verschwinden, wobei die Ableitungsrichtung quer zu Σ ist, dann verschwindet diese Funktion mit allen ersten und zweiten Ableitungen auf Σ. Damit ist gezeigt, dass die drei Felder v_i zusammen mit ihren ersten und zweiten Ableitungen auf der Randfläche Σ verschwinden.

Bei den verschiedenen Normierungen treten Integrationen in folgende Richtungen auf:

Normierung	Integrations- oder Normierungsrichtungen
xx-yy-zz	x, y, z
xx-yy-xy	z
xx-yy-xz	y, z
xx-xy-yz	y, z
xy-yz-xz	x, y, z

---

[4] S. Abschn. 7.4.

[5] Das bedeutet, dass alle Geraden in Integrationsrichtung durch die Randfläche Σ diese kein zweites Mal schneiden.

Also können alle $\mathbf{A}_0$-Matrixfelder so normiert werden, dass auch die normierten Matrixfelder wieder $\mathbf{A}_0$-Matrixfelder sind, wenn die Integrationsrichtungen der jeweiligen Normierung, die auch als Normierungsrichtungen bezeichnet werden, quer zur Randfläche Σ sind.

Analysis auf gekrümmten Flächen 15

15.1 Krummlinige Koordinaten

In diesem Abschnitt werden auf der gekrümmten Randfläche Σ gegebener Randspannungen krummlinige Flächenkoordinaten eingeführt.

Die Fläche Σ wird mit Hilfe krummliniger Flächenkoordinaten x', y' definiert, indem der Flächenvektor $\mathbf{r}_\Sigma(x', y')$, der vom Ursprung des cartesischen x-y-z-Koordinatensystems zur Fläche Σ führt, als Funktion dieser krummlinigen Koordinaten angegeben wird. [(15.3)] Wenn diese Koordinaten x' und y' variieren, bewegt sich die Spitze dieses Flächenvektors auf der Fläche Σ. Die nummerierte Bezeichnung x'_1, x'_2 der krummlinigen Koordinaten wird synonym verwendet. [(15.1)] Die entsprechenden Differentialoperatoren [(15.2)] bezeichnen Ableitungen in Richtung der krummlinigen Koordinatenlinien auf der Fläche. Durch diese Ableitungen wird in jedem Punkt der Fläche Σ die tangentiale Vektorbasis definiert, die aus zwei Tangentialvektoren $\mathbf{f}_1$ und $\mathbf{f}_2$ [(15.4)] besteht, welche parallel zu den krummlinigen x'- und y'-Koordinatenlinien auf der Fläche sind und welche die Tangentialebene der Fläche Σ aufspannen. Mit Hilfe dieser Tangentialvektoren $\mathbf{f}_1$ und $\mathbf{f}_2$ lassen sich auf der Fläche Σ der orientierte Normalenvektor $\mathbf{n}$ [(15.5)], das vektorielle tangentiale Wegelement $d\mathbf{r}$ [(15.6)] und das Flächenelement dA [(15.7)] angeben.

Die Vektoren $\mathbf{f}^1$ und $\mathbf{f}^2$ der dualen tangentialen Vektorbasis spannen ebenfalls die Tangentialebene auf. Mit Hilfe dieser dualen tangentialen Vektorbasis lässt sich für ein Vektorfeld $\mathbf{u}$ auf der Fläche Σ die Entwicklung nach der tangentialen Vektorbasis und nach dem Normalenvektor angeben oder alternativ die Entwicklung nach der dualen tangentialen Vektorbasis und nach dem Normalenvektor. [(15.8)–(15.11)]

Mit Hilfe dieser tangentialen Vektorbasen und des Normalenvektors lassen sich in jedem Punkt der Fläche Σ der Projektor $\mathbf{P}$ auf den Normalenvektor, der Projektor $\mathbf{Q}$ auf die Tangentialebene und der schiefsymmetrische Tensor $\boldsymbol{\eta}$ berechnen. [(15.12)–(15.14)] Wählt man das cartesische Koordinatensystem so, dass die dritte Achse in Richtung des Normalenvektors zeigt, erhält man für diese Größen einfache Matrizendarstellungen. [(15.15)]

© Springer-Verlag Berlin Heidelberg 2016
P. Halfar, *Spannungen in Gletschern*, DOI 10.1007/978-3-662-48022-9_15

Kann die Fläche Σ durch eine Funktion $z = z_0(x, y)$ dargestellt werden, so kann man das krummlinige Koordinatennetz auf dieser Fläche aus den cartesischen Koordinaten x und y erzeugen, indem man diese Koordinaten parallel zur z-Achse auf die Fläche projiziert. (15.16)–(15.21)

$$x_1' = x'; \quad x_2' = y' \tag{15.1}$$

$$\partial_x' = \partial_1' = \partial/\partial x'; \quad \partial_y' = \partial_2' = \partial/\partial y' \tag{15.2}$$

$$\mathbf{r}_\Sigma(x', y') = \begin{bmatrix} x_\Sigma(x', y') \\ y_\Sigma(x', y') \\ z_\Sigma(x', y') \end{bmatrix} = \begin{bmatrix} x_{1\Sigma}(x_1', x_2') \\ x_{2\Sigma}(x_1', x_2') \\ x_{3\Sigma}(x_1', x_2') \end{bmatrix} \tag{15.3}$$

$$\mathbf{f}_1 = \partial_x' \mathbf{r}_\Sigma(x', y') = \begin{bmatrix} \partial_x' x_\Sigma(x', y') \\ \partial_x' y_\Sigma(x', y') \\ \partial_x' z_\Sigma(x', y') \end{bmatrix}; \quad \mathbf{f}_2 = \partial_y' \mathbf{r}_\Sigma(x', y') = \begin{bmatrix} \partial_y' x_\Sigma(x', y') \\ \partial_y' y_\Sigma(x', y') \\ \partial_y' z_\Sigma(x', y') \end{bmatrix} \tag{15.4}$$

$$\mathbf{n} = \frac{\mathbf{f}_1 \times \mathbf{f}_2}{|\mathbf{f}_1 \times \mathbf{f}_2|} \tag{15.5}$$

$$d\mathbf{r} = \partial_x' \mathbf{r}_\Sigma \cdot dx' + \partial_y' \mathbf{r}_\Sigma \cdot dy' = \mathbf{f}_1 \cdot dx' + \mathbf{f}_2 \cdot dy' \tag{15.6}$$

$$dA = |\mathbf{f}_1 \cdot dx' \times \mathbf{f}_2 \cdot dy'| = |\mathbf{f}_1 \times \mathbf{f}_2| \cdot dx' \cdot dy' \tag{15.7}$$

$$***$$

$$\mathbf{f}^1 = -\frac{\mathbf{n} \times \mathbf{f}_2}{|\mathbf{f}_1 \times \mathbf{f}_2|}; \qquad \mathbf{f}^2 = \frac{\mathbf{n} \times \mathbf{f}_1}{|\mathbf{f}_1 \times \mathbf{f}_2|} \tag{15.8}$$

$$\mathbf{f}^\mu \mathbf{f}_\nu = \delta_{\mu\nu}; \qquad \mu, \nu = 1, 2 \tag{15.9}$$

$$\mathbf{n} \times \mathbf{f}^1 = \frac{\mathbf{f}_2}{|\mathbf{f}_1 \times \mathbf{f}_2|}; \qquad \mathbf{n} \times \mathbf{f}^2 = -\frac{\mathbf{f}_1}{|\mathbf{f}_1 \times \mathbf{f}_2|} \tag{15.10}$$

$$\mathbf{u} = (\mathbf{u}\mathbf{f}^1) \cdot \mathbf{f}_1 + (\mathbf{u}\mathbf{f}^2) \cdot \mathbf{f}_2 + (\mathbf{u}\mathbf{n}) \cdot \mathbf{n}$$
$$= (\mathbf{u}\mathbf{f}_1) \cdot \mathbf{f}^1 + (\mathbf{u}\mathbf{f}_2) \cdot \mathbf{f}^2 + (\mathbf{u}\mathbf{n}) \cdot \mathbf{n} \tag{15.11}$$

$$***$$

$$\mathbf{P} = \mathbf{n}\mathbf{n}^T \tag{15.12}$$

$$\mathbf{Q} = \mathbf{f}^\mu \mathbf{f}_\mu^T = \mathbf{f}_\mu \mathbf{f}^{\mu T} \tag{15.13}$$

$$\begin{aligned}
\not{\mathbf{h}} &= (\mathbf{n} \times \mathbf{f}_\mu) \cdot \mathbf{f}^{\mu T} = |\mathbf{f}_1 \times \mathbf{f}_2| \cdot (-\mathbf{f}^1 \mathbf{f}^{2T} + \mathbf{f}^2 \mathbf{f}^{1T}) \\
&= (\mathbf{n} \times \mathbf{f}^\mu) \cdot \mathbf{f}_\mu^T = |\mathbf{f}_1 \times \mathbf{f}_2|^{-1} \cdot (-\mathbf{f}_1 \mathbf{f}_2^T + \mathbf{f}_2 \mathbf{f}_1^T)
\end{aligned} \tag{15.14}$$

$$\mathbf{n} = \begin{bmatrix} 0 \\ 0 \\ 1 \end{bmatrix} : \quad \mathbf{P} = \begin{bmatrix} 0 & 0 & 0 \\ 0 & 0 & 0 \\ 0 & 0 & 1 \end{bmatrix} ; \quad \mathbf{Q} = \begin{bmatrix} 1 & 0 & 0 \\ 0 & 1 & 0 \\ 0 & 0 & 0 \end{bmatrix} ; \quad \not{\mathbf{h}} = \begin{bmatrix} 0 & -1 & 0 \\ 1 & 0 & 0 \\ 0 & 0 & 0 \end{bmatrix} \tag{15.15}$$

$$***$$

$$\mathbf{r}_\Sigma(x', y') = \mathbf{r}_0(x', y') = \begin{bmatrix} x' \\ y' \\ z_0(x', y') \end{bmatrix} \tag{15.16}$$

$$\mathbf{f}_1 = \partial_x' \mathbf{r}_0 = \begin{bmatrix} 1 \\ 0 \\ \partial_x' z_0 \end{bmatrix} ; \quad \mathbf{f}_2 = \partial_y' \mathbf{r}_0 = \begin{bmatrix} 0 \\ 1 \\ \partial_y' z_0 \end{bmatrix} \tag{15.17}$$

$$\mathbf{f}_1 \times \mathbf{f}_2 = \begin{bmatrix} -\partial_x' z_0 \\ -\partial_y' z_0 \\ 1 \end{bmatrix} ; \quad |\mathbf{f}_1 \times \mathbf{f}_2| = [1 + (\partial_x' z_0)^2 + (\partial_y' z_0)^2]^{1/2} \tag{15.18}$$

$$\mathbf{n} = [1 + (\partial_x' z_0)^2 + (\partial_y' z_0)^2]^{-1/2} \begin{bmatrix} -\partial_x' z_0 \\ -\partial_y' z_0 \\ 1 \end{bmatrix} \tag{15.19}$$

$$\mathbf{f}^1 = [1 + (\partial_x' z_0)^2 + (\partial_y' z_0)^2]^{-1} \begin{bmatrix} 1 + (\partial_y' z_0)^2 \\ -\partial_x' z_0 \cdot \partial_y' z_0 \\ \partial_x' z_0 \end{bmatrix} \tag{15.20}$$

$$\mathbf{f}^2 = [1 + (\partial_x' z_0)^2 + (\partial_y' z_0)^2]^{-1} \begin{bmatrix} -\partial_x' z_0 \cdot \partial_y' z_0 \\ 1 + (\partial_x' z_0)^2 \\ \partial_y' z_0 \end{bmatrix} \tag{15.21}$$

15.2 Differentialoperatoren und Ableitungen

Bei den Randbedingungen treten lineare Differentialoperatoren auf der Randfläche Σ auf. In diesem Abschnitt werden die Rechenregeln für diese Differentialoperatoren vorgestellt.

Diese Differentialoperatoren sind im Allgemeinen Tensor- oder Matrixoperatoren. Der skalare Operator ∂_n bewirkt eine Ableitung in Richtung der orientierten Normale $\mathbf{n}$ auf der Randfläche Σ. Der Gradientenoperator ∇ sowie der Operator $\mathbf{n} \times \nabla$ sind einspaltige Matrixoperatoren und der Rotationsoperator $\overline{\nabla}$ ist ein quadratischer Matrixoperator. Diese Matrixoperatoren lassen sich durch die Normalableitung ∂_n und durch die Ableitungen ∂_1' und ∂_2' nach den krummlinigen Flächenkoordinaten ausdrücken. Die Projektionen dieser Operatoren auf die Normalrichtung bzw. die Tangentialebene erhält man durch Multiplikation mit den entsprechenden Projektoren $\mathbf{P}$ bzw. $\mathbf{Q}$. Alle in diesen Operatorausdrücken [(15.22)–(15.29)] auftretenden Funktionen werden nicht differenziert, sind also wie Konstante zu behandeln.[1]

Die Matrixoperatoren werden durch Matrizenmultiplikation auf skalare Funktionen ψ, auf einspaltige Matrixfunktionen (Vektorfunktionen) $\mathbf{u}$ oder auf quadratische Matrixfunktionen (Tensorfunktionen) $\mathbf{A}$ angewandt. [(15.30)–(15.39)] Dabei können die Operatoren, anders als üblich, auch nach links wirken. Bei solchen Abweichungen von den üblichen Konventionen werden die Funktionen, auf welche die Operatoren wirken, durch einen vertikalen Pfeil markiert.

Einige Operatoren enthalten nur tangential zur Fläche Σ wirkende Ableitungen und können deshalb auch auf Funktionen angewandt werden, die nur auf der Fläche Σ definiert sind. So enthält die Projektion des Gradientenvektors auf die Tangentialebene [(15.25)] nur tangential wirkende Ableitungen, so dass bei einer skalaren Funktion ψ das Gradientenfeld dieser Funktion auf der Fläche Σ erzeugt wird. [(15.32)] Dieses Gradientenfeld ist tangential zur Fläche und steht senkrecht auf den Niveaulinien konstanter ψ-Werte auf der Fläche Σ. Der Vektoroperator $\mathbf{n} \times \nabla$ [(15.26)] enthält ebenfalls nur tangential wirkende Ableitungen und erzeugt aus der skalaren Funktion ψ das um einen rechten Winkel gedrehte tangentiale Gradientenfeld, welches folglich parallel zu den Niveaulinien konstanter ψ-Werte ist. [(15.33)] Auch der auf die Normalrichtung projizierte Rotationsoperator $\overline{\nabla} \cdot \mathbf{P}$ enthält nur Tangentialableitungen. [(15.28), (15.38)]

$$\partial_n \overset{\text{def.}}{=} \mathbf{n} \cdot \nabla \tag{15.22}$$

$$\nabla = \mathbf{f}^1 \cdot \partial_1' + \mathbf{f}^2 \cdot \partial_2' + \mathbf{n} \cdot \partial_n \tag{15.23}$$

$$\mathbf{P} \cdot \nabla = \mathbf{n} \cdot \partial_n \tag{15.24}$$

$$\mathbf{Q} \cdot \nabla = \mathbf{f}^1 \cdot \partial_1' + \mathbf{f}^2 \cdot \partial_2' \tag{15.25}$$

$$\mathbf{n} \times \nabla = \not{\mathbf{n}} \cdot \nabla = \frac{1}{|\mathbf{f}_1 \times \mathbf{f}_2|} \cdot (\mathbf{f}_2 \cdot \partial_1' - \mathbf{f}_1 \cdot \partial_2') \tag{15.26}$$

---

[1] Diese Konstanten sind durch die entsprechenden Funktionswerte an dem betrachteten Punkt gegeben.

$$\overset{\downarrow}{\nabla} \overset{(12.27)}{=} \underbrace{\not{n}\partial_n}_{Q\overset{\downarrow}{\nabla}Q} \underbrace{-\mathbf{n}\nabla^T\not{n}}_{P\overset{\downarrow}{\nabla}Q} \underbrace{-\not{n}\nabla\mathbf{n}^T}_{Q\overset{\downarrow}{\nabla}P}$$

$$= \not{n}\cdot\partial_n + \frac{1}{|\mathbf{f}_1\times\mathbf{f}_2|}\left[(\mathbf{n}\mathbf{f}_2^T - \mathbf{f}_2\mathbf{n}^T)\cdot\partial_1' - (\mathbf{n}\mathbf{f}_1^T - \mathbf{f}_1\mathbf{n}^T)\cdot\partial_2'\right] \tag{15.27}$$

$$\overset{\downarrow}{\nabla}P = -\not{n}\nabla\mathbf{n}^T = +\frac{1}{|\mathbf{f}_1\times\mathbf{f}_2|}\left[-\mathbf{f}_2\mathbf{n}^T\cdot\partial_1' + \mathbf{f}_1\mathbf{n}^T\cdot\partial_2'\right] \tag{15.28}$$

$$\overset{\downarrow}{\nabla}Q = \not{n}\partial_n - \mathbf{n}\nabla^T\not{n} = \not{n}\cdot\partial_n + \frac{1}{|\mathbf{f}_1\times\mathbf{f}_2|}\left[\mathbf{n}\mathbf{f}_2^T\cdot\partial_1' - \mathbf{n}\mathbf{f}_1^T\cdot\partial_2'\right] \tag{15.29}$$

$$***$$

$$\nabla\psi = \mathbf{f}^1\cdot\partial_1'\psi + \mathbf{f}^2\cdot\partial_2'\psi + \mathbf{n}\cdot\partial_n\psi \tag{15.30}$$

$$\mathbf{P}\cdot\nabla\psi = \mathbf{n}\cdot\partial_n\psi \tag{15.31}$$

$$\mathbf{Q}\cdot\nabla\psi = \mathbf{f}^1\cdot\partial_1'\psi + \mathbf{f}^2\cdot\partial_2'\psi \tag{15.32}$$

$$\mathbf{n}\times\nabla\psi = \frac{1}{|\mathbf{f}_1\times\mathbf{f}_2|}\cdot(\mathbf{f}_2\cdot\partial_1'\psi - \mathbf{f}_1\cdot\partial_2'\psi) \tag{15.33}$$

$$\operatorname{grad}\mathbf{u} = \overset{\downarrow}{\mathbf{u}}\nabla^T = \partial_1'\mathbf{u}\cdot\mathbf{f}^{1T} + \partial_2'\mathbf{u}\cdot\mathbf{f}^{2T} + \partial_n\mathbf{u}\cdot\mathbf{n}^T \tag{15.34}$$

$$\operatorname{grad}\mathbf{u}\cdot\mathbf{P} = \overset{\downarrow}{\mathbf{u}}\nabla^T\mathbf{P} = \partial_n\mathbf{u}\cdot\mathbf{n}^T \tag{15.35}$$

$$\operatorname{grad}\mathbf{u}\cdot\mathbf{Q} = \overset{\downarrow}{\mathbf{u}}\nabla^T\mathbf{Q} = \partial_1'\mathbf{u}\cdot\mathbf{f}^{1T} + \partial_2'\mathbf{u}\cdot\mathbf{f}^{2T} \tag{15.36}$$

$$(\operatorname{rot}\mathbf{A})^T = -\overset{\downarrow}{\mathbf{A}}\cdot\overset{\downarrow}{\nabla} = -\partial_n\mathbf{A}\cdot\not{n} + \overset{\downarrow}{\mathbf{A}}\mathbf{n}\nabla^T\not{n} + \overset{\downarrow}{\mathbf{A}}\not{n}\nabla\mathbf{n}^T$$

$$= -\partial_n\mathbf{A}\cdot\not{n} - \frac{1}{|\mathbf{f}_1\times\mathbf{f}_2|}\left[\partial_1'\mathbf{A}\cdot(\mathbf{n}\mathbf{f}_2^T - \mathbf{f}_2\mathbf{n}^T) - \partial_2'\mathbf{A}\cdot(\mathbf{n}\mathbf{f}_1^T - \mathbf{f}_1\mathbf{n}^T)\right] \tag{15.37}$$

$$(\operatorname{rot}\mathbf{A})^T\cdot\mathbf{P} = -\overset{\downarrow}{\mathbf{A}}\cdot\overset{\downarrow}{\nabla}\cdot\mathbf{P} = \overset{\downarrow}{\mathbf{A}}\not{n}\nabla\mathbf{n}^T$$

$$= -\frac{1}{|\mathbf{f}_1\times\mathbf{f}_2|}\left[-\partial_1'\mathbf{A}\cdot\mathbf{f}_2\mathbf{n}^T + \partial_2'\mathbf{A}\cdot\mathbf{f}_1\mathbf{n}^T\right]$$

$$\overset{(15.4)}{=} -\frac{1}{|\mathbf{f}_1\times\mathbf{f}_2|}\left[-\partial_1'(\mathbf{A}\mathbf{f}_2)\cdot\mathbf{n}^T + \partial_2'(\mathbf{A}\mathbf{f}_1)\cdot\mathbf{n}^T\right] \tag{15.38}$$

$$(\operatorname{rot}\mathbf{A})^T\cdot\mathbf{Q} = -\overset{\downarrow}{\mathbf{A}}\cdot\overset{\downarrow}{\nabla}\cdot\mathbf{Q} = -\partial_n\mathbf{A}\cdot\not{n} + \overset{\downarrow}{\mathbf{A}}\mathbf{n}\nabla^T\not{n}$$

$$= -\partial_n\mathbf{A}\cdot\not{n} - \frac{1}{|\mathbf{f}_1\times\mathbf{f}_2|}\left[\partial_1'\mathbf{A}\cdot\mathbf{n}\mathbf{f}_2^T - \partial_2'\mathbf{A}\cdot\mathbf{n}\mathbf{f}_1^T\right] \tag{15.39}$$

15.3 Die Randfelder

Zur Konstruktion der allgemeinen Lösung benötigt man sowohl die A-$\partial_n A$-Randfelder A_Σ und $\partial_n A$ als auch die B- und C-Randfelder B_Σ bzw. C_Σ, welche zu den auf der Randfläche Σ vorgegebenen Randspannungen t passen. Diese Randfelder sollen im Folgenden charakterisiert werden.[2]

Die passenden Randfelder B_Σ bzw. C_Σ werden dadurch charakterisiert, dass ihre Umlaufintegrale über die Randkurven von Teilflächen der Randfläche Σ mit den Kräften bzw. Drehmomenten auf diesen Teilflächen übereinstimmen müssen, [(7.10), (7.11)] welche von den Randspannungen t erzeugt werden. Das kann nach dem Satz von Stokes auch durch Differentialgleichungen [(15.40), (15.41)] zum Ausdruck gebracht werden.[3] Damit ist auch die Abstammungsbedingung [(15.42)] für die passenden Randfelder B_Σ und C_Σ erfüllt, welche ein Kriterium dafür ist, ob diese Randfelder von einem A-Feld abstammen.[4]

Die passenden A-$\partial_n A$-Randfelder werden dadurch charakterisiert, dass sie auf passende Randfelder B_Σ führen. Die entsprechende Bedingung [(15.43)] für die A-$\partial_n A$-Randfelder[5] lässt sich so umformen,[6] dass man sowohl eine Bedingung [(15.48)] für die tangentialen Ableitungen der Randfelder A_Σ erhält als auch eine Bedingung, welche die Normalableitungen $\partial_n A$ teilweise festlegt [(15.49)]. Der nicht festgelegte Teil [(15.50)] der Normalableitungen kann mit Hilfe eines beliebigen auf der Randfläche Σ definierten Spaltenmatrixfeldes k geschrieben werden. Damit [(15.48)–(15.51)] liegt eine vollständige Charakterisierung der passenden A-$\partial_n A$-Randfelder vor.[7] Für konkrete Berechnungen sind die zwei Differentialgleichungen [(15.40), (15.48)] für die passenden Randfelder B_Σ und A_Σ zu lösen. Die Randfelder C_Σ treten dabei nicht auf.

Man kann auch anders vorgehen, indem man die passenden Randfelder C_Σ hinzunimmt und die passenden A-$\partial_n A$-Randfelder dadurch charakterisiert, dass sie auf passende Randfelder B_Σ und C_Σ führen. In diesem Fall werden die Randfelder A_Σ durch diese Randfelder B_Σ und C_Σ ausgedrückt. [(15.52)] Damit ist die Bedingung [(15.48)] für die tangentialen Ableitungen der Randfelder A_Σ bereits erfüllt [(15.53)], weil die Randfelder B_Σ und C_Σ der Abstammungsbedingung [(15.42)] genügen. Nur die Bedingung für die Norma-

---

[2] Wie die folgenden Ausdrücke als Funktionen der krummlinigen Flächenkoordinaten angegeben werden können, ist in Abschn. 15.4 dargestellt.

[3] In diesen Differentialgleichungen (15.40), (15.41) treten nur tangentiale Differentialoperatoren auf, weshalb man diese auf die Randfelder B_Σ und C_Σ anwenden kann.

[4] Bei dieser Abstammungsbedingung (6.16) spielt hier nur der durch Multiplikation mit n erhaltene Projektionsanteil (15.42) eine Rolle. Nur dieser Projektionsanteil der Abstammungsbedingung enthält rein tangentiale Differentialoperatoren und diese können auf die Randfelder B_Σ und C_Σ angewandt werden.

[5] Das in der Bedingung (15.43) auftretende Matrixfeld $(\text{rot } A)_\Sigma^T$ ist durch das A-$\partial_n A$-Randfeld definiert, weshalb (15.43) eine Bedingung für dieses Randfeld ist.

[6] Die Aufspaltung der Bedingung (15.43) in zwei Bedingungen (15.44), (15.45) ist äquivalent zur Projektionszerlegung durch Multiplikation von rechts mit den Projektoren P bzw. Q, da $P = nn^T$ und $Q = -\eta^2$ gilt.

[7] In den Gleichungen (15.48)–(15.51) und auch in den folgenden Gleichungen (15.57)–(15.60) treten, abgesehen von ∂_n, nur tangential zur Fläche Σ wirkende Differentialoperatoren auf.

lableitungen $^{(15.49)}$ bleibt übrig. Auf diese Weise erhält man eine vollständige Charakterisierung der passenden A-$\partial_n A$-Randfelder $^{(15.57)-(15.60)}$, die auf passenden Randfeldern $\mathbf{B}_\Sigma$ und $\mathbf{C}_\Sigma$ beruht.[8] Für konkrete Berechnungen sind noch die beiden Differentialgleichungen $^{(15.40),\ (15.41)}$ für $\mathbf{B}_\Sigma$ und $\mathbf{C}_\Sigma$ zu lösen.

Diese zu einem B-C-Randfeld passenden A-$\partial_n A$-Randfelder sind im Strukturschema der allgemeinen Lösung in derselben Spalte aufgeführt (S. Abb. 7.2.) und diese A-$\partial_n A$-Randfelder $^{(15.57)-(15.60)}$ ergeben sich durch beliebige Variationen des Spaltenmatrixfeldes $\mathbf{k}$. In dieser Darstellung $^{(15.57)-(15.60)}$ der A-$\partial_n A$-Randfelder sind die Abhängigkeiten von den Projektionskomponenten $\mathbf{B}_\Sigma \mathbf{Q}$, $\mathbf{C}_\Sigma \mathbf{Q}$, $\mathbf{B}_\Sigma \mathbf{n}$ und $\mathbf{C}_\Sigma \mathbf{n}$ der Felder $\mathbf{B}_\Sigma$ und $\mathbf{C}_\Sigma$ erkennbar. Da man zur Konstruktion der allgemeinen Lösung nur irgend ein passendes A-$\partial_n A$-Randfeld benötigt,[9] kann man in den Ausdrücken $^{(15.57)-(15.60)}$ für die A-$\partial_n A$-Randfelder sowohl die Normalkomponenten $\mathbf{B}_\Sigma \mathbf{n}$ und $\mathbf{C}_\Sigma \mathbf{n}$ als auch $\mathbf{k}$ Null setzen.

Es folgt ein Beweis der in Abschnitt 7.2 aufgestellten Behauptung, dass verschiedene A-$\partial_n A$-Randfelder $^{(15.57)-(15.60)}$, welche auf das gleiche B-C-Randfeld führen, in der gleichen Äquivalenzklasse liegen. Es soll also gezeigt werden, dass sich die Differenz zweier solcher A-$\partial_n A$-Randfelder als $A^\bullet$-$\partial_n A^\bullet$-Randfeld einer Redundanzfunktion $A^\bullet$ darstellen lässt, dass es also ein $A^\bullet$-$\partial_n A^\bullet$-Randfeld gibt, das drei Bedingungen $^{(15.61)}$ erfüllt:

- Das Randfeld $A_\Sigma^\bullet$ verschwindet.
- der Projektionsanteil $\partial_n A^\bullet \cdot \mathbf{Q}$ der Normalableitung verschwindet.
- Der Projektionsanteil $\partial_n A^\bullet \cdot \mathbf{P}$ der Normalableitung hat die Form $\mathbf{k} \cdot \mathbf{n}^T$.

Stellt man die gesuchte Redundanzfunktion $A^\bullet$ als Gradientenfeld $^{(15.62)}$ eines Vektorfeldes $\mathbf{u}$ dar, dann bedeutet die erste dieser drei Bedingungen, $^{(15.61)}$ dass die ersten Ableitungen dieses Vektorfeldes auf der Randfläche Σ verschwinden müssen. $^{(15.63)}$ Dann verschwinden auch die tangentialen Ableitungen dieser ersten Ableitungen und damit ist auch die zweite Bedingung erfüllt. $^{(15.64)}$ Gemäß der dritten Bedingung $^{(15.65)}$ muss die zweite Ableitung des Vektorfeldes $\mathbf{u}$ in Normalenrichtung durch das Vektorfeld $\mathbf{k}$ gegeben sein. Vektorfelder $\mathbf{u}$ mit diesen Eigenschaften $^{(15.66)}$ gibt es. Damit ist die Behauptung bewiesen.

$$(\mathrm{rot}\ \mathbf{B})_\Sigma^T \cdot \mathbf{n} \overset{\mathrm{def.}\downarrow}{=} \mathbf{B}_\Sigma \cdot (\mathbf{n} \times \nabla) = \mathbf{t} \tag{15.40}$$

$$(\mathrm{rot}\ \mathbf{C})_\Sigma^T \cdot \mathbf{n} \overset{\mathrm{def.}\downarrow}{=} \mathbf{C}_\Sigma \cdot (\mathbf{n} \times \nabla) = \mathbf{r}_\Sigma \times \mathbf{t} \tag{15.41}$$

***

---

[8] S. Fußnote 7.
[9] Das gilt separat für jede Klasse (große Spalte in Abb. 7.2), wenn auf der Randfläche Σ mehrfacher Zusammenhang auftritt.

$$(\mathrm{rot}\,\mathbf{C})^T_\Sigma \cdot \mathbf{n} = \cancel{\mathbf{r}}_\Sigma \cdot (\mathrm{rot}\,\mathbf{B})^T_\Sigma \cdot \mathbf{n} \tag{15.42}$$

$$***$$

$$\mathbf{B}^T_\Sigma = (\mathrm{rot}\,\mathbf{A})^T_\Sigma - \mathbf{1} \cdot \frac{1}{2} \cdot \mathrm{Spur}\,(\mathrm{rot}\,\mathbf{A})^T_\Sigma$$

$$\Updownarrow \tag{15.43}$$

$$(\mathrm{rot}\,\mathbf{A})^T_\Sigma = \mathbf{B}^T_\Sigma - \mathbf{1} \cdot \mathrm{Spur}\,\mathbf{B}_\Sigma$$

$$(\mathrm{rot}\,\mathbf{A})^T_\Sigma \cdot \mathbf{n} = (\mathbf{B}^T_\Sigma - \mathbf{1} \cdot \mathrm{Spur}\,\mathbf{B}_\Sigma) \cdot \mathbf{n} \tag{15.44}$$

$$(\mathrm{rot}\,\mathbf{A})^T_\Sigma \cdot \cancel{\mathbf{n}} = (\mathbf{B}^T_\Sigma - \mathbf{1} \cdot \mathrm{Spur}\,\mathbf{B}_\Sigma) \cdot \cancel{\mathbf{n}} \tag{15.45}$$

$$***$$

$$(\mathrm{rot}\,\mathbf{A})^T_\Sigma \cdot \mathbf{n} \overset{\mathrm{id.}}{=} \overset{\downarrow}{\mathbf{A}}_\Sigma \cdot (\mathbf{n} \times \nabla) = (\mathbf{B}^T_\Sigma - \mathbf{1} \cdot \mathrm{Spur}\,\mathbf{B}_\Sigma) \cdot \mathbf{n} \tag{15.46}$$

$$(\mathrm{rot}\,\mathbf{A})^T_\Sigma \cdot \cancel{\mathbf{n}} \overset{\mathrm{id.}}{=} \partial_n \mathbf{A} \cdot \mathbf{Q} - \overset{\downarrow}{\mathbf{A}}_\Sigma \cdot \mathbf{n} \cdot \nabla^T \mathbf{Q}$$

$$\overset{\mathrm{id.}}{=} \partial_n \mathbf{A} \cdot \mathbf{Q} - (\overset{\downarrow}{\mathbf{A}}_\Sigma \cdot \overset{\downarrow}{\mathbf{n}}) \cdot \nabla^T \mathbf{Q} + \mathbf{A}_\Sigma \cdot (\overset{\downarrow}{\mathbf{n}} \cdot \nabla^T \mathbf{Q})$$

$$= (\mathbf{B}^T_\Sigma - \mathbf{1} \cdot \mathrm{Spur}\,\mathbf{B}_\Sigma) \cdot \cancel{\mathbf{n}} \tag{15.47}$$

$$***$$

$$\overset{\downarrow}{\mathbf{A}}_\Sigma \cdot (\mathbf{n} \times \nabla) = (\mathbf{B}^T_\Sigma - \mathbf{1} \cdot \mathrm{Spur}\,\mathbf{B}_\Sigma) \cdot \mathbf{n} \tag{15.48}$$

$$\partial_n \mathbf{A} \cdot \mathbf{Q} = (\overset{\downarrow}{\mathbf{A}}_\Sigma \cdot \overset{\downarrow}{\mathbf{n}}) \cdot \nabla^T \mathbf{Q} - \mathbf{A}_\Sigma \cdot (\overset{\downarrow}{\mathbf{n}} \cdot \nabla^T \mathbf{Q}) + (\mathbf{B}^T_\Sigma - \mathbf{1} \cdot \mathrm{Spur}\,\mathbf{B}_\Sigma) \cdot \cancel{\mathbf{n}} \tag{15.49}$$

$$\partial_n \mathbf{A} \cdot \mathbf{P} = \mathbf{k} \cdot \mathbf{n}^T \tag{15.50}$$

$$\partial_n \mathbf{A} = \partial_n \mathbf{A} \cdot \mathbf{Q} + \partial_n \mathbf{A} \cdot \mathbf{P} \tag{15.51}$$

$$***$$

$$\mathbf{A}_\Sigma = \mathbf{C}_\Sigma - \cancel{\mathbf{r}}_\Sigma \cdot \mathbf{B}_\Sigma \tag{15.52}$$

$$\overset{\downarrow}{\mathbf{A}}_\Sigma \cdot (\mathbf{n} \times \nabla) = (\overset{\downarrow}{\mathbf{C}}_\Sigma - \overset{\downarrow}{\not{r}}_\Sigma \cdot \mathbf{B}_\Sigma) \cdot (\mathbf{n} \times \nabla)$$

$$\overset{\text{id.}(13.22)}{=} \underbrace{\overset{\downarrow}{\mathbf{C}}_\Sigma \cdot (\mathbf{n} \times \nabla) - \not{r}_\Sigma \cdot \overset{\downarrow}{\mathbf{B}}_\Sigma \cdot (\mathbf{n} \times \nabla)}_{=\mathbf{0};(15.42)} + [\mathbf{B}_\Sigma^T - \mathbf{1} \cdot \text{Spur } \mathbf{B}_\Sigma] \cdot \mathbf{n} \tag{15.53}$$

$$\overset{\downarrow}{\mathbf{A}}_\Sigma \cdot \overset{\downarrow}{\mathbf{n}} \cdot \nabla^T \mathbf{Q} \overset{(15.52)}{=} \overset{\downarrow}{\mathbf{C}}_\Sigma \cdot \overset{\downarrow}{\mathbf{n}} \cdot \nabla^T \mathbf{Q} - \not{r}_\Sigma \cdot \overset{\downarrow}{\mathbf{B}}_\Sigma \cdot \overset{\downarrow}{\mathbf{n}} \cdot \nabla^T \mathbf{Q} - \not{r}_\Sigma \cdot \mathbf{B}_\Sigma \cdot \mathbf{n} \cdot \nabla^T \mathbf{Q} \tag{15.54}$$

$$- \overset{\downarrow}{\not{r}}_\Sigma \cdot \overbrace{\mathbf{B}_\Sigma \cdot \mathbf{n}}^{\mathbf{b}_n} \cdot \nabla^T \mathbf{Q} = \not{b}_n \cdot \overset{\downarrow}{\not{r}}_\Sigma \cdot \nabla^T \mathbf{Q} = \not{b}_n \cdot \mathbf{Q}$$

$$\overset{(12.28)}{=} - \not{n} \cdot \mathbf{B}_\Sigma \cdot \mathbf{Q} - (\mathbf{B}_\Sigma^T - \mathbf{1} \cdot \text{Spur } \mathbf{B}_\Sigma) \cdot \not{n} \tag{15.55}$$

$$(\overset{\downarrow}{\mathbf{A}}_\Sigma \cdot \overset{\downarrow}{\mathbf{n}}) \cdot \nabla^T \mathbf{Q} + (\mathbf{B}_\Sigma^T - \mathbf{1} \cdot \text{Spur } \mathbf{B}_\Sigma) \cdot \not{n}$$

$$= \overset{\downarrow}{\mathbf{C}}_\Sigma \cdot \overset{\downarrow}{\mathbf{n}} \cdot \nabla^T \mathbf{Q} - \not{r}_\Sigma \cdot \overset{\downarrow}{\mathbf{B}}_\Sigma \cdot \overset{\downarrow}{\mathbf{n}} \cdot \nabla^T \mathbf{Q} - \not{n} \cdot \mathbf{B}_\Sigma \cdot \mathbf{Q} \tag{15.56}$$

$$***$$

$$\mathbf{A}_\Sigma = \mathbf{C}_\Sigma - \not{r}_\Sigma \cdot \mathbf{B}_\Sigma$$

$$= \underbrace{(\mathbf{C}_\Sigma - \not{r}_\Sigma \cdot \mathbf{B}_\Sigma) \cdot \mathbf{Q}}_{\mathbf{A}_\Sigma \cdot \mathbf{Q}} + \overbrace{\underbrace{(\mathbf{C}_\Sigma - \not{r}_\Sigma \cdot \mathbf{B}_\Sigma) \cdot \mathbf{n} \cdot \mathbf{n}^T}_{\mathbf{A}_\Sigma \cdot \mathbf{P}}}^{\mathbf{A}_\Sigma \cdot \mathbf{n}} \tag{15.57}$$

$$\partial_n \mathbf{A} \cdot \mathbf{Q} = - \underbrace{(\mathbf{C}_\Sigma - \not{r}_\Sigma \cdot \mathbf{B}_\Sigma)}_{\mathbf{A}_\Sigma} \cdot \mathbf{Q} \cdot \underbrace{(\overset{\downarrow}{\mathbf{n}} \cdot \nabla^T \mathbf{Q})}_{\overset{(15.72)}{=} \overset{\downarrow}{\mathbf{n}} \cdot \nabla^T \mathbf{Q}} - \not{n} \cdot \mathbf{B}_\Sigma \cdot \mathbf{Q}$$

$$+ (\overset{\downarrow}{\mathbf{C}}_\Sigma \cdot \overset{\downarrow}{\mathbf{n}}) \cdot \nabla^T \mathbf{Q} - \not{r}_\Sigma \cdot (\overset{\downarrow}{\mathbf{B}}_\Sigma \cdot \overset{\downarrow}{\mathbf{n}}) \cdot \nabla^T \mathbf{Q} \tag{15.58}$$

$$\partial_n \mathbf{A} \cdot \mathbf{P} = \mathbf{k} \cdot \mathbf{n}^T \tag{15.59}$$

$$\partial_n \mathbf{A} = \partial_n \mathbf{A} \cdot \mathbf{Q} + \partial_n \mathbf{A} \cdot \mathbf{P} \tag{15.60}$$

$$***$$

$$\mathbf{A}_\Sigma^\bullet = \mathbf{0}; \quad \partial_n \mathbf{A}^\bullet \cdot \mathbf{Q} = \mathbf{0}; \quad \partial_n \mathbf{A}^\bullet \cdot \mathbf{P} = \mathbf{k} \cdot \mathbf{n}^T \tag{15.61}$$

$$\mathbf{A}^\bullet = \text{grad } \mathbf{u}; \quad A_{ik}^\bullet = \partial_k u_i \tag{15.62}$$

$$(A^\bullet_{ik})_\Sigma = (\partial_k u_i)_\Sigma = 0 \tag{15.63}$$

$$(\partial_n \mathbf{A}^\bullet \cdot \mathbf{Q})_{ik} = n_l \cdot [(Q_{mk}\partial_m)(\partial_l u_i)]_\Sigma = 0 \tag{15.64}$$

$$(\partial_n \mathbf{A}^\bullet \cdot \mathbf{P})_{ik} = n_l \cdot n_m \cdot n_k \cdot (\partial_m \partial_l u_i)_\Sigma = \underbrace{[(n_l \partial_l)^2 u_i]_\Sigma}_{\partial_n^2 u_i} \cdot n_k = k_i \cdot n_k \tag{15.65}$$

$$(\text{grad } \mathbf{u})_\Sigma \overset{(15.63)}{=} \mathbf{0}; \quad \partial_n^2 \mathbf{u} \overset{(15.65)}{=} \mathbf{k} \tag{15.66}$$

15.4 Die Randfelder als Funktionen krummliniger Flächenkoordinaten

Damit man konkrete Berechnungen durchführen kann, muss man die auf der Randfläche Σ definierten Randfelder als Funktionen der krummlinigen Flächenkoordinaten angeben.

Zu diesem Zweck entwickelt man die Zeilen der Matrixfelder $\mathbf{B}_\Sigma$ und $\mathbf{C}_\Sigma$ nach dem dualen tangentialen Vektorbasisfeld [(15.8)] und dem Normalenvektorfeld [(15.5)], so dass die Matrixfelder $\mathbf{B}_\Sigma$ und $\mathbf{C}_\Sigma$ durch Entwicklungskoeffizienten $\mathbf{b}_1$, $\mathbf{b}_2$, $\mathbf{b}_n$ bzw. $\mathbf{c}_1$, $\mathbf{c}_2$, $\mathbf{c}_n$ definiert werden, [(15.67), (15.68)] bei denen es sich um auf der Randfläche Σ definierte Spaltenmatrixfelder handelt.

Die Differentialgleichungen, [(15.40), (15.41)] durch welche die passenden Randfelder $\mathbf{B}_\Sigma$ und $\mathbf{C}_\Sigma$ definiert werden, gehen dadurch in Differentialgleichungen für passende Spaltenmatrixfelder $\mathbf{b}_1$ und $\mathbf{b}_2$ bzw. $\mathbf{c}_1$ und $\mathbf{c}_2$ über. [(15.69), (15.70)] Die Komponenten dieser Matrix-Differentialgleichungen bestehen aus voneinander unabhängigen, skalaren Differentialgleichungen, die mit bekannten Methoden gelöst werden können. Für die passenden Spaltenmatrixfelder $\mathbf{b}_n$ und $\mathbf{c}_n$ ergeben sich keine Bedingungen.

Die passenden $\mathbf{A}$-$\partial_n \mathbf{A}$-Randfelder [(15.57)–(15.60)] lassen sich durch die passenden Spaltenmatrixfelder $\mathbf{b}_1$, $\mathbf{b}_2$, $\mathbf{b}_n$; $\mathbf{c}_1$, $\mathbf{c}_2$, $\mathbf{c}_n$ und $\mathbf{k}$ ausdrücken, [(15.71)–(15.75)] wobei man $\mathbf{b}_n$, $\mathbf{c}_n$ und $\mathbf{k}$ beliebig wählen kann, also beispielsweise $\mathbf{0}$ setzen kann.[10]

$$\mathbf{B}_\Sigma \overset{\text{def.}}{=} \underbrace{\mathbf{b}_1 \cdot \mathbf{f}^{1T} + \mathbf{b}_2 \cdot \mathbf{f}^{2T}}_{\mathbf{B}_\Sigma \cdot \mathbf{Q}} + \underbrace{\mathbf{b}_n \cdot \mathbf{n}^T}_{\mathbf{B}_\Sigma \cdot \mathbf{P}} \tag{15.67}$$

$$\mathbf{C}_\Sigma \overset{\text{def.}}{=} \underbrace{\mathbf{c}_1 \cdot \mathbf{f}^{1T} + \mathbf{c}_2 \cdot \mathbf{f}^{2T}}_{\mathbf{C}_\Sigma \cdot \mathbf{Q}} + \underbrace{\mathbf{c}_n \cdot \mathbf{n}^T}_{\mathbf{C}_\Sigma \cdot \mathbf{P}} \tag{15.68}$$

$$***$$

---

[10] Man erhält dann zwar jeweils verschiedene $\mathbf{A}$-$\partial_n \mathbf{A}$-Randfelder, die $\mathbf{T}$-Lösungsmenge (S. Abb. 7.2.) ändert sich jedoch dadurch nicht, weshalb jede Wahl von $\mathbf{b}_n$, $\mathbf{c}_n$ und $\mathbf{k}$ jeweils auf die vollständige allgemeine Lösung führt.

$$|\mathbf{f}_1 \times \mathbf{f}_2| \cdot (\mathrm{rot}\,\mathbf{B})_\Sigma^T \cdot \mathbf{n} \overset{(15.38)}{=} \partial_1'\mathbf{b}_2 - \partial_2'\mathbf{b}_1 = |\mathbf{f}_1 \times \mathbf{f}_2| \cdot \mathbf{t} \tag{15.69}$$

$$|\mathbf{f}_1 \times \mathbf{f}_2| \cdot (\mathrm{rot}\,\mathbf{C})_\Sigma^T \cdot \mathbf{n} \overset{(15.38)}{=} \partial_1'\mathbf{c}_2 - \partial_2'\mathbf{c}_1 = |\mathbf{f}_1 \times \mathbf{f}_2| \cdot \mathbf{r}_\Sigma \times \mathbf{t} \tag{15.70}$$

$$***$$

$$\mathbf{C}_\Sigma - \mathbf{r}_\Sigma \cdot \mathbf{B}_\Sigma = \underbrace{(\mathbf{c}_1 - \mathbf{r}_\Sigma \times \mathbf{b}_1) \cdot \mathbf{f}^{1T} + (\mathbf{c}_2 - \mathbf{r}_\Sigma \times \mathbf{b}_2) \cdot \mathbf{f}^{2T}}_{(\mathbf{C}_\Sigma - \mathbf{r}_\Sigma \cdot \mathbf{B}_\Sigma) \cdot \mathbf{Q}}$$

$$+ \underbrace{(\mathbf{c}_n - \mathbf{r}_\Sigma \times \mathbf{b}_n) \cdot \mathbf{n}^T}_{(\mathbf{C}_\Sigma - \mathbf{r}_\Sigma \cdot \mathbf{B}_\Sigma) \cdot \mathbf{P}} \tag{15.71}$$

$$\overset{\downarrow}{\mathbf{n}} \cdot (\nabla^T \mathbf{Q}) \overset{(15.25)}{=} \partial_\mu' \mathbf{n} \cdot \mathbf{f}^{\mu T} \overset{(15.11)}{=} \mathbf{f}^\nu (\mathbf{f}_\nu \cdot \partial_\mu' \mathbf{n}) \cdot \mathbf{f}^{\mu T}$$

$$= -(\mathbf{n} \cdot \partial_\mu' \mathbf{f}_\nu) \cdot \mathbf{f}^\nu \cdot \mathbf{f}^{\mu T} \overset{(15.4)}{=} -(\mathbf{n} \cdot \partial_\mu' \partial_\nu' \mathbf{r}_\Sigma) \cdot \mathbf{f}^\nu \cdot \mathbf{f}^{\mu T}$$

$$= [\overset{\downarrow}{\mathbf{n}} \cdot (\nabla^T \mathbf{Q})]^T = \mathbf{Q} \cdot [\overset{\downarrow}{\mathbf{n}} \cdot (\nabla^T \mathbf{Q})] \tag{15.72}$$

$$-\overset{\downarrow}{\mathbf{n}} \cdot \mathbf{B}_\Sigma \cdot \mathbf{Q} \overset{(15.11),(15.8)}{=}$$
$$|\mathbf{f}_1 \times \mathbf{f}_2|[(\mathbf{b}_1\mathbf{f}^2)\mathbf{f}^1\mathbf{f}^{1T} + (\mathbf{b}_2\mathbf{f}^2)\mathbf{f}^1\mathbf{f}^{2T} - (\mathbf{b}_1\mathbf{f}^1)\mathbf{f}^2\mathbf{f}^{1T} - (\mathbf{b}_2\mathbf{f}^1)\mathbf{f}^2\mathbf{f}^{2T}] \tag{15.73}$$

$$(\overset{\downarrow}{\mathbf{C}}_\Sigma \cdot \overset{\downarrow}{\mathbf{n}}) \cdot \nabla^T \mathbf{Q} = \overset{\downarrow}{\mathbf{c}}_n \cdot \nabla^T \mathbf{Q} \overset{(15.25)}{=} \partial_1' \mathbf{c}_n \cdot \mathbf{f}^{1T} + \partial_2' \mathbf{c}_n \cdot \mathbf{f}^{2T} \tag{15.74}$$

$$(\overset{\downarrow}{\mathbf{B}}_\Sigma \cdot \overset{\downarrow}{\mathbf{n}}) \cdot \nabla^T \mathbf{Q} = \overset{\downarrow}{\mathbf{b}}_n \cdot \nabla^T \mathbf{Q} \overset{(15.25)}{=} \partial_1' \mathbf{b}_n \cdot \mathbf{f}^{1T} + \partial_2' \mathbf{b}_n \cdot \mathbf{f}^{2T} \tag{15.75}$$

Berechnung spezieller gewichtsloser Spannungstensorfelder

16

16.1 Berechnung von $\mathbf{T}_*$

In diesem Abschnitt wird ein gewichtsloses Spannungstensorfeld $\mathbf{T}_*$ berechnet, das auf der Randfläche Σ die vorgegebenen Randspannungen $\mathbf{t}$ erzeugt und das auf den zusammenhängenden Randflächen $\Lambda_1, \ldots, \Lambda_n$, auf denen keine Randspannungen vorgegeben sind,[1] keine Kräfte [(7.17)] und Drehmomente [(7.18)] erzeugt.

Zunächst wird vorausgesetzt, dass die Randfläche Σ, auf der die Randspannungen $\mathbf{t}$ gegeben sind, einfach zusammenhängend ist oder aus mehreren separaten, einfach zusammenhängenden Flächenstücken besteht. In diesem Fall ist $\mathbf{T}_*$ irgend ein gewichtsloses Spannungstensorfeld, dessen Randspannungen auf der Randfläche Σ die vorgegebenen Werte $\mathbf{t}$ haben. Somit wird irgend ein $\mathbf{A}_*$-Matrixfeld gesucht, dessen $\mathbf{T}_*$-Matrixfeld diese Randbedingung erfüllt.

Zuerst berechnet man das auf Randfläche Σ definierte $\mathbf{A}$-$\partial_n\mathbf{A}$-Randfeld dieses $\mathbf{A}_*$-Matrixfeldes. Dieses $\mathbf{A}$-$\partial_n\mathbf{A}$-Randfeld [(15.57)–(15.60)] ist durch die Spaltenmatrixfelder $\mathbf{b}_1$, $\mathbf{b}_2$, $\mathbf{b}_n$; $\mathbf{c}_1$, $\mathbf{c}_2$, $\mathbf{c}_n$ und $\mathbf{k}$ gegeben, [(15.71)–(15.75)] wobei man $\mathbf{b}_n$, $\mathbf{c}_n$ und $\mathbf{k}$ beliebig wählt, also beispielsweise $\mathbf{0}$ setzt und wobei man für die Spaltenmatrixfelder $\mathbf{b}_1$ und $\mathbf{b}_2$ bzw. $\mathbf{c}_1$ und $\mathbf{c}_2$ irgend eine spezielle Lösung der Differentialgleichungen [(15.69), (15.70)] wählt, welche die vorgegebenen Randspannungen $\mathbf{t}$ garantieren. Eine spezielle Lösung dieser Differentialgleichungen erhält man beispielsweise, indem man $\mathbf{b}_1$ und $\mathbf{c}_1$ Null setzt und $\mathbf{b}_2$ sowie $\mathbf{c}_2$ durch Integration nach der krummlinigen Flächenkoordinate x_1' berechnet.

Für dieses Verfahren muss ein einheitliches, krummliniges Koordinatensystem auf der Randfläche Σ eingeführt werden. Falls es damit wegen komplizierter Gestalt der Randfläche Σ Probleme geben sollte, kann man diese Randfläche durch Trennlinien in mehrere einfach gestaltete Flächenstücke zerlegen und das Verfahren auf jedem dieser Flächenstücke gesondert durchführen. Die auf diesen Flächenstücken konstruierten Spaltenmatrixfelder $\mathbf{b}_1$ und $\mathbf{b}_2$ sowie $\mathbf{c}_1$ und $\mathbf{c}_2$ bilden jedoch zusammen noch keine passablen

---

[1] S. Abschn. 7.1.

© Springer-Verlag Berlin Heidelberg 2016
P. Halfar, *Spannungen in Gletschern*, DOI 10.1007/978-3-662-48022-9_16

Lösungen auf der gesamten Randfläche Σ, da auf den Trennlinien unerwünschte Unstetigkeiten auftreten können. Diese Unstetigkeiten lassen sich dadurch beseitigen, dass man auf den einzelnen Flächenstücken zu anderen Lösungen übergeht, indem man Gradientenausdrücke addiert,[2] so dass sich auf den Trennlinien Stetigkeit einstellt.

Mit diesem $\mathbf{A}$-$\partial_n \mathbf{A}$-Randfeld lässt sich im gesamten betrachteten Gletscherbereich ein passendes $\mathbf{A}_*$-Matrixfeld konstruieren, indem man von seinen Werten auf der Randfläche Σ ausgeht und diese entsprechend der Normalableitung auf Strahlen senkrecht zur Randfläche ein kleines Stück linear fortsetzt.[3] Das so in einer kleinen Umgebung der Randfläche Σ konstruierte $\mathbf{A}_*$-Matrixfeld setzt man dann stetig und genügend glatt auf den gesamten Gletscherbereich fort. Damit liegt ein $\mathbf{A}_*$-Matrixfeld vor, dessen $\mathbf{T}_*$-Matrixfeld die vorgegebenen Randspannungen hat.

Wenn die z-Koordinate der Randfläche Σ als Funktion $z_0(x, y)$ der Koordinaten x und y angegeben werden kann, ist es zweckmäßig, auf der Randfläche Σ statt der Normalableitung des Matrixfeldes $\mathbf{A}_*$ seine Ableitung $\partial_z \mathbf{A}_*$ in z-Richtung[4] als Randbedingung einzuführen. Damit erhält man ein passendes $\mathbf{A}_*$-Matrixfeld, indem man seine auf der Randfläche Σ gegebenen Randwerte entsprechend dieser z-Ableitung linear fortsetzt. [(16.1)]

Enthält die Randfläche Σ mehrfach zusammenhängende Teile, wird irgend ein $\mathbf{A}_*$-Matrixfeld gesucht, dessen $\mathbf{T}_*$-Matrixfeld nicht nur die vorgegebenen Randspannungen hat, sondern auch auf den zusammenhängenden Randflächen $\Lambda_1, \ldots, \Lambda_n$, auf denen keine Randspannungen vorgegeben sind,[5] keine Kräfte und Drehmomente erzeugt. [(7.17), (7.18)]

In diesem Fall betrachtet man die Differentialgleichungen [(15.69), (15.70)] für die Spaltenmatrixfelder $\mathbf{b}_1$ und $\mathbf{b}_2$ sowie $\mathbf{c}_1$ und $\mathbf{c}_2$ auf der erweiterten Randfläche $\Sigma \cup \Lambda_1 \cup \ldots \Lambda_n$, wobei die Randspannungen $\mathbf{t}$ außerhalb von Σ durch Definition auf Null gesetzt werden. Diese erweiterte Randfläche enthält keine mehrfach zusammenhängenden Teile und die Differentialgleichungen können auf dieser Randfläche nach dem oben beschriebenen Verfahren gelöst werden. Das damit konstruierte gewichtslose Spannungstensorfeld $\mathbf{T}_*$ hat dann die Randspannungen $\mathbf{t}$ auf der Randfläche Σ sowie verschwindende Randspannungen und damit auch verschwindende Kräfte und Drehmomente auf den Randflächen $\Lambda_1, \ldots, \Lambda_n$.

$$\mathbf{A}_*(x, y, z) = [\mathbf{A}_*]_{z=z_0(x,y)} + [z - z_0(x, y)] \cdot [\partial_z \mathbf{A}_*]_{z=z_0(x,y)} \qquad (16.1)$$

---

[2] Die Addition von Gradientenausdrücken führt wieder auf Lösungen der Differentialgleichungen (15.69) und (15.70).

[3] Diese Fortsetzungen entlang der Strahlen dürfen nur in einer Umgebung der Randfläche Σ stattfinden, die so klein ist, dass sich dort verschiedene Strahlen nicht schneiden können.

[4] Diese Ableitung in z-Richtung lässt sich aus Ableitungen des Matrixfeldes $\mathbf{A}_*$ entlang der Randfläche Σ und aus der Normalableitung berechnen. Man erhält diese Form der z-Ableitung, indem man die Darstellung (15.23) des Gradientenoperators von links mit $\mathbf{e}_z^T$ multipliziert.

[5] S. Abschn. 7.1.

16.2 Berechnung von $\mathbf{T}_{**}$

Das gewichtslose Spannungstensorfeld $\mathbf{T}_{**}$ tritt in der allgemeinen Lösung auf, wenn die Randfläche Σ, auf der die Randspannungen gegeben sind, mehrfach zusammenhängende Bestandteile enthält, so dass die Randfläche, auf der keine Randspannungen vorgegeben sind, aus mehreren separaten, zusammenhängenden Flächen $\Lambda_0, \Lambda_1, \ldots, \Lambda_n$ besteht. Auf diesen Flächen, mit Ausnahme von Λ_0, soll $\mathbf{T}_{**}$ jeweils Kräfte $\mathbf{F}_1, \ldots, \mathbf{F}_n$ und Drehmomente $\mathbf{G}_1, \ldots, \mathbf{G}_n$ erzeugen, welche die freien Parameter der allgemeinen Lösung darstellen. Dabei sollen gleichzeitig die Randspannungen von $\mathbf{T}_{**}$ überall auf der Randfläche Σ verschwinden. Deshalb soll auf dem betrachteten Gletscherbereich ein Matrixfeld $\mathbf{A}_{**}$ konstruiert werden, dessen $\mathbf{T}_{**}$-Feld diese Randbedingungen erfüllt.

Diese Aufgabe kann mit Hilfe der Matrixfelder $\mathbf{B}_{**}$ und $\mathbf{C}_{**}$ gelöst werden, die von dem Matrixfeld $\mathbf{A}_{**}$ abstammen. Die Aufgabe besteht also darin, Matrixfelder $\mathbf{B}_{**}$ und $\mathbf{C}_{**}$ zu finden, welche die Abstammungsbedingung [(16.2)] erfüllen, welche auf der Randfläche Σ zu verschwindenden Randspannungen führen [(16.3)] und welche auf den Flächen $\Lambda_1, \ldots, \Lambda_n$ die Kräfte $\mathbf{F}_1, \ldots, \mathbf{F}_n$ [(16.4)] und Drehmomente $\mathbf{G}_1, \ldots, \mathbf{G}_n$ [(16.5)] erzeugen.

Zunächst werden die einfacheren Aufgaben betrachtet, bei denen jeweils nur auf einer Fläche Λ_μ ($\mu = 1, \ldots n$) unter den Flächen $\Lambda_1, \ldots, \Lambda_n$ eine Kraft $\mathbf{F}_\mu$ und ein Drehmoment $\mathbf{G}_\mu$ auftreten, während auf den anderen Flächen die Kräfte und Drehmomente verschwinden. Diese Aufgaben werden mit Hilfe von Vektorfeldern $\mathbf{w}_\mu$ gelöst, die folgende Eigenschaften haben:[6] Das Wegintegral von $\mathbf{w}_\mu$ über den orientierten Rand der Fläche Λ_μ hat den Wert eins und die Rotation des Vektorfeldes $\mathbf{w}_\mu$ verschwindet auf einer räumlichen Umgebung Ω'_μ der Randflächen Σ; $\Lambda_1, \ldots, \Lambda_n$ – ausgenommen Λ_μ –, weshalb nach dem Satz von Stokes die Wegintegrale von $\mathbf{w}_\mu$ über die orientierten Ränder der Fläche $\Lambda_1, \ldots, \Lambda_n$ mit Ausnahme von Λ_μ verschwinden. [(16.6)–(16.8)] Mit Hilfe dieser Vektorfelder $\mathbf{w}_\mu$ werden auf den räumlichen Umgebungen Ω'_μ Tensorfelder $\mathbf{B}_\mu$ und $\mathbf{C}_\mu$ konstruiert, die Lösungen der oben genannten einfacheren Aufgaben sind und die von Tensorfeldern $\mathbf{A}_\mu$ abstammen. [(16.9)–(16.16)] Die entsprechenden gewichtslosen Spannungstensorfelder $\mathbf{T}_\mu$ erzeugen nicht nur keine Randspannungen und keine Kräfte auf einer räumlichen Umgebung Ω'_μ der Randflächen Σ; $\Lambda_1, \ldots, \Lambda_n$ – ausgenommen Λ_μ – sondern verschwinden dort sogar [(16.13)] und sie erzeugen auf der Fläche Λ_μ die Kraft $\mathbf{F}_\mu$ und das Drehmoment $\mathbf{G}_\mu$ [(16.14), (16.15)] und aufgrund der Balancebedingungen erzeugen sie auf der Fläche Λ_0 die Kraft $-\mathbf{F}_\mu$ und das Drehmoment $-\mathbf{G}_\mu$.

Die Tensorfelder $\mathbf{A}_\mu$ sind dagegen jeweils nicht nur auf Ω'_μ definiert, sondern überall dort, wo das Vektorfeld $\mathbf{w}_\mu$ definiert ist.[7] Ihre Summe $\mathbf{A}_{**}$ und die davon abstammenden Tensorfelder $\mathbf{B}_{**}$, $\mathbf{C}_{**}$ und $\mathbf{T}_{**}$ [(16.17)–(16.22)] bilden eine Lösung der gestellten Aufga-

---

[6] Solche Vektorfelder $\mathbf{w}_\mu$ werden unten angegeben.

[7] Die unten konstruierten Vektorfelder $\mathbf{w}_\mu$ sind im gesamten Raum definiert. Jedes Tensorfeld $\mathbf{A}_\mu$ erzeugt durch sein gewichtsloses Spannungstensorfeld auf der Fläche Λ_μ eine Kraft $\mathbf{F}_\mu$ und ein Drehmoment $\mathbf{G}_\mu$, auf der Fläche Λ_0 eine Kraft $-\mathbf{F}_\mu$ und ein Drehmoment $-\mathbf{G}_\mu$ und auf dem übrigen Teil der geschlossenen Berandung $\partial\Omega$ – also auf den anderen Flächen Λ_ν sowie auf der Fläche Σ – keine Randspannungen und damit auch keine Kräfte und Drehmomente.

be, $^{(16.2)-(16.5)}$ die von den Kräften $\mathbf{F}_\mu$ und den Drehmomenten $\mathbf{G}_\mu$ auf den Flächen Λ_μ ($\mu = 1, \ldots, n$) unbekannter Randspannungen linear abhängt.

Es fehlen noch die Vektorfelder $\mathbf{w}_\mu$. Es wird vorausgesetzt, dass es zu der jeweiligen Randfläche Λ_μ eine orientierte Drehachse gibt, welche durch die Randfläche Λ_0 in den betrachteten Gletscherbereich Ω eintritt, diesen durch die Randfläche Λ_μ verlässt und die geschlossene Berandung $\partial\Omega$ sonst nicht schneidet. Die bezüglich dieser Drehachse definierte Winkelkoordinate ϕ^8 ist eine mehrdeutige Funktion. Ihr durch 2π dividiertes Gradientenfeld $^{(16.27)}$ ist dagegen eindeutig und hat bereits die Eigenschaften, die auch das Vektorfeld $\mathbf{w}_\mu$ haben soll. $^{(16.6)-(16.8)}$ Dieses Gradientenfeld hat zwar auf der Drehachse eine unerwünschte Singularität, die sich jedoch durch Multiplikation mit einer vom Achsabstand R abhängenden Interpolationsfunktion $\chi(R)$ $^{(16.29)}$ beseitigen lässt, ohne die geforderten Eigenschaften zu beschädigen. Zu diesem Zweck wählt man diese Interpolationsfunktion $\chi(R)$ so, dass sie überall gleich 1 ist, nur nicht in einer kleinen zylindrischen Umgebung der Drehachse, wo diese Funktion $\chi(R)$ bei Annäherung an die Drehachse genügend schnell gegen Null geht. Damit liegt ein passendes, im ganzen Raum definiertes Vektorfeld $\mathbf{w}_\mu$ $^{(16.29)}$ vor.

Gibt es keine solche Drehachse, dann bildet man den betrachteten Gletscherbereich mathematisch so ab, dass es für den Bildbereich eine passende Drehachse gibt. Überträgt man die durch 2π dividierte entsprechende Winkelkoordinate vom Bildbereich durch die Umkehrabbildung auf den betrachteten Gletscherbereich, so erhält man eine mehrdeutige Funktion, ihr Gradientenfeld hat die gewünschten Eigenschaften und die Singularität^9 kann ähnlich wie oben beseitigt werden.

$$(\mathrm{rot}\, \mathbf{C}_{**})^T = \not{r} \cdot (\mathrm{rot}\, \mathbf{B}_{**})^T \tag{16.2}$$

$$[\mathbf{T}_{**} \cdot \mathbf{n}]_\Sigma \overset{\mathrm{id.}}{=} \left[(\mathrm{rot}\, \mathbf{B}_{**})^T \cdot \mathbf{n}\right]_\Sigma = \mathbf{0} \tag{16.3}$$

$$\int_{\Lambda_\nu} \mathbf{T}_{**}\mathbf{n} \cdot dA \overset{\mathrm{id.}}{=} \oint_{\partial\Lambda_\nu} \mathbf{B}_{**} \cdot d\mathbf{r} = \mathbf{F}_\nu; \quad \nu = 1, \ldots, n \tag{16.4}$$

$$\int_{\Lambda_\nu} \mathbf{r} \times \mathbf{T}_{**}\mathbf{n} \cdot dA \overset{\mathrm{id.}}{=} \oint_{\partial\Lambda_\nu} \mathbf{C}_{**} \cdot d\mathbf{r} = \mathbf{G}_\nu; \quad \nu = 1, \ldots, n \tag{16.5}$$

$$***$$

---

^{8} Die Winkelkoordinate ϕ und andere Größen in den Gleichungen (16.23)–(16.31) sind unterschiedlich für die verschiedenen Flächen Λ_μ. Man muss sich also den Index „μ" hinzudenken, der in den Formeln weggelassen wird, damit sie nicht zu schwerfällig werden. Es bezeichnen $\mathbf{a}$ den Einheitsvektor in Achsrichtung, $\hat{\mathbf{r}}$ den Vektor vom Koordinatenursprung zu einem Punkt auf der Drehachse, $\mathbf{R}$ den Vektor von der Achse und senkrecht zu dieser bis zu dem betrachteten Punkt, $\mathbf{r}$ den Vektor vom Koordinatenursprung zu dem betrachteten Punkt und R den Abstand des betrachteten Punktes von der Drehachse.

^{9} Die Singularität tritt auf der Linie auf, in welche die Drehachse durch Umkehrabbildung übergeht.

$$\mu, \nu = 1, \dots, n : \quad \oint_{\partial \Lambda_\mu} \mathbf{w}_\mu \cdot d\mathbf{r} \stackrel{\text{vor.}}{=} 1 \tag{16.6}$$

$$\nabla \times \mathbf{w}_\mu \stackrel{\text{vor.}}{=} \mathbf{0}; \quad \mathbf{r} \in \Omega'_\mu \supset \partial\Omega - \{\Lambda_0 \cup \Lambda_\mu\} \tag{16.7}$$

$$\oint_{\partial \Lambda_\nu} \mathbf{w}_\mu \cdot d\mathbf{r} = \delta_{\mu\nu} \tag{16.8}$$

$$***$$

$$\mu, \nu = 1, \dots, n : \qquad \mathbf{B}_\mu(\mathbf{r}) \stackrel{\text{def.}}{=} \mathbf{F}_\mu \mathbf{w}_\mu^T(\mathbf{r}); \quad \mathbf{r} \in \Omega'_\mu; \quad \text{keine S.} \tag{16.9}$$

$$\mathbf{C}_\mu(\mathbf{r}) \stackrel{\text{def.}}{=} \mathbf{G}_\mu \mathbf{w}_\mu^T(\mathbf{r}); \quad \mathbf{r} \in \Omega'_\mu; \quad \text{keine S.} \tag{16.10}$$

$$\text{rot } \mathbf{B}_\mu = \text{rot } \mathbf{C}_\mu \stackrel{(16.7)}{=} \mathbf{0}; \quad \mathbf{r} \in \Omega'_\mu \tag{16.11}$$

$$(\text{rot } \mathbf{C}_\mu)^T = \not{\mathbf{r}} \cdot (\text{rot } \mathbf{B}_\mu)^T; \quad \mathbf{r} \in \Omega'_\mu \tag{16.12}$$

$$\mathbf{T}_\mu = (\text{rot } \mathbf{B}_\mu)^T = \mathbf{0}; \quad \mathbf{r} \in \Omega'_\mu \tag{16.13}$$

$$\oint_{\partial \Lambda_\nu} \mathbf{B}_\mu \cdot d\mathbf{r} \stackrel{(16.8)}{=} \delta_{\mu\nu} \cdot \mathbf{F}_\mu; \quad \text{keine Summation} \tag{16.14}$$

$$\oint_{\partial \Lambda_\nu} \mathbf{C}_\mu \cdot d\mathbf{r} \stackrel{(16.8)}{=} \delta_{\mu\nu} \cdot \mathbf{G}_\mu; \quad \text{keine Summation} \tag{16.15}$$

$$\mathbf{A}_\mu(\mathbf{r}) = \underbrace{\mathbf{G}_\mu \cdot \mathbf{w}_\mu^T - \not{\mathbf{r}} \cdot \mathbf{F}_\mu \cdot \mathbf{w}_\mu^T}_{=\mathbf{C}_\mu - \not{\mathbf{r}} \cdot \mathbf{B}_\mu \text{ auf } \Omega'_\mu}; \quad \text{keine S.} \tag{16.16}$$

$$***$$

$$\mathbf{A}_{**} = (\mathbf{G}_\mu + \not{\mathbf{F}}_\mu \cdot \mathbf{r}) \cdot \mathbf{w}_\mu^T = (\mathbf{G}_\mu - \not{\mathbf{r}} \cdot \mathbf{F}_\mu) \cdot \mathbf{w}_\mu^T \tag{16.17}$$

$$\text{rot } \mathbf{A}_{**} = \mathbf{F}_\mu \cdot \mathbf{w}_\mu^T + (\nabla \times \mathbf{w}_\mu)(\mathbf{G}_\mu^T - \mathbf{r}^T \cdot \not{\mathbf{F}}_\mu) - (\mathbf{w}_\mu^T \cdot \mathbf{F}_\mu) \cdot \mathbf{1} \tag{16.18}$$

$$\text{rot rot } \mathbf{A}_{**} = (\nabla \times \mathbf{w}_\mu) \cdot \mathbf{F}_\mu^T + 2\mathbf{F}_\mu \cdot (\nabla \times \mathbf{w}_\mu)^T$$
$$+ (\mathbf{F}_\mu \mathbf{r}^T - \mathbf{r}\mathbf{F}_\mu^T - \not{\mathbf{G}}_\mu) \cdot \nabla(\nabla \times \mathbf{w}_\mu)^T - \not{\nabla}(\mathbf{F}_\mu^T \cdot \mathbf{w}_\mu) \tag{16.19}$$

$$\mathbf{B}_{**} = \text{rot } \mathbf{A}_{**} - \mathbf{1} \cdot \frac{1}{2} \cdot \text{Spur}(\text{rot } \mathbf{A}_{**})$$
$$= \mathbf{F}_\mu \cdot \mathbf{w}_\mu^T$$
$$+ (\nabla \times \mathbf{w}_\mu)(\mathbf{G}_\mu^T - \mathbf{r}^T \cdot \not{\mathbf{F}}_\mu) - \mathbf{1} \cdot \frac{1}{2} \cdot [(\mathbf{G}_\mu^T - \mathbf{r}^T \cdot \not{\mathbf{F}}_\mu) \cdot (\nabla \times \mathbf{w}_\mu)] \tag{16.20}$$

$$\mathbf{C}_{**} = \mathbf{A}_{**} + \nabla \cdot \mathbf{B}_{**}$$
$$= \mathbf{G}_\mu \cdot \mathbf{w}_\mu^T$$
$$+ \nabla \cdot \left\{ (\nabla \times \mathbf{w}_\mu)(\mathbf{G}_\mu^T - \mathbf{r}^T \cdot \mathbf{F}_\mu) - \mathbf{1} \cdot \frac{1}{2} \cdot [(\mathbf{G}_\mu^T - \mathbf{r}^T \cdot \mathbf{F}_\mu) \cdot (\nabla \times \mathbf{w}_\mu)] \right\} \quad (16.21)$$

$$\mathbf{T}_{**} = \frac{1}{2} \left[\text{rot rot } \mathbf{A}_{**} + (\text{rot rot } \mathbf{A}_{**})^T \right] = (\text{rot rot } \mathbf{A}_{**})_+ \quad (16.22)$$

$$* * *$$

$$|\mathbf{a}| = 1 \quad (16.23)$$

$$\mathbf{R} = \mathbf{r} - \hat{\mathbf{r}} - [\mathbf{a} \cdot (\mathbf{r} - \hat{\mathbf{r}})] \cdot \mathbf{a} \quad (16.24)$$

$$R^2 = |\mathbf{R}|^2 = (\mathbf{r} - \hat{\mathbf{r}})^2 - [\mathbf{a} \cdot (\mathbf{r} - \hat{\mathbf{r}})]^2 \quad (16.25)$$

$$\nabla R = \frac{\mathbf{R}}{R} \quad (16.26)$$

$$\frac{1}{2\pi} \cdot \nabla \phi = \frac{1}{2\pi R} \cdot \mathbf{a} \times \frac{\mathbf{R}}{R} \quad (16.27)$$

$$\nabla \times \frac{1}{2\pi} \cdot \nabla \phi = \mathbf{0}; \qquad R \neq 0 \quad (16.28)$$

$$\mathbf{w}_\mu = \frac{\chi(R) \cdot \nabla \phi}{2\pi} \quad (16.29)$$

$$\nabla \times \mathbf{w}_\mu = \frac{\chi'(R)}{2\pi R} \cdot \mathbf{a} \quad (16.30)$$

$$\nabla \cdot (\nabla \times \mathbf{w}_\mu)^T = \frac{[R \cdot \chi'(R) - 2\chi(R)]'}{2\pi R^3} \cdot \mathbf{R} \cdot \mathbf{a}^T \quad (16.31)$$

Die allgemeine Lösung, ausgedrückt durch drei unabhängige Spannungskomponenten   17

Die in Tab. 8.1 in Abschn. 8.2.2 auftretenden acht Kombinationen „a" bis „h" von drei unabhängigen Spannungskomponenten von T_0 sind Beispiele für die acht folgenden Kombinationstypen, wobei in Klammern jeweils die Anzahl der Kombinationen eines Typs angegeben ist:

a) drei diagonale (1)
b) zwei diagonale und eine im Kreuzungsfeld der beiden (3)
c) zwei diagonale und eine nicht im Kreuzungsfeld (6)
d) eine diagonale (6)
e) keine diagonale (1)
f) zwei deviatorische diagonale und eine deviatorische im Kreuzungsfeld der beiden (3)
g) zwei deviatorische diagonale und eine deviatorische nicht im Kreuzungsfeld (6)
h) eine deviatorische diagonale (6)

Alle Kombinationen eines Typs gehen durch Vertauschen der cartesischen Ortskoordinaten auseinander hervor.

In den Fällen „a" bis „e" ergeben sich insgesamt 17 Kombinationen. Es handelt sich um die 20 kombinatorischen Möglichkeiten, aus sechs Matrixelementen drei auszuwählen, abzüglich der 3 „verbotenen" Fälle, in denen die drei Matrixelemente jeweils in einer Zeile bzw. Spalte stehen, da diese drei Matrixelemente wegen verschwindender Divergenz nicht unabhängig voneinander sind.

In den Fällen „e" bis „h" ergeben sich insgesamt 16 Kombinationen. Es handelt sich wieder um die 20 kombinatorischen Möglichkeiten, aus sechs Matrixelementen – diesmal des deviatorischen Tensors – drei auszuwählen, diesmal abzüglich der 4 „verbotenen" folgenden Fälle: Das ist einmal die Kombination der 3 diagonalen deviatorischen Matrixelemente, da ihre Summe verschwindet und diese Matrixelemente daher nicht unabhängig voneinander sind und das sind die 3 Kombinationen, in denen die drei deviatorischen Matrixelemente jeweils in einer Zeile bzw. Spalte stehen, da in diesen Fällen elliptische

© Springer-Verlag Berlin Heidelberg 2016
P. Halfar, *Spannungen in Gletschern*, DOI 10.1007/978-3-662-48022-9_17

Differentialgleichungen auftreten, die unter den vorliegenden Voraussetzungen keine eindeutige Lösung haben.

Im Folgenden werden für die in der Tab. 8.1 genannten Kombinationen „a" bis „h" unabhängiger Spannungskomponenten die gewichtslosen Lösungen T_0 mit vorgegebenen unabhängigen Spannungskomponenten und die Lösungen $S_* = S_a$ bis $S_* = S_h$ der Balance- und Randbedingungen mit verschwindenden unabhängigen Spannungskomponenten berechnet.[1] Folgende Elemente sind für die jeweilige Lösung maßgeblich und werden angegeben:

- die auftretenden Integraloperatoren
- die konvexen Integrationskegel[2] der Integraloperatoren
- die erzeugenden Kegelvektoren der Integrationskegel
- der von den Integrationskegeln erzeugte konvexe Modellkegel
- die A_0-Normierung und ihre Normierungsrichtungen im Muttermodell[3]
- die Differentialgleichungen für die drei unabhängigen Matrixelemente des normierten Matrixfeldes A_0 aus dem Muttermodell
- das Matrixfeld A_0 des Muttermodells
- das Matrixfeld $B_0 \overset{(6.8)}{=} \operatorname{rot} A_0 - \frac{1}{2} \cdot \operatorname{Spur}(\operatorname{rot} A_0) \cdot 1$
- die gewichtslose Lösung $T_0 \overset{(6.9)}{=} (\operatorname{rot} B_0)^T \overset{\text{id.}}{=} \operatorname{rot} \operatorname{rot} A_{0+} \overset{\text{id.}}{=} [\operatorname{rot} \operatorname{rot} A_0]_+$ zu ihren beliebig vorgegebenen unabhängigen Spannungskomponenten
- die Lösung S_* ($= S_a, \ldots, S_h$) mit verschwindenden unabhängigen Spannungskomponenten
- die Randwerte von T_0 an der freien Oberfläche Σ
- die Randwerte von S_* an der freien Oberfläche Σ (diese verschwinden)

Das Modell „h" mit drei unabhängigen deviatorischen xy-, yz- und xx-Komponenten ist ein Sonderfall, da in diesem Fall zwei Lösungen mit verschiedenen Modell- und Integrationskegeln möglich sind. Jede der in diesem Modell „h" angegebenen Formeln[4] gilt zwar für beide Lösungen, definiert jedoch verschiedene Rechenvorschriften, da der eindimensionale Integrationskegel für den Integraloperator $(\partial_x - \sqrt{2}\partial_z)^{-1}$ für die eine Lösung durch den Vektor $-e_x + \sqrt{2}e_z$ erzeugt wird und für die andere Lösung durch den entgegengesetzten Vektor $e_x - \sqrt{2}e_z$.[5]

---

[1] S. Abschn. 8.2, 3.4.

[2] Die Kegelbezeichnungen sind in Abschn. 8.2.2 definiert.

[3] Da die freie Oberfläche Σ quer und synchron zum Modellkegel sein soll (s. Abschn. 8.2.3.), ist auch die jeweilige A_0-Normierung zulässig, da dann auch die Normierungsrichtungen quer zur freien Oberfläche Σ sind (s. (7.26).).

[4] S. Abschn. 17.8.

[5] S. Fußnote 11, Abschn. 3.2.

$$\Sigma: \quad z = z_0(x, y) \text{ oder } y = y_0(x, z) \tag{17.1}$$

$$[\cdot]_{z_0} \overset{\text{def.}}{=} [\cdot]_{z=z_0(x,y)} \tag{17.2}$$

$$[\cdot]_{y_0} \overset{\text{def.}}{=} [\cdot]_{y=y_0(x,z)} \tag{17.3}$$

17.1 a) Unabhängige xx-, yy-, zz-Komponenten

Integraloperatoren	∂_x^{-1}	∂_y^{-1}	∂_z^{-1}
Integrationskegel	K_x	K_y	K_z
erzeugende Kegelvektoren	$\mathbf{e}_x$	$\mathbf{e}_y$	$\mathbf{e}_z$
Modellkegel	K_{xyz}		
$\mathbf{A}_0$-Normierung	xx-yy-xy		
Normierungsrichtungen	z		

$$\underbrace{\begin{bmatrix} 0 & \partial_z^2 & 0 \\ \partial_z^2 & 0 & 0 \\ \partial_y^2 & \partial_x^2 & -2\partial_x\partial_y \end{bmatrix}}_{\mathcal{L}} \underbrace{\begin{bmatrix} A_{0\,xx} \\ A_{0\,yy} \\ A_{0\,xy} \end{bmatrix}}_{\mathbf{f}} = \underbrace{\begin{bmatrix} T_{0\,xx} \\ T_{0\,yy} \\ T_{0\,zz} \end{bmatrix}}_{\mathbf{q}} \tag{17.4}$$

$$\mathcal{L}^{-1} = \frac{1}{2} \cdot \begin{bmatrix} 0 & 2 & 0 \\ 2 & 0 & 0 \\ \partial_x\partial_y^{-1} & \partial_x^{-1}\partial_y & -\partial_x^{-1}\partial_y^{-1}\partial_z^2 \end{bmatrix} \cdot \partial_z^{-2} \tag{17.5}$$

$$\mathbf{A}_0 = \mathbf{A}_0^T = \frac{1}{2} \begin{bmatrix} 0 & \partial_x\partial_y^{-1}\partial_z^{-2} & 0 \\ * & 2\partial_z^{-2} & 0 \\ 0 & 0 & 0 \end{bmatrix} T_{0\,xx}$$

$$+ \frac{1}{2} \begin{bmatrix} 2\partial_z^{-2} & \partial_x^{-1}\partial_y\partial_z^{-2} & 0 \\ * & 0 & 0 \\ 0 & 0 & 0 \end{bmatrix} T_{0\,yy}$$

$$+ \frac{1}{2} \begin{bmatrix} 0 & -\partial_x^{-1}\partial_y^{-1} & 0 \\ * & 0 & 0 \\ 0 & 0 & 0 \end{bmatrix} T_{0\,zz} \tag{17.6}$$

$$\mathbf{B}_0 = \frac{1}{2} \left[\begin{array}{cc|c} -\partial_x \partial_y^{-1} \partial_z^{-1} & -2\partial_z^{-1} & 0 \\ \hline 0 & \partial_x \partial_y^{-1} \partial_z^{-1} & 0 \\ \hline \partial_x^2 \partial_y^{-1} \partial_z^{-2} & \partial_x \partial_z^{-2} & 0 \end{array} \right] T_{0\,xx}$$

$$+ \frac{1}{2} \left[\begin{array}{cc|c} -\partial_x^{-1} \partial_y \partial_z^{-1} & 0 & 0 \\ \hline 2\partial_z^{-1} & \partial_x^{-1} \partial_y \partial_z^{-1} & 0 \\ \hline -\partial_y \partial_z^{-2} & -\partial_x^{-1} \partial_y^2 \partial_z^{-2} & 0 \end{array} \right] T_{0\,yy}$$

$$+ \frac{1}{2} \left[\begin{array}{cc|c} \partial_z \partial_x^{-1} \partial_y^{-1} & 0 & 0 \\ \hline 0 & -\partial_z \partial_x^{-1} \partial_y^{-1} & 0 \\ \hline -\partial_y^{-1} & \partial_x^{-1} & 0 \end{array} \right] T_{0\,zz} \tag{17.7}$$

$$\mathbf{T}_0 = \mathbf{T}_0^T = \frac{1}{2} \left[\begin{array}{c|c|c} 2 & -\partial_x \partial_y^{-1} & -\partial_x \partial_z^{-1} \\ \hline * & 0 & \partial_x^2 \partial_y^{-1} \partial_z^{-1} \\ \hline * & * & 0 \end{array} \right] T_{0\,xx}$$

$$+ \frac{1}{2} \left[\begin{array}{c|c|c} 0 & -\partial_y \partial_x^{-1} & \partial_y^2 \partial_x^{-1} \partial_z^{-1} \\ \hline * & 2 & -\partial_y \partial_z^{-1} \\ \hline * & * & 0 \end{array} \right] T_{0\,yy}$$

$$+ \frac{1}{2} \left[\begin{array}{c|c|c} 0 & \partial_z^2 \partial_x^{-1} \partial_y^{-1} & -\partial_z \partial_x^{-1} \\ \hline * & 0 & -\partial_z \partial_y^{-1} \\ \hline * & * & 2 \end{array} \right] T_{0\,zz} \tag{17.8}$$

$$\mathbf{S}_* = \mathbf{S}_a = \mathbf{S}_a^T =$$

$$\frac{1}{2} \left[\begin{array}{c|c|c} 0 & \begin{array}{c}(-g_x \partial_x - g_y \partial_y + g_z \partial_z)\cdot \\ \partial_x^{-1} \partial_y^{-1}\end{array} & \begin{array}{c}(-g_x \partial_x + g_y \partial_y - g_z \partial_z)\cdot \\ \partial_x^{-1} \partial_z^{-1}\end{array} \\ \hline * & 0 & \begin{array}{c}(g_x \partial_x - g_y \partial_y - g_z \partial_z)\cdot \\ \partial_y^{-1} \partial_z^{-1}\end{array} \\ \hline * & * & 0 \end{array} \right] \rho \tag{17.9}$$

$$[\mathbf{T}_0]_{z_0} = [\mathbf{T}_0^T]_{z_0} = \frac{1}{2}\begin{bmatrix} 2 & -\partial_x z_0/\partial_y z_0 & \partial_x z_0 \\ * & 0 & -(\partial_x z_0)^2/\partial_y z_0 \\ * & * & 0 \end{bmatrix}[T_{0\,xx}]_{z_0}$$

$$+ \frac{1}{2}\begin{bmatrix} 0 & -\partial_y z_0/\partial_x z_0 & -(\partial_y z_0)^2/\partial_x z_0 \\ * & 2 & \partial_y z_0 \\ * & * & 0 \end{bmatrix}[T_{0\,yy}]_{z_0}$$

$$+ \frac{1}{2}\begin{bmatrix} 0 & 1/(\partial_x z_0 \cdot \partial_y z_0) & 1/\partial_x z_0 \\ * & 0 & 1/\partial_y z_0 \\ * & * & 2 \end{bmatrix}[T_{0\,zz}]_{z_0} \qquad (17.10)$$

$$[\mathbf{S}_*]_{z_0} = [\mathbf{S}_a]_{z_0} = \mathbf{0} \qquad (17.11)$$

17.2   b) Unabhängige xx-, yy-, xy-Komponenten

Integraloperatoren	∂_z^{-1}
Integrationskegel	K_z
erzeugende Kegelvektoren	$\mathbf{e}_z$
Modellkegel	K_z
$\mathbf{A}_0$-Normierung	xx-yy-xy
Normierungsrichtungen	z

$$\underbrace{\begin{bmatrix} \partial_z^2 & 0 & 0 \\ 0 & \partial_z^2 & 0 \\ 0 & 0 & -\partial_z^2 \end{bmatrix}}_{\mathcal{L}} \underbrace{\begin{bmatrix} A_{0\,xx} \\ A_{0\,yy} \\ A_{0\,xy} \end{bmatrix}}_{\mathbf{f}} = \underbrace{\begin{bmatrix} T_{0\,yy} \\ T_{0\,xx} \\ T_{0\,xy} \end{bmatrix}}_{\mathbf{q}} \qquad (17.12)$$

$$\mathcal{L}^{-1} = \begin{bmatrix} 1 & 0 & 0 \\ 0 & 1 & 0 \\ 0 & 0 & -1 \end{bmatrix} \cdot \partial_z^{-2} \qquad (17.13)$$

$$\mathbf{A}_0 = \mathbf{A}_0^T = \left[\begin{array}{c|c|c} 0 & 0 & 0 \\ \hline 0 & \partial_z^{-2} & 0 \\ \hline 0 & 0 & 0 \end{array}\right] T_{0\,xx}$$

$$+ \left[\begin{array}{c|c|c} \partial_z^{-2} & 0 & 0 \\ \hline 0 & 0 & 0 \\ \hline 0 & 0 & 0 \end{array}\right] T_{0\,yy}$$

$$+ \left[\begin{array}{c|c|c} 0 & -\partial_z^{-2} & 0 \\ \hline * & 0 & 0 \\ \hline 0 & 0 & 0 \end{array}\right] T_{0\,xy} \tag{17.14}$$

$$\mathbf{B}_0 = \left[\begin{array}{c|c|c} 0 & -\partial_z^{-1} & 0 \\ \hline 0 & 0 & 0 \\ \hline 0 & \partial_x\partial_z^{-2} & 0 \end{array}\right] T_{0\,xx}$$

$$+ \left[\begin{array}{c|c|c} 0 & 0 & 0 \\ \hline \partial_z^{-1} & 0 & 0 \\ \hline -\partial_y\partial_z^{-2} & 0 & 0 \end{array}\right] T_{0\,yy}$$

$$+ \left[\begin{array}{c|c|c} \partial_z^{-1} & 0 & 0 \\ \hline 0 & -\partial_z^{-1} & 0 \\ \hline -\partial_x\partial_z^{-2} & \partial_y\partial_z^{-2} & 0 \end{array}\right] T_{0\,xy} \tag{17.15}$$

$$\mathbf{T}_0 = \mathbf{T}_0^T = \left[\begin{array}{c|c|c} 1 & 0 & -\partial_x\partial_z^{-1} \\ \hline 0 & 0 & 0 \\ \hline * & 0 & \partial_x^2\partial_z^{-2} \end{array}\right] T_{0\,xx}$$

$$+ \left[\begin{array}{c|c|c} 0 & 0 & 0 \\ \hline 0 & 1 & -\partial_y\partial_z^{-1} \\ \hline 0 & * & \partial_y^2\partial_z^{-2} \end{array}\right] T_{0\,yy} \tag{17.16}$$

$$+ \left[\begin{array}{c|c|c} 0 & 1 & -\partial_y\partial_z^{-1} \\ \hline 1 & 0 & -\partial_x\partial_z^{-1} \\ \hline * & * & 2\partial_x\partial_y\partial_z^{-2} \end{array}\right] T_{0\,xy}$$

$$\mathbf{S}_* = \mathbf{S}_b = \mathbf{S}_b^T = \left[\begin{array}{c|c|c} 0 & 0 & -g_x\partial_z^{-1} \\ \hline 0 & 0 & -g_y\partial_z^{-1} \\ \hline * & * & (g_x\partial_x + g_y\partial_y - g_z\partial_z)\cdot\partial_z^{-2} \end{array}\right] \rho \tag{17.17}$$

$$[\mathbf{T}_0]_{z_0} = [\mathbf{T}_0^T]_{z_0} = \left[\begin{array}{cc|c} 1 & 0 & \partial_x z_0 \\ \hline 0 & 0 & 0 \\ \hline * & 0 & (\partial_x z_0)^2 \end{array}\right] [T_{0\,xx}]_{z_0}$$

$$+ \left[\begin{array}{cc|c} 0 & 0 & 0 \\ \hline 0 & 1 & \partial_y z_0 \\ \hline * & * & (\partial_y z_0)^2 \end{array}\right] [T_{0\,yy}]_{z_0}$$

$$+ \left[\begin{array}{cc|c} 0 & 1 & \partial_y z_0 \\ \hline 1 & 0 & \partial_x z_0 \\ \hline * & * & 2\partial_x z_0 \cdot \partial_y z_0 \end{array}\right] [T_{0\,xy}]_{z_0} \qquad (17.18)$$

$$[\mathbf{S}_*]_{z_0} = [\mathbf{S}_b]_{z_0} = \mathbf{0} \qquad (17.19)$$

17.3   c) Unabhängige xx-, yy-, xz-Komponenten

Integraloperatoren	∂_y^{-1}	∂_z^{-1}
Integrationskegel	K_y	K_z
erzeugende Kegelvektoren	$\mathbf{e}_y$	$\mathbf{e}_z$
Modellkegel	K_{yz}	
$\mathbf{A}_0$-Normierung	xx-yy-xy	
Normierungsrichtungen	z	

$$\underbrace{\left[\begin{array}{c|c|c} \partial_y \partial_z & 0 & -\partial_x \partial_z \\ \hline 0 & \partial_z^2 & 0 \\ \hline 0 & 0 & \partial_z^2 \end{array}\right]}_{\mathcal{L}} \underbrace{\left[\begin{array}{c} A_{0\,xy} \\ \hline A_{0\,xx} \\ \hline A_{0\,yy} \end{array}\right]}_{\mathbf{f}} = \underbrace{\left[\begin{array}{c} T_{0\,xz} \\ \hline T_{0\,yy} \\ \hline T_{0\,xx} \end{array}\right]}_{\mathbf{q}} \qquad (17.20)$$

$$\mathcal{L}^{-1} = \left[\begin{array}{c|c|c} \partial_y^{-1}\partial_z & 0 & \partial_x \partial_y^{-1} \\ \hline 0 & 1 & 0 \\ \hline 0 & 0 & 1 \end{array}\right] \cdot \partial_z^{-2} \qquad (17.21)$$

$$\mathbf{A}_0 = \mathbf{A}_0^T = \left[\begin{array}{c|c|c} 0 & \partial_x \partial_y^{-1} \partial_z^{-2} & 0 \\ \hline * & \partial_z^{-2} & 0 \\ \hline 0 & 0 & 0 \end{array}\right] T_{0\,xx}$$

$$+ \left[\begin{array}{c|c|c} \partial_z^{-2} & 0 & 0 \\ \hline 0 & 0 & 0 \\ \hline 0 & 0 & 0 \end{array}\right] T_{0\,yy}$$

$$+ \left[\begin{array}{c|c|c} 0 & \partial_y^{-1} \partial_z^{-1} & 0 \\ \hline * & 0 & 0 \\ \hline 0 & 0 & 0 \end{array}\right] T_{0\,xz} \qquad (17.22)$$

$$\mathbf{B}_0 = \left[\begin{array}{c|c|c} -\partial_x \partial_y^{-1} \partial_z^{-1} & -\partial_z^{-1} & 0 \\ \hline 0 & \partial_x \partial_y^{-1} \partial_z^{-1} & 0 \\ \hline \partial_x^2 \partial_y^{-1} \partial_z^{-2} & 0 & 0 \end{array}\right] T_{0\,xx}$$

$$+ \left[\begin{array}{c|c|c} 0 & 0 & 0 \\ \hline \partial_z^{-1} & 0 & 0 \\ \hline -\partial_y \partial_z^{-2} & 0 & 0 \end{array}\right] T_{0\,yy}$$

$$+ \left[\begin{array}{c|c|c} -\partial_y^{-1} & 0 & 0 \\ \hline 0 & \partial_y^{-1} & 0 \\ \hline \partial_x \partial_y^{-1} \partial_z^{-1} & -\partial_z^{-1} & 0 \end{array}\right] T_{0\,xz} \qquad (17.23)$$

$$\mathbf{T}_0 = \mathbf{T}_0^T = \left[\begin{array}{c|c|c} 1 & -\partial_x \partial_y^{-1} & 0 \\ \hline * & 0 & \partial_x^2 \partial_y^{-1} \partial_z^{-1} \\ \hline 0 & * & -\partial_x^2 \partial_z^{-2} \end{array}\right] T_{0\,xx}$$

$$+ \left[\begin{array}{c|c|c} 0 & 0 & 0 \\ \hline 0 & 1 & -\partial_y \partial_z^{-1} \\ \hline 0 & * & \partial_y^2 \partial_z^{-2} \end{array}\right] T_{0\,yy} \qquad (17.24)$$

$$+ \left[\begin{array}{c|c|c} 0 & -\partial_z \partial_y^{-1} & 1 \\ \hline * & 0 & \partial_x \partial_y^{-1} \\ \hline 1 & * & -2\partial_x \partial_z^{-1} \end{array}\right] T_{0\,xz}$$

$$\mathbf{S}_* = \mathbf{S}_c = \mathbf{S}_c^T = \left[\begin{array}{c|c} 0 & -g_x \partial_y^{-1} \\ \hline * & 0 \\ \hline 0 & * \end{array}\begin{array}{|c} 0 \\ \hline (g_x \partial_x - g_y \partial_y) \cdot \partial_y^{-1} \partial_z^{-1} \\ \hline (-g_x \partial_x + g_y \partial_y - g_z \partial_z) \cdot \partial_z^{-2} \end{array}\right] \rho \qquad (17.25)$$

$$[\mathbf{T}_0]_{z_0} = [\mathbf{T}_0^T]_{z_0} = \begin{bmatrix} 1 & -\partial_x z_0/\partial_y z_0 & 0 \\ * & 0 & -(\partial_x z_0)^2/\partial_y z_0 \\ 0 & * & -(\partial_x z_0)^2 \end{bmatrix} [T_{0\,xx}]_{z_0}$$

$$+ \begin{bmatrix} 0 & 0 & 0 \\ 0 & 1 & \partial_y z_0 \\ 0 & * & (\partial_y z_0)^2 \end{bmatrix} [T_{0\,yy}]_{z_0}$$

$$+ \begin{bmatrix} 0 & 1/\partial_y z_0 & 1 \\ * & 0 & \partial_x z_0/\partial_y z_0 \\ 1 & * & 2\partial_x z_0 \end{bmatrix} [T_{0\,xz}]_{z_0} \tag{17.26}$$

$$[\mathbf{S}_*]_{z_0} = [\mathbf{S}_c]_{z_0} = \mathbf{0} \tag{17.27}$$

17.4 d) Unabhängige xx-, xy-, yz-Komponenten

Integraloperatoren	∂_y^{-1}	∂_z^{-1}
Integrationskegel	K_y	K_z
erzeugende Kegelvektoren	$\mathbf{e}_y$	$\mathbf{e}_z$
Modellkegel	K_{yz}	
$\mathbf{A}_0$-Normierung	xx-yy-xy	
Normierungsrichtungen	z	

$$\underbrace{\begin{bmatrix} \partial_z^2 & 0 & 0 \\ 0 & -\partial_z^2 & 0 \\ 0 & \partial_x\partial_z & -\partial_y\partial_z \end{bmatrix}}_{\mathcal{L}} \underbrace{\begin{bmatrix} A_{0\,yy} \\ A_{0\,xy} \\ A_{0\,xx} \end{bmatrix}}_{\mathbf{f}} = \underbrace{\begin{bmatrix} T_{0\,xx} \\ T_{0\,xy} \\ T_{0\,yz} \end{bmatrix}}_{\mathbf{q}} \tag{17.28}$$

$$\mathcal{L}^{-1} = \begin{bmatrix} 1 & 0 & 0 \\ 0 & -1 & 0 \\ 0 & -\partial_x\partial_y^{-1} & -\partial_z\partial_y^{-1} \end{bmatrix} \cdot \partial_z^{-2} \tag{17.29}$$

$$\mathbf{A}_0 = \mathbf{A}_0^T = \begin{bmatrix} 0 & 0 & 0 \\ 0 & \partial_z^{-2} & 0 \\ 0 & 0 & 0 \end{bmatrix} T_{0\,xx}$$

$$+ \begin{bmatrix} -\partial_x\partial_y^{-1}\partial_z^{-2} & -\partial_z^{-2} & 0 \\ * & 0 & 0 \\ 0 & 0 & 0 \end{bmatrix} T_{0\,xy}$$

$$+ \begin{bmatrix} -\partial_y^{-1}\partial_z^{-1} & 0 & 0 \\ 0 & 0 & 0 \\ 0 & 0 & 0 \end{bmatrix} T_{0\,yz} \tag{17.30}$$

$$\mathbf{B}_0 = \begin{bmatrix} 0 & -\partial_z^{-1} & 0 \\ 0 & 0 & 0 \\ 0 & \partial_x\partial_z^{-2} & 0 \end{bmatrix} T_{0\,xx}$$

$$+ \begin{bmatrix} \partial_z^{-1} & 0 & 0 \\ -\partial_x\partial_y^{-1}\partial_z^{-1} & -\partial_z^{-1} & 0 \\ 0 & \partial_y\partial_z^{-2} & 0 \end{bmatrix} T_{0\,xy}$$

$$+ \begin{bmatrix} 0 & 0 & 0 \\ -\partial_y^{-1} & 0 & 0 \\ \partial_z^{-1} & 0 & 0 \end{bmatrix} T_{0\,yz} \tag{17.31}$$

$$\mathbf{T}_0 = \mathbf{T}_0^T = \begin{bmatrix} 1 & 0 & -\partial_x\partial_z^{-1} \\ 0 & 0 & 0 \\ * & 0 & \partial_x^2\partial_z^{-2} \end{bmatrix} T_{0\,xx}$$

$$+ \begin{bmatrix} 0 & 1 & -\partial_y\partial_z^{-1} \\ 1 & -\partial_x\partial_y^{-1} & 0 \\ * & 0 & \partial_x\partial_y\partial_z^{-2} \end{bmatrix} T_{0\,xy}$$

$$+ \begin{bmatrix} 0 & 0 & 0 \\ 0 & -\partial_z\partial_y^{-1} & 1 \\ 0 & 1 & -\partial_y\partial_z^{-1} \end{bmatrix} T_{0\,yz} \tag{17.32}$$

$$\mathbf{S}_* = \mathbf{S}_d = \mathbf{S}_d^T = \begin{bmatrix} 0 & 0 & -g_x\partial_z^{-1} \\ 0 & -g_y\partial_y^{-1} & 0 \\ * & 0 & (g_x\partial_x - g_z\partial_z)\cdot\partial_z^{-2} \end{bmatrix} \rho \tag{17.33}$$

$$[\mathbf{T}_0]_{z_0} = [\mathbf{T}_0^T]_{z_0} = \begin{bmatrix} 1 & 0 & \partial_x z_0 \\ 0 & 0 & 0 \\ * & 0 & (\partial_x z_0)^2 \end{bmatrix} [T_{0\,xx}]_{z_0}$$

$$+ \begin{bmatrix} 0 & 1 & \partial_y z_0 \\ 1 & -\partial_x z_0/\partial_y z_0 & 0 \\ * & 0 & \partial_x z_0 \cdot \partial_y z_0 \end{bmatrix} [T_{0\,xy}]_{z_0} \qquad (17.34)$$

$$+ \begin{bmatrix} 0 & 0 & 0 \\ 0 & 1/\partial_y z_0 & 1 \\ 0 & 1 & \partial_y z_0 \end{bmatrix} [T_{0\,yz}]_{z_0}$$

$$[\mathbf{S}_*]_{z_0} = [\mathbf{S}_d]_{z_0} = \mathbf{0} \qquad (17.35)$$

17.5   e) Unabhängige xy-, yz-, xz-Komponenten

Integraloperatoren	∂_x^{-1}	∂_y^{-1}	∂_z^{-1}
Integrationskegel	K_x	K_y	K_z
erzeugende Kegelvektoren	$\mathbf{e}_x$	$\mathbf{e}_y$	$\mathbf{e}_z$
Modellkegel	K_{xyz}		
$\mathbf{A}_0$-Normierung	xx-yy-xy		
Normierungsrichtungen	z		

$$\underbrace{\begin{bmatrix} 0 & 0 & -\partial_z^2 \\ -\partial_y\partial_z & 0 & \partial_x\partial_z \\ 0 & -\partial_x\partial_z & \partial_y\partial_z \end{bmatrix}}_{\mathcal{L}} \underbrace{\begin{bmatrix} A_{0\,xx} \\ A_{0\,yy} \\ A_{0\,xy} \end{bmatrix}}_{\mathbf{f}} = \underbrace{\begin{bmatrix} T_{0\,xy} \\ T_{0\,yz} \\ T_{0\,xz} \end{bmatrix}}_{\mathbf{q}} \qquad (17.36)$$

$$\mathcal{L}^{-1} = \begin{bmatrix} -\partial_x\partial_y^{-1} & -\partial_y^{-1}\partial_z & 0 \\ -\partial_y\partial_x^{-1} & 0 & -\partial_x^{-1}\partial_z \\ -1 & 0 & 0 \end{bmatrix} \cdot \partial_z^{-2} \qquad (17.37)$$

$$\mathbf{A}_0 = \mathbf{A}_0^T = - \left[\begin{array}{cc|c} \partial_x \partial_y^{-1} & 1 & 0 \\ \hline 1 & \partial_y \partial_x^{-1} & 0 \\ \hline 0 & 0 & 0 \end{array}\right] \cdot \partial_z^{-2} T_{0\,xy}$$

$$- \left[\begin{array}{c|c|c} \partial_y^{-1}\partial_z^{-1} & 0 & 0 \\ \hline 0 & 0 & 0 \\ \hline 0 & 0 & 0 \end{array}\right] T_{0\,yz}$$

$$- \left[\begin{array}{c|c|c} 0 & 0 & 0 \\ \hline 0 & \partial_x^{-1}\partial_z^{-1} & 0 \\ \hline 0 & 0 & 0 \end{array}\right] T_{0\,xz} \tag{17.38}$$

$$\mathbf{B}_0 = \left[\begin{array}{c|c|c} 1 & \partial_y \partial_x^{-1} & 0 \\ \hline -\partial_x \partial_y^{-1} & -1 & 0 \\ \hline 0 & 0 & 0 \end{array}\right] \cdot \partial_z^{-1} T_{0\,xy}$$

$$+ \left[\begin{array}{c|c|c} 0 & 0 & 0 \\ \hline -\partial_y^{-1} & 0 & 0 \\ \hline \partial_z^{-1} & 0 & 0 \end{array}\right] T_{0\,yz}$$

$$+ \left[\begin{array}{c|c|c} 0 & \partial_x^{-1} & 0 \\ \hline 0 & 0 & 0 \\ \hline 0 & -\partial_z^{-1} & 0 \end{array}\right] T_{0\,xz} \tag{17.39}$$

$$\mathbf{T}_0 = \mathbf{T}_0^T = \left[\begin{array}{c|c|c} -\partial_y \partial_x^{-1} & 1 & 0 \\ \hline 1 & -\partial_x \partial_y^{-1} & 0 \\ \hline 0 & 0 & 0 \end{array}\right] T_{0\,xy}$$

$$+ \left[\begin{array}{c|c|c} 0 & 0 & 0 \\ \hline 0 & -\partial_z \partial_y^{-1} & 1 \\ \hline 0 & 1 & -\partial_y \partial_z^{-1} \end{array}\right] T_{0\,yz}$$

$$+ \left[\begin{array}{c|c|c} -\partial_z \partial_x^{-1} & 0 & 1 \\ \hline 0 & 0 & 0 \\ \hline 1 & 0 & -\partial_x \partial_z^{-1} \end{array}\right] T_{0\,xz} \tag{17.40}$$

$$\mathbf{S}_* = \mathbf{S}_e = \mathbf{S}_e^T = \left[\begin{array}{c|c|c} -g_x \partial_x^{-1} & 0 & 0 \\ \hline 0 & -g_y \partial_y^{-1} & 0 \\ \hline 0 & 0 & -g_z \cdot \partial_z^{-1} \end{array}\right] \rho \tag{17.41}$$

$$[\mathbf{T}_0]_{z_0} = [\mathbf{T}_0^T]_{z_0} = \left[\begin{array}{cc|c} -\partial_y z_0/\partial_x z_0 & 1 & 0 \\ \hline 1 & -\partial_x z_0/\partial_y z_0 & 0 \\ \hline 0 & 0 & 0 \end{array}\right] [T_{0\,xy}]_{z_0}$$

$$+ \left[\begin{array}{c|cc} 0 & 0 & 0 \\ \hline 0 & 1/\partial_y z_0 & 1 \\ 0 & 1 & \partial_y z_0 \end{array}\right] [T_{0\,yz}]_{z_0}$$

$$+ \left[\begin{array}{c|c|c} 1/\partial_x z_0 & 0 & 1 \\ \hline 0 & 0 & 0 \\ \hline 1 & 0 & \partial_x z_0 \end{array}\right] [T_{0\,xz}]_{z_0} \tag{17.42}$$

$$[\mathbf{S}_*]_{z_0} = [\mathbf{S}_e]_{z_0} = \mathbf{0} \tag{17.43}$$

17.6 f) Unabhängige deviatorische xx-, yy-, xy-Komponenten

Integraloperatoren	∂_z^{-1}	$\Box_z^{-1}$
Integrationskegel	K_z	$K_z^{\odot}$
erzeugende Kegelvektoren	$\mathbf{e}_z$	$\mathbf{e}_x \cdot \cos\phi + \mathbf{e}_y \cdot \sin\phi + \mathbf{e}_z$ $0 \le \phi < 2\pi$
Modellkegel	$K_z^{\odot}$	
$\mathbf{A}_0$-Normierung	xx-yy-xy	
Normierungsrichtungen	z	

$$\underbrace{\left[\begin{array}{cc|c} -(\partial_y^2 + \partial_z^2)/3 & (-\partial_x^2 + 2\partial_z^2)/3 & 2\partial_x\partial_y/3 \\ \hline (-\partial_y^2 + 2\partial_z^2)/3 & -(\partial_x^2 + \partial_z^2)/3 & 2\partial_x\partial_y/3 \\ \hline 0 & 0 & -\partial_z^2 \end{array}\right]}_{\mathcal{L}} \underbrace{\left[\begin{array}{c} A_{0\,xx} \\ \hline A_{0\,yy} \\ \hline A_{0\,xy} \end{array}\right]}_{\mathbf{f}} = \underbrace{\left[\begin{array}{c} T'_{0\,xx} \\ T'_{0\,yy} \\ T_{0\,xy} \end{array}\right]}_{\mathbf{q}} \tag{17.44}$$

$$\mathcal{L}^{-1} = \left[\begin{array}{cc|c} \partial_x^2 + \partial_z^2 & -\partial_x^2 + 2\partial_z^2 & 2\partial_x\partial_y \\ \hline -\partial_y^2 + 2\partial_z^2 & \partial_y^2 + \partial_z^2 & 2\partial_x\partial_y \\ \hline 0 & 0 & -\Box_z \end{array}\right] \cdot \partial_z^{-2}\Box_z^{-1} \tag{17.45}$$

$$\mathbf{A}_0 = \mathbf{A}_0^T = \begin{bmatrix} \partial_x^2 + \partial_z^2 & 0 & 0 \\ \hline 0 & -\partial_y^2 + 2\partial_z^2 & 0 \\ \hline 0 & 0 & 0 \end{bmatrix} \partial_z^{-2}\square_z^{-1}T_{0xx}'$$

$$+ \begin{bmatrix} -\partial_x^2 + 2\partial_z^2 & 0 & 0 \\ \hline 0 & \partial_y^2 + \partial_z^2 & 0 \\ \hline 0 & 0 & 0 \end{bmatrix} \partial_z^{-2}\square_z^{-1}T_{0yy}'$$

$$+ \begin{bmatrix} 2\partial_x\partial_y & -\square_z & 0 \\ \hline * & 2\partial_x\partial_y & 0 \\ \hline 0 & 0 & 0 \end{bmatrix} \partial_z^{-2}\square_z^{-1}T_{0xy} \qquad (17.46)$$

$$\mathbf{B}_0 = \begin{bmatrix} 0 & (\partial_y^2 - 2\partial_z^2) & 0 \\ \hline (\partial_x^2 + \partial_z^2) & 0 & 0 \\ \hline -\partial_y(\partial_x^2 + \partial_z^2)\partial_z^{-1} & -\partial_x(\partial_y^2 - 2\partial_z^2)\partial_z^{-1} & 0 \end{bmatrix} \partial_z^{-1}\square_z^{-1}T_{0xx}'$$

$$+ \begin{bmatrix} 0 & -(\partial_y^2 + \partial_z^2) & 0 \\ \hline -(\partial_x^2 - 2\partial_z^2) & 0 & 0 \\ \hline \partial_y(\partial_x^2 - 2\partial_z^2)\partial_z^{-1} & \partial_x(\partial_y^2 + \partial_z^2)\partial_z^{-1} & 0 \end{bmatrix} \partial_z^{-1}\square_z^{-1}T_{0yy}'$$

$$+ \begin{bmatrix} \square_z & -2\partial_x\partial_y & 0 \\ \hline 2\partial_x\partial_y & -\square_z & 0 \\ \hline \partial_x\square_x\partial_z^{-1} & -\partial_y\square_y\partial_z^{-1} & 0 \end{bmatrix} \partial_z^{-1}\square_z^{-1}T_{0xy} \qquad (17.47)$$

$$\mathbf{T}_0 = \mathbf{T}_0^T = \begin{bmatrix} 2\partial_z^2 - \partial_y^2 & 0 & \partial_x\partial_z^{-1}(\partial_y^2 - 2\partial_z^2) \\ \hline 0 & \partial_x^2 + \partial_z^2 & -\partial_y\partial_z^{-1}(\partial_x^2 + \partial_z^2) \\ \hline * & * & 2\partial_x^2 + \partial_y^2 \end{bmatrix} \square_z^{-1}T_{0xx}'$$

$$+ \begin{bmatrix} \partial_y^2 + \partial_z^2 & 0 & -\partial_x\partial_z^{-1}(\partial_y^2 + \partial_z^2) \\ \hline 0 & 2\partial_z^2 - \partial_x^2 & \partial_y\partial_z^{-1}(\partial_x^2 - 2\partial_z^2) \\ \hline * & * & \partial_x^2 + 2\partial_y^2 \end{bmatrix} \square_z^{-1}T_{0yy}'$$

$$+ \begin{bmatrix} 2\partial_x\partial_y & \square_z & \partial_y\partial_z^{-1}\square_y \\ \hline * & 2\partial_x\partial_y & \partial_x\partial_z^{-1}\square_x \\ \hline * & * & 2\partial_x\partial_y \end{bmatrix} \square_z^{-1}T_{0xy} \qquad (17.48)$$

$$\mathbf{S}_* = \mathbf{S}_f = \mathbf{S}_f^T$$

$$
= \begin{bmatrix}
\begin{array}{c} g_x\partial_x + g_y\partial_y \\ -g_z\partial_z \end{array} & 0 & \begin{array}{c} (g_x\partial_y - g_y\partial_x)\partial_y\partial_z^{-1} \\ -g_x\partial_z + g_z\partial_x \end{array} \\
\hline
* & \begin{array}{c} g_x\partial_x + g_y\partial_y \\ -g_z\partial_z \end{array} & \begin{array}{c} (g_y\partial_x - g_x\partial_y)\partial_x\partial_z^{-1} \\ -g_y\partial_z + g_z\partial_y \end{array} \\
\hline
* & * & \begin{array}{c} g_x\partial_x + g_y\partial_y \\ -g_z\partial_z \end{array}
\end{bmatrix} \Box_z^{-1}\rho \quad (17.49)
$$

$$[\mathbf{T}_0]_{z_0} = [\mathbf{T}_0^T]_{z_0}$$

$$
= \begin{bmatrix}
2 - (\partial_y z_0)^2 & 0 & \partial_x z_0 \cdot [2 - (\partial_y z_0)^2] \\
\hline
0 & 1 + (\partial_x z_0)^2 & \partial_y z_0 \cdot [1 + (\partial_x z_0)^2] \\
\hline
* & * & 2(\partial_x z_0)^2 + (\partial_y z_0)^2
\end{bmatrix} \cdot \frac{[T'_{0\,xx}]_{z_0}}{N}
$$

$$
+ \begin{bmatrix}
1 + (\partial_y z_0)^2 & 0 & \partial_x z_0 \cdot [1 + (\partial_y z_0)^2] \\
\hline
0 & 2 - (\partial_x z_0)^2 & \partial_y z_0 \cdot [2 - (\partial_x z_0)^2] \\
\hline
* & * & (\partial_x z_0)^2 + 2(\partial_y z_0)^2
\end{bmatrix} \cdot \frac{[T'_{0\,yy}]_{z_0}}{N}
$$

$$
+ \begin{bmatrix}
2 \cdot \partial_x z_0 \cdot \partial_y z_0 & N & \partial_y z_0 \cdot (1 + M) \\
\hline
* & 2 \cdot \partial_x z_0 \cdot \partial_y z_0 & \partial_x z_0 \cdot (1 - M) \\
\hline
* & * & 2 \cdot \partial_x z_0 \cdot \partial_y z_0
\end{bmatrix} \cdot \frac{[T_{0\,xy}]_{z_0}}{N} \quad (17.50)
$$

$$M \overset{\text{def.}}{=} (\partial_x z_0)^2 - (\partial_y z_0)^2 \quad (17.51)$$

$$N \overset{\text{def.}}{=} \left[1 - (\partial_x z_0)^2 - (\partial_y z_0)^2\right] \quad (17.52)$$

$$[\mathbf{S}_*]_{z_0} = [\mathbf{S}_f]_{z_0} = \mathbf{0} \quad (17.53)$$

17.7   g) Unabhängige deviatorische xx-, yy-, xz-Komponenten

Integraloperatoren	∂_y^{-1}	$\Box_y^{-1}$
Integrationskegel	K_y	$K_y^{\odot}$
erzeugende Kegelvektoren	$\mathbf{e}_y$	$\mathbf{e}_x \cdot \cos\phi + \mathbf{e}_z \cdot \sin\phi + \mathbf{e}_y$ $0 \le \phi < 2\pi$
Modellkegel		$K_y^{\odot}$
$\mathbf{A}_0$-Normierung		xx-zz-xz
Normierungsrichtungen		y

$$\frac{1}{3} \underbrace{\left[\begin{array}{cc|c} -\partial_y^2 - \partial_z^2 & -\partial_x^2 + 2\partial_y^2 & 2\partial_x\partial_z \\ -\partial_y^2 + 2\partial_z^2 & 2\partial_x^2 - \partial_y^2 & -4\partial_x\partial_z \\ 0 & 0 & -3\partial_y^2 \end{array}\right]}_{\mathcal{L}} \underbrace{\left[\begin{array}{c} A_{0\,xx} \\ A_{0\,zz} \\ A_{0\,xz} \end{array}\right]}_{\mathbf{f}} = \underbrace{\left[\begin{array}{c} T'_{0\,xx} \\ T'_{0\,yy} \\ T_{0\,xz} \end{array}\right]}_{\mathbf{q}} \tag{17.54}$$

$$\mathcal{L}^{-1} = \left[\begin{array}{cc|c} 2\partial_x^2 - \partial_y^2 & \partial_x^2 - 2\partial_y^2 & 2\partial_x\partial_z \\ \partial_y^2 - 2\partial_z^2 & -\partial_y^2 - \partial_z^2 & 2\partial_x\partial_z \\ 0 & 0 & -\Box_y \end{array}\right] \cdot \partial_y^{-2}\Box_y^{-1} \tag{17.55}$$

$$\mathbf{A}_0 = \mathbf{A}_0^T = \left[\begin{array}{cc|c} 2\partial_x^2 - \partial_y^2 & 0 & 0 \\ 0 & 0 & 0 \\ 0 & 0 & \partial_y^2 - 2\partial_z^2 \end{array}\right] \partial_y^{-2}\Box_y^{-1} T'_{0\,xx}$$

$$+ \left[\begin{array}{cc|c} \partial_x^2 - 2\partial_y^2 & 0 & 0 \\ 0 & 0 & 0 \\ 0 & 0 & -\partial_y^2 - \partial_z^2 \end{array}\right] \partial_y^{-2}\Box_y^{-1} T'_{0\,yy}$$

$$+ \left[\begin{array}{cc|c} 2\partial_x\partial_z & 0 & -\Box_y \\ 0 & 0 & 0 \\ * & 0 & 2\partial_x\partial_z \end{array}\right] \partial_y^{-2}\Box_y^{-1} T_{0\,xz} \tag{17.56}$$

$$\mathbf{B}_0 = \left[\begin{array}{cc|c} 0 & 0 & (\partial_y^2 - 2\partial_z^2) \\ \partial_z(2\partial_x^2 - \partial_y^2)\partial_y^{-1} & 0 & -\partial_x(\partial_y^2 - 2\partial_z^2)\partial_y^{-1} \\ (-2\partial_x^2 + \partial_y^2) & 0 & 0 \end{array}\right] \partial_y^{-1}\Box_y^{-1} T'_{0\,xx}$$

$$+ \left[\begin{array}{cc|c} 0 & 0 & -(\partial_y^2 + \partial_z^2) \\ \partial_z(\partial_x^2 - 2\partial_y^2)\partial_y^{-1} & 0 & \partial_x(\partial_y^2 + \partial_z^2)\partial_y^{-1} \\ (-\partial_x^2 + 2\partial_y^2) & 0 & 0 \end{array}\right] \partial_y^{-1}\Box_y^{-1} T'_{0\,yy}$$

$$+ \left[\begin{array}{cc|c} -\Box_y & 0 & 2\partial_x\partial_z \\ -\partial_x\Box_x\partial_y^{-1} & 0 & \partial_z\Box_z\partial_y^{-1} \\ -2\partial_x\partial_z & 0 & \Box_y \end{array}\right] \partial_y^{-1}\Box_y^{-1} T_{0\,xz} \tag{17.57}$$

$$\mathbf{T}_0 = \mathbf{T}_0^T$$

$$= \left[\begin{array}{c|c|c} \partial_y^2 - 2\partial_z^2 & \partial_x(2\partial_z^2 - \partial_y^2)\partial_y^{-1} & 0 \\ \hline * & \partial_x^2 - \partial_z^2 & \partial_z(\partial_y^2 - 2\partial_x^2)\partial_y^{-1} \\ \hline 0 & * & 2\partial_x^2 - \partial_y^2 \end{array}\right] \Box_y^{-1} T_{0xx}'$$

$$+ \left[\begin{array}{c|c|c} -\partial_y^2 - \partial_z^2 & +\partial_x(\partial_y^2 + \partial_z^2)\partial_y^{-1} & 0 \\ \hline * & -\partial_x^2 - 2\partial_z^2 & \partial_z(2\partial_y^2 - \partial_x^2)\partial_y^{-1} \\ \hline * & * & \partial_x^2 - 2\partial_y^2 \end{array}\right] \Box_y^{-1} T_{0yy}'$$

$$+ \left[\begin{array}{c|c|c} 2\partial_x\partial_z & \partial_z\Box_z\partial_y^{-1} & \Box_y \\ \hline * & 2\partial_x\partial_z & \partial_x\Box_x\partial_y^{-1} \\ \hline * & * & 2\partial_x\partial_z \end{array}\right] \Box_y^{-1} T_{0xz} \qquad (17.58)$$

$$\mathbf{S}_* = \mathbf{S}_g = \mathbf{S}_g^T$$

$$= \left[\begin{array}{c|c|c} \begin{array}{c} g_x\partial_x - g_y\partial_y \\ +g_z\partial_z \end{array} & \begin{array}{c} (g_x\partial_z - g_z\partial_x) \\ \cdot\partial_z\partial_y^{-1} \\ -g_x\partial_y + g_y\partial_x \end{array} & 0 \\ \hline * & \begin{array}{c} g_x\partial_x - g_y\partial_y \\ +g_z\partial_z \end{array} & \begin{array}{c} (g_z\partial_x - g_x\partial_z) \\ \cdot\partial_x\partial_y^{-1} \\ -g_z\partial_y + g_y\partial_z \end{array} \\ \hline 0 & * & \begin{array}{c} g_x\partial_x - g_y\partial_y \\ +g_z\partial_z \end{array} \end{array}\right] \cdot \Box_y^{-1}\rho \qquad (17.59)$$

$$[\mathbf{T}_0]_{y_0} = [\mathbf{T}_0^T]_{y_0}$$

$$= \left[\begin{array}{c|c|c} 1 - 2(\partial_z y_0)^2 & \partial_x y_0[1 - 2(\partial_z y_0)^2] & 0 \\ \hline * & M & \partial_z y_0 \cdot [2(\partial_x y_0)^2 - 1] \\ \hline 0 & * & 2(\partial_x y_0)^2 - 1 \end{array}\right] \cdot \frac{[T_{0xx}']_{y_0}}{N}$$

$$- \left[\begin{array}{c|c|c} 1 + (\partial_z y_0)^2 & \partial_x y_0[1 + (\partial_z y_0)^2] & 0 \\ \hline * & (\partial_x y_0)^2 + 2(\partial_z y_0)^2 & \partial_z y_0[2 - (\partial_x y_0)^2] \\ \hline 0 & * & 2 - (\partial_x y_0)^2 \end{array}\right] \cdot \frac{[T_{0yy}']_{y_0}}{N}$$

$$+ \left[\begin{array}{c|c|c} 2 \cdot \partial_x y_0 \cdot \partial_z y_0 & \partial_z y_0 \cdot (1 + M) & N \\ \hline * & 2 \cdot \partial_x y_0 \cdot \partial_z y_0 & \partial_x y_0 \cdot (1 - M) \\ \hline * & * & 2 \cdot \partial_x y_0 \cdot \partial_z y_0 \end{array}\right] \cdot \frac{[T_{0xz}]_{y_0}}{N}$$

$$\qquad (17.60)$$

$$M \overset{\text{def.}}{=} (\partial_x y_0)^2 - (\partial_z y_0)^2 \tag{17.61}$$

$$N \overset{\text{def.}}{=} \left[1 - (\partial_x y_0)^2 - (\partial_z y_0)^2 \right] \tag{17.62}$$

$$[\mathbf{S}_*]_{y_0} = [\mathbf{S}_g]_{y_0} = \mathbf{0} \tag{17.63}$$

17.8   h) Unabhängige deviatorische xx-, xy-, yz-Komponenten

Integraloperatoren	∂_y^{-1}	$(\partial_x + \sqrt{2}\partial_z)^{-1}$	$(-\partial_x + \sqrt{2}\partial_z)^{-1}$
Integrationskegel	K_y	(unbezeichnet)	(unbezeichnet)
erzeugende Kegelvekt.	$\mathbf{e}_y$	$\mathbf{e}_x + \sqrt{2}\mathbf{e}_z$	$-\mathbf{e}_x + \sqrt{2}\mathbf{e}_z$
Modellkegel		K'_{yxz}	

oder

Integraloperatoren	∂_y^{-1}	$(\partial_x + \sqrt{2}\partial_z)^{-1}$	$(\partial_x - \sqrt{2}\partial_z)^{-1}$
Integrationskegel	K_y	(unbezeichnet)	(unbezeichnet)
erzeugende Kegelvekt.	$\mathbf{e}_y$	$\mathbf{e}_x + \sqrt{2}\mathbf{e}_z$	$\mathbf{e}_x - \sqrt{2}\mathbf{e}_z$
Modellkegel		K''_{yxz}	

$\mathbf{A}_0$-Normierung	xx-zz-xz
Normierungsrichtungen	y

$$\underbrace{\begin{bmatrix} -\partial_z^2 - \partial_y^2 & 2\partial_y^2 - \partial_x^2 & 2\partial_x\partial_z \\ 0 & -\partial_x\partial_y & \partial_y\partial_z \\ -\partial_y\partial_z & 0 & \partial_x\partial_y \end{bmatrix}}_{\mathcal{L}} \underbrace{\begin{bmatrix} A_{0xx} \\ A_{0zz} \\ A_{0xz} \end{bmatrix}}_{\mathbf{f}} = \underbrace{\begin{bmatrix} 3T'_{0xx} \\ T_{0xy} \\ T_{0yz} \end{bmatrix}}_{\mathbf{q}} \tag{17.64}$$

$$\partial \overset{\text{def.}}{=} \partial_x^2 - 2\partial_z^2 \tag{17.65}$$

$$\partial^{-1} = -(\partial_x + \sqrt{2}\partial_z)^{-1}(-\partial_x + \sqrt{2}\partial_z)^{-1}$$
$$= (\partial_x + \sqrt{2}\partial_z)^{-1}(\partial_x - \sqrt{2}\partial_z)^{-1} \tag{17.66}$$

$$\mathcal{L}^{-1} = \begin{bmatrix} -\partial_x^2\partial_y & -\partial_x(2\partial_y^2 - \partial_x^2) & \partial_z(2\partial_y^2 + \partial_x^2) \\ -\partial_z^2\partial_y & \partial_x(\partial_z^2 - \partial_y^2) & \partial_z(\partial_z^2 + \partial_y^2) \\ -\partial_x\partial_y\partial_z & -\partial_z(2\partial_y^2 - \partial_x^2) & \partial_x(\partial_z^2 + \partial_y^2) \end{bmatrix} \partial_y^{-3}\partial^{-1} \tag{17.67}$$

$$\mathbf{A}_0 = \mathbf{A}_0^T = \begin{bmatrix} -\partial_x^2 & 0 & -\partial_x\partial_z \\ \hline 0 & 0 & 0 \\ \hline * & 0 & -\partial_z^2 \end{bmatrix} 3\partial_y^{-2}\partial^{-1}T'_{0\,xx}$$

$$+ \begin{bmatrix} -\partial_x(2\partial_y^2 - \partial_x^2) & 0 & -\partial_z(2\partial_y^2 - \partial_x^2) \\ \hline 0 & 0 & 0 \\ \hline * & 0 & \partial_x(\partial_z^2 - \partial_y^2) \end{bmatrix} \partial_y^{-3}\partial^{-1}T_{0\,xy}$$

$$+ \begin{bmatrix} \partial_z(2\partial_y^2 + \partial_x^2) & 0 & \partial_x(\partial_z^2 + \partial_y^2) \\ \hline 0 & 0 & 0 \\ \hline * & 0 & \partial_z(\partial_z^2 + \partial_y^2) \end{bmatrix} \partial_y^{-3}\partial^{-1}T_{0\,yz} \qquad (17.68)$$

$$\mathbf{B}_0 = \begin{bmatrix} -\partial_x\partial_z & 0 & -\partial_z^2 \\ \hline 0 & 0 & 0 \\ \hline \partial_x^2 & 0 & \partial_x\partial_z \end{bmatrix} 3\partial_y^{-1}\partial^{-1}T'_{0\,xx}$$

$$+ \begin{bmatrix} -\partial_z(2\partial_y^2 - \partial_x^2) & 0 & \partial_x(\partial_z^2 - \partial_y^2) \\ \hline 0 & 0 & \partial_y(\partial_x^2 - 2\partial_z^2) \\ \hline \partial_x(2\partial_y^2 - \partial_x^2) & 0 & \partial_z(2\partial_y^2 - \partial_x^2) \end{bmatrix} \partial_y^{-2}\partial^{-1}T_{0\,xy}$$

$$+ \begin{bmatrix} \partial_x(\partial_y^2 + \partial_z^2) & 0 & \partial_z(\partial_y^2 + \partial_z^2) \\ \hline -\partial_y(\partial_x^2 - 2\partial_z^2) & 0 & 0 \\ \hline -\partial_z(\partial_x^2 + 2\partial_y^2) & 0 & -\partial_x(\partial_y^2 + \partial_z^2) \end{bmatrix} \partial_y^{-2}\partial^{-1}T_{0\,yz} \qquad (17.69)$$

$$\mathbf{T}_0 = \mathbf{T}_0^T = 3\begin{bmatrix} -\partial_z^2 & 0 & \partial_x\partial_z \\ \hline 0 & 0 & 0 \\ \hline * & 0 & -\partial_x^2 \end{bmatrix} \partial^{-1}T'_{0\,xx}$$

$$+ \begin{bmatrix} \partial_x(\partial_z^2 - \partial_y^2)\partial_y^{-1} & \partial & \partial_z(2\partial_y^2 - \partial_x^2)\partial_y^{-1} \\ \hline * & -\partial_x\partial\partial_y^{-1} & 0 \\ \hline * & 0 & \partial_x(\partial_x^2 - 2\partial_y^2)\partial_y^{-1} \end{bmatrix} \partial^{-1}T_{0\,xy}$$

$$+ \begin{bmatrix} \partial_z(\partial_y^2 + \partial_z^2)\partial_y^{-1} & 0 & -\partial_x(\partial_y^2 + \partial_z^2)\partial_y^{-1} \\ \hline 0 & -\partial_z\partial\partial_y^{-1} & \partial \\ \hline * & * & \partial_z(\partial_x^2 + 2\partial_y^2)\partial_y^{-1} \end{bmatrix} \partial^{-1}T_{0\,yz} \qquad (17.70)$$

$$\mathbf{S}_* = \mathbf{S}_h = \mathbf{S}_h^T$$

$$= \left[\begin{array}{c|c|c} \begin{array}{c} \partial_z \partial_y^{-1}(g_y\partial_z - g_z\partial_y) \\ -g_x\partial_x + 2g_z\partial_z \end{array} & 0 & \begin{array}{c} \partial_x \partial_y^{-1}(g_z\partial_y - g_y\partial_z) \\ +2(g_x\partial_z - g_z\partial_x) \end{array} \\ \hline 0 & -g_y\partial_y^{-1}\partial & 0 \\ \hline * & 0 & \begin{array}{c} \partial_x \partial_y^{-1}(g_y\partial_x - g_x\partial_y) \\ -g_x\partial_x + 2g_z\partial_z \end{array} \end{array} \right] \partial^{-1}\rho \quad (17.71)$$

$$[\mathbf{T}_0]_{y_0} = [\mathbf{T}_0^T]_{y_0}$$

$$= \left[\begin{array}{c|c|c} -3(\partial_z y_0)^2 & 0 & 3\partial_x y_0 \cdot \partial_z y_0 \\ \hline 0 & 0 & 0 \\ \hline * & 0 & -3(\partial_x y_0)^2 \end{array} \right] \cdot \frac{[T_{0\,xx}']_{y_0}}{N}$$

$$+ \left[\begin{array}{c|c|c} \partial_x y_0[1 - (\partial_z y_0)^2] & N & \partial_z y_0[-2 + (\partial_x y_0)^2] \\ \hline * & N\partial_x y_0 & 0 \\ \hline * & 0 & \partial_x y_0[2 - (\partial_x y_0)^2] \end{array} \right] \cdot \frac{[T_{0\,xy}]_{y_0}}{N}$$

$$+ \left[\begin{array}{c|c|c} \partial_z y_0[-1 - (\partial_z y_0)^2] & 0 & \partial_x y_0[1 + (\partial_z y_0)^2] \\ \hline 0 & N\partial_z y_0 & N \\ \hline * & * & \partial_z y_0[-2 - (\partial_x y_0)^2] \end{array} \right] \cdot \frac{[T_{0\,yz}]_{y_0}}{N} \quad (17.72)$$

$$N \stackrel{\text{def.}}{=} (\partial_x y_0)^2 - 2(\partial_z y_0)^2 \quad (17.73)$$

$$[\mathbf{S}_*]_{y_0} = [\mathbf{S}_h]_{y_0} = \mathbf{0} \quad (17.74)$$

Umformungen

18

Die folgenden Umformungen betreffen die allgemeine Lösung **S** der Balance- und Randbedingungen in Modellen mit drei unabhängigen Spannungskomponenten.[1] Diese Umformungen dienen dazu, die allgemeine Lösung durch Integrale darzustellen.

Diese allgemeine Lösung entsteht durch Differentiationen und Integrationen der drei unabhängigen Spannungskomponenten und der Eisdichte, indem man auf diese Funktionen Differential- und Integraloperatoren anwendet,[2] wobei alle Operatoren miteinander vertauschbar sind. Die Integraldarstellung der allgemeinen Lösung entsteht, indem man zuerst die Differentialoperatoren und dann die Integraloperatoren anwendet.

Alle Relationen in diesem Kapitel gelten, wenn die freie Eisoberfläche Σ sowohl in der Form $z = z_0(x, y)$ als auch $y = y_0(x, z)$ als auch $x = x_0(y, z)$ definiert werden kann. Ist eine dieser Voraussetzungen nicht erfüllt, entfallen die entsprechenden Relationen. Gibt es beispielsweise keine Darstellung in der Form $x = x_0(y, z)$, so entfallen im Folgenden alle Relationen, in denen x_0 vorkommt.

18.1 Räumlicher Definitionsbereich

Im Folgenden wird noch einmal der räumliche Definitionsbereich Ω_{def} beschrieben, in dem sich die Berechnungen abspielen.[3]

Die freie Eisoberfläche Σ muss quer und synchron zum Modellkegel sein, es müssen also alle von Σ ausgehenden Kegelstrahlen des Modellkegels ins Freie laufen.[4] Die freie Eisoberfläche Σ kann durch eine Funktion $z_0(x, y)$ definiert werden, oder durch eine Funktion $y_0(x, z)$ oder durch eine Funktion $x_0(y, z)$. (18.1) Kann die Fläche Σ gleichzeitig durch mehrere solcher Funktionen definiert werden, dann bestehen zwischen diesen Funk-

---

[1] S. Abschn. 8.2.
[2] S. Kap. 17.
[3] S. Abschn. 9.1.2, Ziff. 1, 6.
[4] S. Ziff. 1, Abschn. 3.4.1.

© Springer-Verlag Berlin Heidelberg 2016
P. Halfar, *Spannungen in Gletschern*, DOI 10.1007/978-3-662-48022-9_18

tionen Relationen $^{(18.2)}$ und auf der Fläche Σ bestehen Relationen $^{(18.3)-(18.6)}$ zwischen den Ableitungen dieser Funktionen.

Der betrachtete Gletscherbereich Ω erstreckt sich von der Oberfläche Σ in negative z- bzw. x- bzw. y-Richtung, falls Σ durch eine Funktion $z_0(x, y)$ bzw. $x_0(y, z)$ bzw. $y_0(x, z)$ definiert werden kann. $^{(18.7)}$ Ω muss mit Σ und dem Modellkegel verträglich sein, es müssen also alle von Ω ausgehenden Strahlen des Modellkegels ununterbrochen in Ω verlaufen, bis sie auf Σ treffen.[5] Der Definitionsbereich Ω_{def} $^{(18.9)}$ ist größer als der Gletscherbereich Ω und enthält zusätzlich den externen Bereich Ω_{ext}, der in positiver z- bzw. x- bzw. y-Richtung jenseits der Oberfläche Σ liegt. $^{(18.8)}$ Dieser externe Bereich wird von allen Modellkegeln mit der Spitze auf der Fläche Σ erzeugt und wurde nur eingeführt, um die Integraloperatoren zu definieren, deren Integrationskegel in diesen externen Bereich hineinlaufen. Auf diesem externen Bereich verschwinden alle Funktionen und Distributionen.

Eine formales Problem besteht möglicherweise darin, dass die Funktionen $z_0(x, y)$ bzw. $y_0(x, z)$ bzw. $x_0(y, z)$, welche die freie Oberfläche Σ beschreiben, zwar überall im Gletscherbereich Ω definiert sind, nicht jedoch überall im externen Bereich Ω_{ext}, so dass die entsprechenden Relationen $^{(18.8)}$ zunächst nicht überall im externen Bereich erklärt sind. Dieses formale Problem wird dadurch behoben, dass man diese Funktionen im externen Bereich auch dort, wo sie bisher nicht erklärt sind, so definiert, dass die entsprechenden Relationen $^{(18.8)}$ im gesamten externen Bereich Ω_{ext} und damit auch im gesamten Definitionsbereich Ω_{def} gelten.[6]

$$z = z_0(x, y); \quad y = y_0(x, z); \quad x = x_0(y, z) \tag{18.1}$$

$$z \overset{\text{id.}}{=} z_0[x, y_0(x, z)] \overset{\text{id.}}{=} z_0[x_0(y, z), y] \tag{18.2}$$

$$[\partial_x y_0]_\Sigma = -\left[\frac{\partial_x z_0}{\partial_y z_0}\right]_\Sigma \tag{18.3}$$

$$[\partial_z y_0]_\Sigma = \frac{1}{[\partial_y z_0]_\Sigma} \tag{18.4}$$

$$[\partial_y x_0]_\Sigma = -\left[\frac{\partial_y z_0}{\partial_x z_0}\right]_\Sigma \tag{18.5}$$

$$[\partial_z x_0]_\Sigma = \frac{1}{[\partial_x z_0]_\Sigma} \tag{18.6}$$

---

[5] S. Ziff. 2, Abschn. 3.4.1.

[6] Man erweitert also die Fläche, welche durch diese Funktionen z_0 bzw. y_0 bzw. x_0 beschrieben wird so, dass die erweiterte Fläche in z- bzw. x- bzw. y-Richtung unterhalb aller Punkte von Ω_{ext} liegt, damit die Relationen (18.8) überall auf Ω_{ext} gelten.

$$z \leq z_0(x, y); \quad y \leq y_0(x, z); \quad x \leq x_0(y, z); \quad \mathbf{r} \in \Omega \qquad (18.7)$$

$$z_0(x, y) < z; \quad y_0(x, z) < y; \quad x_0(y, z) < x; \quad \mathbf{r} \in \Omega_{\text{ext}} \qquad (18.8)$$

$$\Omega_{\text{def}} = \Omega \cup \Omega_{\text{ext}} \qquad (18.9)$$

18.2 Heaviside- und Deltafunktion

Es folgen einige Rechenregeln für die Heaviside- oder Sprungfunktion θ, für die Deltafunktion δ mit ihren Ableitungen δ' und δ'' und für die Produkte aus einer glatten Funktion ψ und aus Ableitungen der Deltafunktion. Die Sprungfunktion θ hat im Gletscherbereich Ω den Wert 1 und verschwindet im externen Bereich Ω_{ext} jenseits der freien Oberfläche. Die Deltafunktion und ihre Ableitungen entstehen durch Ableitungen dieser Sprungfunktion. Diese Funktionen und Distributionen dienen zum Aufbau weiterer Funktionen und Distributionen, welche im externen Bereich Ω_{ext} verschwinden.

Wir setzen voraus, dass die freie Oberfläche in jedem Fall durch eine Funktion $z_0(x, y)$ definiert werden kann, in einigen Fällen auch noch durch eine Funktion $y_0(x, z)$ oder eine Funktion $x_0(y, z)$.

$$\theta \stackrel{\text{def.}}{=} \theta(z_0 - z) = \theta(y_0 - y) = \theta(x_0 - x) = \begin{cases} 1; \ \mathbf{r} \in \Omega \\ 0; \ \mathbf{r} \in \Omega_{\text{ext}} \end{cases} \qquad (18.10)$$

$$\delta \stackrel{\text{def.}}{=} \delta(z_0 - z) = \theta'(z_0 - z) = -\partial_z \theta(z_0 - z)$$
$$= -\frac{\delta(y_0 - y)}{\partial_y z_0} = -\frac{\delta(x_0 - x)}{\partial_x z_0} \qquad (18.11)$$

$$\delta(y_0 - y) = \theta'(y_0 - y) = -\partial_y \theta = -\delta(z_0 - z) \cdot \partial_y z_0 \qquad (18.12)$$

$$\delta(x_0 - x) = -\delta(z_0 - z) \cdot \partial_x z_0 \qquad (18.13)$$

$$\delta' \stackrel{\text{def.}}{=} \delta'(z_0 - z) = -\partial_z \delta(z_0 - z) \qquad (18.14)$$

$$\delta'' \stackrel{\text{def.}}{=} \delta''(z_0 - z) = \partial_z^2 \delta(z_0 - z) \qquad (18.15)$$

$$\delta' \cdot \psi = -\partial_z(\delta \cdot \psi) + \delta \cdot \partial_z \psi$$
$$= \partial_y \left(\frac{\delta \cdot \psi}{\partial_y z_0} \right) - \delta \cdot \partial_y \left(\frac{\psi}{\partial_y z_0} \right) \qquad (18.16)$$

$$\delta'' \cdot \psi = \partial_z^2(\delta \cdot \psi) - 2\partial_z(\delta \cdot \partial_z \psi) + \delta \cdot \partial_z^2 \psi \qquad (18.17)$$

18.3   Ableitungen

Die Ableitungen des Produkts aus einer glatten Funktion ψ und der Sprungfunktion θ werden umgeformt. Dabei entstehen auch Produkte aus Ableitungen der Deltafunktion und aus glatten Funktionen, die durch Ausdrücke ersetzt werden, [(18.16), (18.17)] in denen nur totale z-Ableitungen von Produkten mit der Deltafunktion vorkommen. Die umgeformten Ausdrücke bestehen aus einem Produkt der Sprungfunktion und einer glatten Funktion, aus einem Produkt der Deltafunktion und einer glatten Funktion[7] und aus ersten und zweiten z-Ableitungen solcher Produkte. [(18.18)] Die dabei ohne Argumente auftretenden Funktionssymbole θ und δ wurden bereits definiert. [(18.10), (18.11)]

$$\theta \cdot \psi_1 + \delta \cdot \psi_2 + \partial_z(\delta \cdot \psi_3) + \partial_z^2(\delta \cdot \psi_4) \tag{18.18}$$

$$***$$

$$\partial_y(\theta \cdot \psi) = \theta \cdot \partial_y \psi + \delta \cdot \partial_y z_0 \cdot \psi \tag{18.19}$$

$$\partial_x(\theta \cdot \psi) = \theta \cdot \partial_x \psi + \delta \cdot \partial_x z_0 \cdot \psi \tag{18.20}$$

$$\partial_z(\theta \cdot \psi) = \theta \cdot \partial_z \psi - \delta \cdot \psi \tag{18.21}$$

$$***$$

$$
\begin{aligned}
\partial_x \partial_y &(\theta \cdot \psi) \\
= &\; \theta \cdot \partial_x \partial_y \psi \\
&+ \delta \cdot [\partial_z \psi \cdot \partial_x z_0 \cdot \partial_y z_0 + \partial_x \psi \cdot \partial_y z_0 + \partial_y \psi \cdot \partial_x z_0 + \psi \cdot \partial_x \partial_y z_0] \\
&- \partial_z[\delta \cdot \psi \cdot \partial_x z_0 \cdot \partial_y z_0]
\end{aligned}
\tag{18.22}
$$

$$
\begin{aligned}
\partial_y^2(\theta \cdot \psi) = &\; \theta \cdot \partial_y^2 \psi \\
&+ \delta \cdot [\partial_z \psi \cdot (\partial_y z_0)^2 + 2 \cdot \partial_y \psi \cdot \partial_y z_0 + \psi \cdot \partial_y^2 z_0] \\
&- \partial_z[\delta \cdot \psi \cdot (\partial_y z_0)^2]
\end{aligned}
\tag{18.23}
$$

$$
\begin{aligned}
\partial_x^2(\theta \cdot \psi) = &\; \theta \cdot \partial_x^2 \psi \\
&+ \delta \cdot [\partial_z \psi \cdot (\partial_x z_0)^2 + 2 \cdot \partial_x \psi \cdot \partial_x z_0 + \psi \cdot \partial_x^2 z_0] \\
&- \partial_z[\delta \cdot \psi \cdot (\partial_x z_0)^2]
\end{aligned}
\tag{18.24}
$$

---

[7] Hier wird angenommen, dass die Funktion $z_0(x, y)$ auch glatt ist.

$$\partial_y \partial_z (\theta \cdot \psi) = \theta \cdot \partial_z \partial_y \psi - \delta \cdot \partial_y \psi + \partial_z (\delta \cdot \psi \cdot \partial_y z_0) \tag{18.25}$$

$$\partial_z^2 (\theta \cdot \psi) = \theta \cdot \partial_z^2 \psi - 2\delta \cdot \partial_z \psi + \delta' \cdot \psi$$
$$= \theta \cdot \partial_z^2 \psi - \delta \cdot \partial_z \psi - \partial_z (\delta \cdot \psi) \tag{18.26}$$

$$***$$

$$\partial_x \partial_y^2 (\theta \cdot \psi)$$

$$= \theta \cdot \partial_x \partial_y^2 \psi$$

$$+ \delta \cdot \{\partial_z^2 \psi \cdot \partial_x z_0 \cdot (\partial_y z_0)^2 + \partial_y^2 \psi \cdot \partial_x z_0 + 2 \cdot \partial_y \partial_z \psi \cdot \partial_x z_0 \cdot \partial_y z_0$$
$$+ \partial_x \partial_z \psi \cdot (\partial_y z_0)^2 + 2 \cdot \partial_x \partial_y \psi \cdot \partial_y z_0$$
$$+ \partial_z \psi \cdot [2 \cdot \partial_y z_0 \cdot \partial_x \partial_y z_0 + \partial_x z_0 \cdot \partial_y^2 z_0]$$
$$+ 2 \cdot \partial_y \psi \cdot \partial_x \partial_y z_0 + \partial_x \psi \cdot \partial_y^2 z_0 + \psi \cdot \partial_x \partial_y^2 z_0\}$$

$$- \partial_z \{\delta \cdot [2 \cdot \partial_z \psi \cdot \partial_x z_0 \cdot (\partial_y z_0)^2 + 2 \cdot \partial_y \psi \cdot \partial_x z_0 \cdot \partial_y z_0 + \partial_x \psi \cdot (\partial_y z_0)^2$$
$$+ \psi \cdot (2 \cdot \partial_y z_0 \cdot \partial_x \partial_y z_0 + \partial_x z_0 \cdot \partial_y^2 z_0)]\}$$

$$+ \partial_z^2 [\delta \cdot \psi \cdot \partial_x z_0 \cdot (\partial_y z_0)^2] \tag{18.27}$$

$$\partial_y^3 (\theta \cdot \psi)$$
$$= \theta \cdot \partial_y^3 \psi$$

$$+ \delta \cdot \{\partial_z^2 \psi \cdot (\partial_y z_0)^3 + 3 \cdot \partial_y^2 \psi \cdot \partial_y z_0 + 3 \cdot \partial_y \partial_z \psi \cdot (\partial_y z_0)^2$$
$$+ 3 \cdot \partial_z \psi \cdot \partial_y z_0 \cdot \partial_y^2 z_0 + 3 \cdot \partial_y \psi \cdot \partial_y^2 z_0 + \psi \cdot \partial_y^3 z_0\}$$

$$- \partial_z \{\delta \cdot [2 \cdot \partial_z \psi \cdot (\partial_y z_0)^3 + 3 \cdot \partial_y \psi \cdot (\partial_y z_0)^2 + 3 \cdot \psi \cdot \partial_y z_0 \cdot \partial_y^2 z_0]\}$$

$$+ \partial_z^2 [\delta \cdot \psi \cdot (\partial_y z_0)^3] \tag{18.28}$$

18.4 Integrale

Integrale von Produkten aus einer glatten Funktion ψ und der Deltafunktion δ [(18.11)] oder ihrer Ableitung δ' [(18.14)] werden berechnet. Diese Integrale entstehen durch die Anwendung von Integraloperatoren.

$$[\cdot]_{z_0} \overset{\text{def.}}{=} [\cdot]_{z=z_0(x,y)} \tag{18.29}$$

$$[\cdot]_{y_0} \overset{\text{def.}}{=} [\cdot]_{y=y_0(x,z)} \tag{18.30}$$

$$[\cdot]_{x_0} \overset{\text{def.}}{=} [\cdot]_{x=x_0(y,z)} \tag{18.31}$$

$$\psi_{z_0}(x,y) \overset{\text{def.}}{=} [\psi]_{z_0} = \psi[x,y,z_0(x,y)] \tag{18.32}$$

$$\psi_{y_0}(x,z) \overset{\text{def.}}{=} [\psi]_{y_0} = \psi[x,y_0(x,z),z] \tag{18.33}$$

$$\psi_{x_0}(y,z) \overset{\text{def.}}{=} [\psi]_{x_0} = \psi[x_0(y,z),y,z] \tag{18.34}$$

***

$$\partial_z^{-1}[\delta(z_0 - z) \cdot \psi] = -\theta \cdot \psi_{z_0} \tag{18.35}$$

$$\partial_y^{-1}[\delta(z_0 - z) \cdot \psi] = \theta \cdot \frac{\psi_{y_0}}{[\partial_y z_0]_{y_0}} \tag{18.36}$$

$$\partial_x^{-1}[\delta(z_0 - z) \cdot \psi] = \theta \cdot \frac{\psi_{x_0}}{[\partial_x z_0]_{x_0}} \tag{18.37}$$

***

$$\partial_z^{-2}[\delta(z_0 - z) \cdot \psi] = (z_0 - z) \cdot \theta \cdot \psi_{z_0} \tag{18.38}$$

$$\partial_y^{-1}\partial_z^{-1}[\delta(z_0 - z) \cdot \psi] = -\partial_y^{-1}(\theta \cdot \psi_{z_0}) \tag{18.39}$$

$$\partial_x^{-1}\partial_y^{-1}[\delta(z_0 - z) \cdot \psi] = \partial_x^{-1}\left[\theta \cdot \frac{\psi_{y_0}}{[\partial_y z_0]_{y_0}}\right] = \partial_y^{-1}\left[\theta \cdot \frac{\psi_{x_0}}{[\partial_x z_0]_{x_0}}\right] \tag{18.40}$$

***

$$\partial_y^{-1}[\delta'(z_0 - z) \cdot \psi] \overset{\substack{(18.16)\\(18.36)}}{=} -\theta \cdot \left[\frac{\partial_y[\psi/\partial_y z_0]}{\partial_y z_0}\right]_{y_0} + \delta \cdot \frac{\psi}{\partial_y z_0} \tag{18.41}$$

$$\partial_x^{-1}\partial_y^{-1}[\delta'(z_0 - z) \cdot \psi]$$

$$\overset{\substack{(18.41)\\(18.37)}}{=} -\partial_x^{-1}\left\{\theta \cdot \left[\frac{\partial_y[\psi/\partial_y z_0]}{\partial_y z_0}\right]_{y_0}\right\} + \theta \cdot \left[\frac{\psi}{\partial_y z_0 \cdot \partial_x z_0}\right]_{x_0}$$

$$= -\partial_y^{-1}\left\{\theta \cdot \left[\frac{\partial_x[\psi/\partial_x z_0]}{\partial_x z_0}\right]_{x_0}\right\} + \theta \cdot \left[\frac{\psi}{\partial_x z_0 \cdot \partial_y z_0}\right]_{y_0} \tag{18.42}$$

18.5 Umformungen in den Modelltypen „a"–„e"

Die folgenden Musterumformungen dienen dazu, die Summanden $\mathbf{S}_*$ und $\mathbf{T}_0$ der allgemeinen Lösung $\mathbf{S}$ für die Modelle vom Typ „a"–„e"[8] als Integraldarstellungen zu schreiben, indem man zuerst die Differentialoperatoren und dann die Integraloperatoren anwendet.

Die typischen Terme der Musterumformungen entstehen, indem Produkte von Differential- und Integraloperatoren auf ein Produkt $\theta \cdot \psi$ angewandt werden, das aus der Sprungfunktion θ und aus einer glatten Funktion ψ besteht. Diese Funktion ψ ist im Gletscherbereich jeweils gleich einer der drei unabhängigen Spannungskomponenten, wenn man $\mathbf{T}_0$ berechnet und ist gleich der Eisdichte, wenn man $\mathbf{S}_*$ berechnet. Bei der Berechnung von $\mathbf{T}_0$ treten Produkte von gleichvielen Integral- und Differentialoperatoren auf, weshalb man auf $\mathbf{T}_0$ die Musterumformungen solcher Ausdrücke anwenden kann, in denen die Summe der Operatorexponenten verschwindet. [(18.43)–(18.49)] Bei der Berechnung von $\mathbf{S}_*$ treten Operatorprodukte auf, in denen die Anzahl der Integraloperatoren um eins größer ist als die Anzahl der Differentialoperatoren. Deshalb sind für $\mathbf{S}_*$ die Musterumformungen solcher Ausdrücke maßgeblich, in denen die Summe der Operatorexponenten -1 ist. [(18.50)–(18.52)] Dabei werden die bereits eingeführten Bezeichnungen für Randwerte verwendet. [(18.29)–(18.34)]

$$\partial_y^{-1}\partial_z(\theta \cdot \psi) \overset{\substack{(18.21)\\(18.36)}}{=} \partial_y^{-1}(\theta \cdot \partial_z\psi) - \theta \cdot [\psi/\partial_y z_0]_{y_0} \tag{18.43}$$

$$\partial_y^{-1}\partial_x(\theta \cdot \psi) \overset{\substack{(18.20)\\(18.36)}}{=} \partial_y^{-1}(\theta \cdot \partial_x\psi) + \theta \cdot [\partial_x z_0 \cdot \psi/\partial_y z_0]_{y_0} \tag{18.44}$$

$$\partial_z^{-1}\partial_y(\theta \cdot \psi) \overset{\substack{(18.19)\\(18.35)}}{=} \partial_z^{-1}[\theta \cdot \partial_y\psi] - \theta \cdot \partial_y z_0 \cdot \psi_{z_0} \tag{18.45}$$

$$***$$

$$\partial_x^{-1}\partial_y^{-1}\partial_z^2(\theta \cdot \psi)$$

$$\overset{\substack{(18.26)\\(18.40)\\(18.42)}}{=} \partial_x^{-1}\partial_y^{-1}(\theta \cdot \partial_z^2\psi) - 2\partial_y^{-1}\left[\theta \cdot \frac{[\partial_z\psi]_{x_0}}{[\partial_x z_0]_{x_0}}\right]$$

$$- \partial_y^{-1}\left\{\theta \cdot \left[\frac{\partial_x[\psi/\partial_x z_0]}{\partial_x z_0}\right]_{x_0}\right\} + \theta \cdot \left[\frac{\psi}{\partial_x z_0 \cdot \partial_y z_0}\right]_{y_0} \tag{18.46}$$

---

[8] Die Summanden $\mathbf{S}_*$ und $\mathbf{T}_0$ sind in den Abschn. 17.1–17.5 angegeben.

$$\partial_z^{-1}\partial_y^{-1}\partial_x^2(\theta\cdot\psi)$$

$$
\begin{aligned}
\overset{\substack{(18.24)\\(18.39)\\(18.36)}}{=}\quad & \partial_z^{-1}\partial_y^{-1}[\theta\cdot\partial_x^2\psi]\\
& -\partial_y^{-1}\left\{\theta\cdot[2\cdot\partial_x z_0\cdot\partial_x\psi+(\partial_x z_0)^2\cdot\partial_z\psi+\partial_x^2 z_0\cdot\psi]_{z_0}\right\}\\
& -\theta\cdot[(\partial_x z_0)^2\cdot(\partial_y z_0)^{-1}\cdot\psi]_{y_0}
\end{aligned}
\tag{18.47}
$$

$$\partial_z^{-2}\partial_y^2(\theta\cdot\psi)$$

$$
\begin{aligned}
\overset{\substack{(18.23)\\(18.35)\\(18.38)}}{=}\quad & \partial_z^{-2}[\theta\cdot\partial_y^2\psi]\\
& +(z_0-z)\cdot\theta\cdot\left[2\cdot\partial_y z_0\cdot\partial_y\psi+(\partial_y z_0)^2\cdot\partial_z\psi+\partial_y^2 z_0\cdot\psi\right]_{z_0}\\
& +\theta\cdot(\partial_y z_0)^2\cdot\psi_{z_0}
\end{aligned}
\tag{18.48}
$$

$$\partial_z^{-2}\partial_x\partial_y(\theta\cdot\psi)$$

$$
\begin{aligned}
\overset{\substack{(18.22)\\(18.35)\\(18.38)}}{=}\quad & \partial_z^{-2}[\theta\cdot\partial_x\partial_y\psi]\\
& +(z_0-z)\cdot\theta\cdot\\
& \quad\cdot\left[\partial_x z_0\cdot\partial_y\psi+\partial_y z_0\cdot\partial_x\psi+\partial_x z_0\cdot\partial_y z_0\cdot\partial_z\psi+\partial_x\partial_y z_0\cdot\psi\right]_{z_0}\\
& +\theta\cdot\partial_x z_0\cdot\partial_y z_0\cdot\psi_{z_0}
\end{aligned}
\tag{18.49}
$$

$$***$$

$$
\begin{aligned}
\partial_x^{-1}\partial_y^{-1}\partial_z(\theta\cdot\psi) \overset{(18.43)}{=} & \partial_x^{-1}\partial_y^{-1}(\theta\cdot\partial_z\psi)-\partial_x^{-1}\left\{\theta\cdot[\psi/\partial_y z_0]_{y_0}\right\}\\
= & \partial_x^{-1}\partial_y^{-1}(\theta\cdot\partial_z\psi)-\partial_y^{-1}\left\{\theta\cdot[\psi/\partial_x z_0]_{x_0}\right\}
\end{aligned}
\tag{18.50}
$$

$$\partial_z^{-2}\partial_y(\theta\cdot\psi)\overset{\substack{(18.19)\\(18.38)}}{=}\partial_z^{-2}(\theta\cdot\partial_y\psi)+(z_0-z)\cdot\theta\cdot\partial_y z_0\cdot\psi_{z_0}\tag{18.51}$$

$$\partial_y^{-1}\partial_z^{-1}\partial_x(\theta\cdot\psi)\overset{\substack{(18.20)\\(18.39)}}{=}\partial_y^{-1}\partial_z^{-1}(\theta\cdot\partial_x\psi)-\partial_y^{-1}\left\{\theta\cdot\partial_x z_0\cdot\psi_{z_0}\right\}\tag{18.52}$$

18.6   Umformungen in den Modelltypen „f"–„g"

Hier wird nur der Modelltyp „f" in Abschn. 17.6 mit dem hyperbolischen Differential-operator $\Box_z^{-1}$ untersucht. Der Modelltyp „g" in Abschn. 17.7 enthält den hyperbolischen Differentialoperator $\Box_y^{-1}$ und die Berechnungen mit diesem Operator sind analog zu den Berechnungen mit $\Box_z^{-1}$. Im Folgenden werden die typischen Terme berechnet, aus denen die Summanden $\mathbf{T}_0$ [(17.48)] und $\mathbf{S}_f$ [(17.49)] der allgemeinen Lösung $\mathbf{S}$ im Modelltyp „f" bestehen.

Diese typischen Terme entstehen, indem Produkte von Differential- und Integraloperatoren auf ein Produkt $\theta \cdot \psi$ angewandt werden, das aus der Sprungfunktion θ [(18.10)] und aus einer glatten Funktion ψ besteht. Diese Funktion ψ ist im Gletscherbereich jeweils gleich einer der drei unabhängigen deviatorischen Spannungskomponenten, wenn man $\mathbf{T}_0$ berechnet und ist gleich der Eisdichte, wenn man $\mathbf{S}_f$ berechnet. Die Berechnung der typischen Terme erfolgt in zwei Schritten. Dabei werden die bereits eingeführten Bezeichnungen für Randwerte [(18.29)]–[(18.34)] verwendet.

Im ersten Schritt werden zuerst alle Differentialoperatoren und dann alle Integraloperatoren angewandt, außer dem Integraloperator $\Box_z^{-1}$. Als Ergebnis erhält man jeweils eine Distribution, [(18.53)] in der die Sprungfunktion θ [(18.10)], die Deltafunktion δ [(18.11)] und die glatten Funktionen q_1, q_2 und q_3 vorkommen. Die typischen Ausdrücke dieses ersten Schrittes sind im Folgenden tabellarisch aufgelistet. Ihre distributionellen Formen [(18.53)] stehen in den Formeln mit den angegeben Nummern.

Formelnummer	typischer Ausdruck	distributionelle Form
(18.21)	$\partial_z(\theta \cdot \psi)$	
(18.19)	$\partial_y(\theta \cdot \psi)$	
(18.54)	$\partial_z^{-1}\partial_y^2(\theta \cdot \psi)$	
(18.55)	$\partial_z^{-1}\partial_x\partial_y(\theta \cdot \psi)$	$= \theta \cdot q_1(x,y,z)$
(18.26)	$\partial_z^2(\theta \cdot \psi)$	$+ \delta \cdot q_2(x,y)$
(18.23)	$\partial_y^2(\theta \cdot \psi)$	$+ \partial_z[\delta \cdot q_3(x,y)]$
(18.25)	$\partial_z\partial_y(\theta \cdot \psi)$	
(18.22)	$\partial_x\partial_y(\theta \cdot \psi)$	
(18.56)	$\partial_z^{-1}\partial_y^2\partial_x(\theta \cdot \psi)$	
(18.57)	$\partial_z^{-1}\partial_y^3(\theta \cdot \psi)$	

Die typischen Ausdrücke, bei denen die Summe der Operatorexponenten 1 ist, also die ersten vier Ausdrücke in der Liste, dienen zur Berechnung des Summanden $\mathbf{S}_f$ [(17.49)] der allgemeinen Lösung und die typischen Ausdrücke, bei denen die Summe der Operatorexponenten 2 ist, dienen zur Berechnung des Summanden $\mathbf{T}_0$ [(17.48)].

Im zweiten Schritt wird der Operator $\Box_z^{-1}$ auf Distributionen des genannten Typs angewandt. [(18.58)] Alle Matrixelemente von $\mathbf{T}_0$ [(17.48)] und $\mathbf{S}_f$ [(17.49)] können in dieser Form [(18.58)] geschrieben werden.[9] Dabei tritt i. A. auch die z-Ableitung eines Integrals auf. Dieser Term entsteht zwar aus einer Integraldarstellung mit einer Distribution als Integrand, kann jedoch nicht in ein Integral mit einer gewöhnlichen Funktion als Integrand umgeformt werden, lässt also keine gewöhnliche Integraldarstellung zu. Die Matrixelemente von $\mathbf{S}_f$ enthalten keinen solchen Term mit z-Ableitung, die Matrixelemente von $\mathbf{T}_0$ dagegen schon.

$$\theta \cdot q_1(x, y, z) + \delta \cdot q_2(x, y) + \partial_z[\delta \cdot q_3(x, y)] \tag{18.53}$$

$$* * *$$

$$\partial_z^{-1} \partial_y^2 (\theta \cdot \psi)$$

$$\stackrel{(18.23)}{=} \partial_z^{-1}[\theta \cdot \partial_y^2 \psi] - \theta \cdot [\partial_z \psi \cdot (\partial_y z_0)^2 + 2 \cdot \partial_y \psi \cdot \partial_y z_0 + \psi \cdot \partial_y^2 z_0]_{z_0}$$
$$- \delta \cdot \psi \cdot (\partial_y z_0)^2 \tag{18.54}$$

$$\partial_z^{-1} \partial_x \partial_y (\theta \cdot \psi)$$

$$\stackrel{(18.22)}{=} \partial_z^{-1}(\theta \cdot \partial_x \partial_y \psi)$$
$$- \theta \cdot [\partial_z \psi \cdot \partial_x z_0 \cdot \partial_y z_0 + \partial_x \psi \cdot \partial_y z_0 + \partial_y \psi \cdot \partial_x z_0 + \psi \cdot \partial_x \partial_y z_0]_{z_0}$$
$$- \delta \cdot \psi \cdot \partial_x z_0 \cdot \partial_y z_0 \tag{18.55}$$

$$\partial_z^{-1} \partial_x \partial_y^2 (\theta \cdot \psi)$$

$$\stackrel{(18.27)}{=} \partial_z^{-1}(\theta \cdot \partial_x \partial_y^2 \psi)$$

$$- \theta \cdot [\partial_z^2 \psi \cdot \partial_x z_0 \cdot (\partial_y z_0)^2 + \partial_y^2 \psi \cdot \partial_x z_0 + 2 \cdot \partial_y \partial_z \psi \cdot \partial_x z_0 \cdot \partial_y z_0$$
$$+ \partial_x \partial_z \psi \cdot (\partial_y z_0)^2 + 2 \cdot \partial_x \partial_y \psi \cdot \partial_y z_0$$
$$+ \partial_z \psi \cdot \left(2 \cdot \partial_y z_0 \cdot \partial_x \partial_y z_0 + \partial_x z_0 \cdot \partial_y^2 z_0\right)$$
$$+ 2 \cdot \partial_y \psi \cdot \partial_x \partial_y z_0 + \partial_x \psi \cdot \partial_y^2 z_0 + \psi \cdot \partial_x \partial_y^2 z_0]_{z_0}$$

$$- \delta \cdot [2 \cdot \partial_z \psi \cdot \partial_x z_0 \cdot (\partial_y z_0)^2 + 2 \cdot \partial_y \psi \cdot \partial_x z_0 \cdot \partial_y z_0 + \partial_x \psi \cdot (\partial_y z_0)^2$$
$$+ \psi \cdot (2 \cdot \partial_y z_0 \cdot \partial_x \partial_y z_0 + \partial_x z_0 \cdot \partial_y^2 z_0)]$$

$$+ \partial_z[\delta \cdot \psi \cdot \partial_x z_0 \cdot (\partial_y z_0)^2] \tag{18.56}$$

---

[9] Die Summanden in (18.58) sind jeweils Lösungen einer klassischen hyperbolischen Differentialgleichung in drei Variablen mit Randbedingungen und werden in Abschn. 19 diskutiert.

$$\partial_z^{-1} \partial_y^3 (\theta \cdot \psi)$$

$$\overset{(18.28)}{=} \partial_z^{-1} (\theta \cdot \partial_y^3 \psi)$$

$$- \theta \cdot [\partial_z^2 \psi \cdot (\partial_y z_0)^3 + 3 \cdot \partial_y^2 \psi \cdot \partial_y z_0 + 3 \cdot \partial_y \partial_z \psi \cdot (\partial_y z_0)^2$$

$$+ 3 \cdot \partial_z \psi \cdot \partial_y z_0 \cdot \partial_y^2 z_0 + 3 \cdot \partial_y \psi \cdot \partial_y^2 z_0 + \psi \cdot \partial_y^3 z_0]_{z_0}$$

$$- \delta \cdot [2 \cdot \partial_z \psi \cdot (\partial_y z_0)^3 + 3 \cdot \partial_y \psi \cdot (\partial_y z_0)^2 + 3 \cdot \psi \cdot \partial_y z_0 \cdot \partial_y^2 z_0]$$

$$+ \partial_z [\delta \cdot \psi \cdot (\partial_y z_0)^3] \tag{18.57}$$

$$* * *$$

$$\Box_z^{-1} [\theta \cdot q_1(x, y, z) + \delta \cdot q_2(x, y) + \partial_z [\delta \cdot q_3(x, y)]$$

$$= \int dx' dy' dz' \cdot G(\mathbf{r}' - \mathbf{r}) \cdot \theta(\mathbf{r}') \cdot q_1(\mathbf{r}')$$

$$+ \int dx' dy' \cdot [G(\mathbf{r}' - \mathbf{r})]_{/z_0} \cdot q_2(x', y')$$

$$+ \partial_z \int dx' dy' \cdot [G(\mathbf{r}' - \mathbf{r})]_{z_0'} \cdot q_3(x', y') \tag{18.58}$$

$$\theta(\mathbf{r}') \overset{\text{def.}}{=} \theta[z_0(x', y') - z']$$

$$[\cdot]_{/z_0} \overset{\text{def.}}{=} [\cdot]_{z'=z_0(x', y')}$$

18.7 Umformungen im Modelltyp „h"

Die Umformungen der allgemeinen Lösung S in Integraldarstellungen können für die Modelle vom Typ „h"[10] in ähnlicher Weise durchgeführt werden wie für die Modelle vom Typ „a"–„e". Dazu führt man in der x-z-Ebene ein schiefwinkeliges η-ξ-Koordinatensystem ein und rechnet alles auf das schiefwinkelige η-ξ-y-Koordinatensystem um [(18.59)–(18.65)].[11]

---

[10] Die Summanden S_* und T_0 sind im Abschn. 17.8 angegeben.

[11] Die Umrechnung auf die neuen η-ξ-y-Ortskoordinaten dient nur zur einfacheren Darstellung der Ortsabhängigkeit. Die Tensorkomponenten der Spannungstensoren werden nicht transformiert und beziehen sich weiterhin auf das ursprüngliche, cartesische x-y-z-Koordinatensystem. Eine Umrechnung der Tensorkomponenten auf das schiefwinkelige System würde keine Vereinfachung bringen und die Symmetrie der Spannungstensoren ginge verloren.

$$\mathbf{e}_\eta = \frac{1}{\sqrt{3}}(\mathbf{e}_x + \sqrt{2} \cdot \mathbf{e}_z); \qquad \mathbf{e}_\xi = \frac{1}{\sqrt{3}}(-\mathbf{e}_x + \sqrt{2} \cdot \mathbf{e}_z) \qquad (18.59)$$

$$\mathbf{e}_x = \frac{\sqrt{3}}{2}(\mathbf{e}_\eta - \mathbf{e}_\xi); \qquad \mathbf{e}_z = \frac{\sqrt{3}}{2\sqrt{2}}(\mathbf{e}_\eta + \mathbf{e}_\xi) \qquad (18.60)$$

$$x = \frac{1}{\sqrt{3}}(\eta - \xi); \qquad z = \frac{\sqrt{2}}{\sqrt{3}}(\eta + \xi) \qquad (18.61)$$

$$\eta = \frac{\sqrt{3}}{2\sqrt{2}}(\sqrt{2}x + z); \qquad \xi = \frac{\sqrt{3}}{2\sqrt{2}}(-\sqrt{2}x + z) \qquad (18.62)$$

$$\partial_x = \frac{\sqrt{3}}{2}(\partial_\eta - \partial_\xi); \qquad \partial_z = \frac{\sqrt{3}}{2\sqrt{2}}(\partial_\eta + \partial_\xi) \qquad (18.63)$$

$$\partial_\eta = \frac{1}{\sqrt{3}}(\partial_x + \sqrt{2}\partial_z); \qquad \partial_\xi = \frac{1}{\sqrt{3}}(-\partial_x + \sqrt{2}\partial_z) \qquad (18.64)$$

$$(\partial_x^2 - 2\partial_z^2) = -3\partial_\eta\partial_\xi; \qquad (\partial_x^2 - 2\partial_z^2)^{-1} = -\frac{1}{3} \cdot \partial_\eta^{-1}\partial_\xi^{-1} \qquad (18.65)$$

Die hyperbolische Differentialgleichung in drei Variablen

19

Die in distributioneller Form gegebene Lösung der hyperbolischen Differentialgleichung spielt in Modellen der Typen „e" und „f" eine Rolle.[1]

Bei Berechnungen in distributioneller Form umfasst der räumliche Definitionsbereich nicht nur den Gletscherbereich Ω, sondern auch einen externen Bereich Ω_{ext} jenseits der freien Oberfläche Σ (19.1), wo alle zugelassenen Funktionen und Distributionen verschwinden.[2] Die rechte Seite der hyperbolischen Differentialgleichung (19.12) ist eine Distribution, in der die Sprungfunktion θ (19.5), die Deltafunktion δ (19.6) und die glatten Funktionen q_1, q_2 und q_3 vorkommen, die bekannt sind. Die Lösung $\theta \cdot \chi$ dieser Differentialgleichung ist eine glatte Funktion χ im Gletscherbereich und verschwindet im externen Bereich.[3] Diese Lösung $\theta \cdot \chi$ (19.13) entsteht in distributioneller Form, indem man den inversen hyperbolischen Operator $\Box_z^{-1}$ (19.2) auf die Distribution anwendet, die auf der rechten Seite der Differentialgleichung steht.[4]

Diese distributionellen Formen (19.12), (19.13) der hyperbolischen Differentialgleichung und ihrer Lösung können auch klassisch interpretiert werden. Der hyperbolischen Differentialgleichung in distributioneller Form entspricht ein klassisches Randwertproblem und die in distributioneller Form gegebene Lösung ist im Gletscherbereich Ω eine gewöhnliche Funktion.

Um das entsprechende klassische Randwertproblem zu definieren, formt man die linke Seite der distributionellen Differentialgleichung (19.12) identisch um und drückt dabei die x- und y-Ableitung der glatten Funktion χ auf der Fläche Σ mit Hilfe der Differentiationsregeln (19.9), (19.10) durch ihre z-Ableitung und durch die x- bzw. y-Ableitung ihrer Randwerte χ_{z_0} aus. Ein Vergleich dieser Umformung (19.11) mit der rechten Seite dieser

---

[1] S. Abschn. 17.6, 17.7, 18.6.
[2] S. Abschn. 18.1.
[3] Die Funktion $z_0(x, y)$ (19.1) soll auch glatt sein.
[4] S. Abschn. 3.5.

© Springer-Verlag Berlin Heidelberg 2016
P. Halfar, *Spannungen in Gletschern*, DOI 10.1007/978-3-662-48022-9_19

Differentialgleichung $^{(19.12)}$ zeigt, dass die Lösung $\theta \cdot \chi$ $^{(19.13)}$ dieser Differentialgleichung das folgende klassische Randwertproblem $^{(19.14)}$ löst:

1. Die Lösung $\theta \cdot \chi$ erfüllt im Gletscherbereich die inhomogene hyperbolische Differentialgleichung mit der rechten Seite q_1.
2. Der Randwert χ_{z_0} der Lösung an der freien Oberfläche Σ wird durch die Funktion q_3 definiert.
3. Der Randwert $[\partial_z \chi]_{z_0}$ der z-Ableitung wird durch die Funktionen q_2 und q_3 und auch durch die Ableitungen von q_3 definiert.[5]

Die in distributioneller Form $^{(19.13)}$ gegebene Lösung $\theta \cdot \chi$ ist eine Summe aus drei gewöhnlichen Funktionen. Der Wert der ersten Funktion $^{(19.15)}$ in einem Punkt $\mathbf{r}$ ergibt sich durch Integration über den Abhängigkeitskegel, der vom Punkt $\mathbf{r}$ ausgeht,[6] wobei aus dem Kegelbereich jenseits der freien Oberfläche Σ keine Beiträge kommen, da der Integrand dort verschwindet. Diese Funktion $^{(19.15)}$ ist eine Lösung des Randwertproblems $^{(19.14)}$ mit verschwindenden Funktionen q_2 und q_3, sie löst also die inhomogene Differentialgleichung mit der rechten Seite q_1 und verschwindet zusammen mit ihrer z-Ableitung auf der Randfläche Σ.

Der Wert der zweiten Funktion $^{(19.16)}$ in einem Punkt $\mathbf{r}$ ergibt sich durch Integration über den Teil der freien Oberfläche Σ, welcher in diesem Abhängigkeitskegel liegt. Diese Funktion $^{(19.16)}$ ist eine Lösung des Randwertproblems $^{(19.14)}$ mit verschwindenden Funktionen q_1 und q_3, sie löst also die homogene Differentialgleichung, verschwindet auf der Randfläche Σ und hat dort eine durch q_2 definierte z-Ableitung.

Der Wert der dritten Funktion $^{(19.17)}$ kann nicht als Integral mit einer gewöhnlichen Funktion im Integranden geschrieben werden, sondern als z-Ableitung einer Funktion, die vom gleichen Typ ist wie die zweite Funktion. Diese Funktion $^{(19.17)}$ ist eine Lösung des Randwertproblems $^{(19.14)}$ mit verschwindenden Funktionen q_1 und q_2, sie löst also die homogene Differentialgleichung, und ihre Randwerte und die Randwerte ihrer z-Ableitung auf der Randfläche Σ sind durch q_3 definiert.

$$\Sigma: \quad z = z_0(x, y) \tag{19.1}$$

$$\Box_z^{-1} \chi \overset{(3.19)}{=} \int dx'dy'dz' \cdot G(\mathbf{r}' - \mathbf{r}) \cdot \chi(\mathbf{r}') \tag{19.2}$$

$$G(\mathbf{r}' - \mathbf{r}) \overset{(3.20)}{=} \frac{1}{2\pi} \cdot \frac{\theta\left[(z'-z) - \sqrt{(x'-x)^2 + (y'-y)^2}\right]}{\sqrt{(z'-z)^2 - (x'-x)^2 - (y'-y)^2}} \tag{19.3}$$

$$\mathbf{r} = (x, y, z)^T; \quad \mathbf{r}' = (x', y', z')^T \tag{19.4}$$

---

[5] Die Abhängigkeit von q_3 entsteht, indem man die Randfunktion χ_{z_0} gemäß Ziff. 2 durch q_3 ausdrückt.

[6] Die Funktion $G(\mathbf{r}' - \mathbf{r})$ (19.3) ist von Null verschieden nur in den Punkten $\mathbf{r}'$, die in dem vom Punkt $\mathbf{r}$ ausgehenden Abhängigkeitskegel liegen.

$$\theta \overset{\text{def.}}{=} \theta[z_0(x, y) - z] \tag{19.5}$$

$$\delta \overset{\text{def.}}{=} \delta[z_0(x, y) - z] \tag{19.6}$$

$$[\cdot]_{z_0} \overset{\text{def.}}{=} [\cdot]_{z=z_0(x,y)} \tag{19.7}$$

$$\chi_{z_0}(x, y) \overset{\text{def.}}{=} \chi_{z_0} = \chi[x, y, z_0(x, y)] \tag{19.8}$$

$$* * *$$

$$\partial_x \chi_{z_0} \overset{\text{id.}}{=} [\partial_x \chi]_{z_0} + [\partial_z \chi]_{z_0} \cdot \partial_x z_0 \tag{19.9}$$

$$\partial_y \chi_{z_0} \overset{\text{id.}}{=} [\partial_y \chi]_{z_0} + [\partial_z \chi]_{z_0} \cdot \partial_y z_0 \tag{19.10}$$

$$\Box_z(\theta \cdot \chi) \overset{\text{id.}}{=} \theta \cdot \Box_z \chi$$

$$- \delta \cdot \left\{ (\partial_x^2 z_0 + \partial_y^2 z_0) \cdot \chi_{z_0} + 2(\partial_x z_0 \cdot \partial_x \chi_{z_0} + \partial_y z_0 \cdot \partial_y \chi_{z_0}) \right.$$
$$\left. + [\partial_z \chi]_{z_0} \cdot [1 - (\partial_x z_0)^2 - (\partial_y z_0)^2] \right\}$$

$$- \partial_z \left\{ \delta \cdot \chi_{z_0} \cdot [1 - (\partial_x z_0)^2 - (\partial_y z_0)^2] \right\} \tag{19.11}$$

$$* * *$$

$$\Box_z(\theta \cdot \chi) = \theta \cdot q_1(x, y, z) + \delta \cdot q_2(x, y) + \partial_z[\delta \cdot q_3(x, y)] \tag{19.12}$$

$$\Updownarrow$$

$$\theta \cdot \chi = \Box_z^{-1}\{\theta \cdot q_1(x, y, z) + \delta \cdot q_2(x, y) + \partial_z[\delta \cdot q_3(x, y)]\} \tag{19.13}$$

$$\Updownarrow$$

$$\left.\begin{array}{l} \theta \cdot \Box_z \chi = \theta \cdot q_1 \\[2ex] [\partial_z \chi]_{z_0} = \Big[-q_2 - (\partial_x^2 z_0 + \partial_y^2 z_0) \cdot \chi_{z_0} \\[1ex] \qquad\qquad -2(\partial_x z_0 \cdot \partial_x \chi_{z_0} + \partial_y z_0 \cdot \partial_y \chi_{z_0})\Big] \\[1ex] \qquad\qquad \cdot [1 - (\partial_x z_0)^2 - (\partial_y z_0)^2]^{-1} \\[2ex] \chi_{z_0} = -q_3 \cdot [1 - (\partial_x z_0)^2 - (\partial_y z_0)^2]^{-1} \end{array}\right\} \tag{19.14}$$

$$* * *$$

$$[\Box_z^{-1}(\theta \cdot q_1)](\mathbf{r}) = \int dx' dy' dz' \cdot G(\mathbf{r}' - \mathbf{r}) \cdot \theta(\mathbf{r}') \cdot q_1(\mathbf{r}') \tag{19.15}$$

$$\theta(\mathbf{r}') \stackrel{\text{def.}}{=} \theta[z_0(x', y') - z']$$

$$[\Box_z^{-1}(\delta \cdot q_2)](\mathbf{r}) = \int dx' dy' \cdot [G(\mathbf{r}' - \mathbf{r})]'_{z_0} \cdot q_2(x', y') \tag{19.16}$$

$$[\cdot]'_{z_0} \stackrel{\text{def.}}{=} [\cdot]_{z'=z_0(x',y')}$$

$$[\Box_z^{-1}\partial_z(\delta \cdot q_3)](\mathbf{r}) = [\partial_z\Box_z^{-1}(\delta \cdot q_3)](\mathbf{r})$$

$$= \partial_z \int dx' dy' \cdot [G(\mathbf{r}' - \mathbf{r})]_{z_0'} \cdot q_3(x', y') \tag{19.17}$$

Tafeleisberge

20

20.1 Die Funktionen K_1, K_2, χ, I_1 und I_2

Im Folgenden werden einige Eigenschaften der Funktionen $K_1(d)$, $K_2(d)$, $\chi(C_1)$, $I_1(\lambda_*, \Delta)$ und $I_2(\lambda_*, \Delta)$ [(20.5)–(20.9)] dargelegt (Vgl. dazu Abb. 11.1.). Bei den Funktionen I_1 und I_2 spielt das als „Streifen" bezeichnete Gebiet im λ_*-Δ- Koordinatensystem eine Rolle, das zwischen der Ordinate und ihrer rechten Parallele im Abstand 1 liegt. [(20.10)] Als „obere Halbebene" und „untere Halbebene" werden die Gebiete des λ_*-Δ- Koordinatensystems bezeichnet, die über bzw. unter der Abszisse liegen und durch positive bzw. negative Werte von Δ gekennzeichnet sind.

1. Monotonie, Nullstellen und Wertebereiche der Funktionen K_1, K_2 und χ
   Die Funktionen K_1, K_2 und χ [(20.7)–(20.9)] sind jeweils monoton wachsend, verschwinden für verschwindendes Argument und ihr Wertebereich erstreckt sich von minus bis plus Unendlich.
   Begründung: Dass K_1 und K_2 monoton wachsend sind und für verschwindendes Argument verschwinden folgt aus den entsprechenden Eigenschaften [(20.1), (20.2)] der Fließgesetzfunktion Φ. Dass sich ihr Wertebereich von minus bis plus Unendlich erstreckt [(20.11), (20.12)] folgt aus dem gleichmäßig unbeschränkten Wachstum der Fließgesetzfunktion Φ [(20.3), (20.4)]. Auch die Umkehrfunktionen von K_1 und K_2 haben diese Eigenschaften, also hat auch die Funktion χ diese Eigenschaften.
2. Vorzeichen der Funktionen I_1 und I_2 außerhalb des Streifens
   Die Vorzeichen der Funktionen I_1 und I_2 sind in der oberen Halbebene links von dem Streifen positiv und rechts von dem Streifen negativ, hingegen in der unteren Halbebene links von dem Streifen negativ und rechts von dem Streifen positiv.
   Begründung: Diese Vorzeichen der Funktionen I_1 und I_2 ergeben sich aus der Nullstelle und der Monotonie der Fließgesetzfunktion Φ. [(20.1), (20.2)]
3. Monotonie und Wertebereich der Funktionen I_1 und I_2 als Funktionen von λ_*

© Springer-Verlag Berlin Heidelberg 2016
P. Halfar, *Spannungen in Gletschern*, DOI 10.1007/978-3-662-48022-9_20

Die Funktionen I_1 und I_2 sind in der oberen Halbebene monoton fallend in λ_* und in der unteren Halbebene monoton wachsend in λ_*. Ihre Werte durchlaufen alle reellen Zahlen, wenn λ_* alle reellen Zahlen durchläuft.

Begründung: Die Monotonieeigenschaften der Funktionen I_1 und I_2 ergeben sich aus der Monotonie [20.2] der Fließgesetzfunktion Φ. Dass die Werte dieser Funktionen alle reellen Zahlen durchlaufen, folgt aus dem Verhalten dieser Funktionen bei unbeschränkt wachsendem oder fallendem λ_*. [20.13], [20.14]

4. Monotonie und Wertebereich der Funktionen I_1 und I_2 als Funktionen von Δ außerhalb des Streifens

Die Funktionen I_1 und I_2 sind außerhalb des Streifens monotone Funktionen von Δ. Diese Funktionen sind links von dem Streifen monoton wachsend in Δ und rechts von dem Streifen monoton fallend in Δ. Ihre Werte durchlaufen alle reellen Zahlen außer der Null, wenn Δ alle reellen Zahlen außer der Null durchläuft.

Begründung: Die Monotonieeigenschaften der Funktionen I_1 und I_2 ergeben sich aus der Monotonie [20.2] der Fließgesetzfunktion Φ. Dass die Werte dieser Funktionen alle reellen Zahlen außer der Null durchlaufen folgt aus dem Verhalten dieser Funktionen bei unbeschränkt wachsendem oder fallendem Δ [20.13], [20.14] und aus ihrer Konvergenz gegen Null, wenn Δ gegen Null konvergiert.

5. Die Nullniveaulinien der Funktionen I_1 und I_2

Die Nullniveaulinien der Funktionen I_1 und I_2 liegen in dem Streifen und sind jeweils eine Funktion von Δ.[1] Die Nullniveaulinie von I_2 liegt rechts von der Nullniveaulinie von I_1.

Begründung: Dass die Nullniveaulinien von I_1 und I_2 Funktionen von Δ sein müssen, folgt aus den Monotonieeigenschaften (Ziff. 3) der Funktionen I_1 und I_2. Dass sie in dem Streifen liegen, folgt aus den unterschiedlichen Vorzeichen der Funktionswerte von I_1 bzw. I_2 links und rechts von dem Streifen (Ziff. 2). Die Nullniveaulinie von I_2 muss rechts von der Nullniveaulinie von I_1 liegen, da die Funktion I_2 auf der Nullniveaulinie [20.20] von I_1 ein Vorzeichen hat, das entgegengesetzt zu dem Vorzeichen auf der rechten Seite des Streifens ist. [20.21]

6. Die Niveaulinien der Funktion I_1

(a) Die Niveaulinien von I_1 als Funktionen von Δ

Zu jedem reellen I_1-Wert C_1 gibt es eine Niveaulinie und diese Niveaulinie ist eine Funktion $\lambda_{C_1}(\Delta)$ [20.19] von Δ, die für alle nicht verschwindenden Δ definiert ist.

Begründung: Das folgt aus der Monotonie und dem Wertebereich der Funktion I_1 als Funktion von λ_* (Ziff. 3).

(b) Die Niveaulinien der Funktion I_1 außerhalb des Streifens als Funktionen von λ_*

Jede Niveaulinie der Funktion I_1, ausgenommen die Nullniveaulinie, ist außerhalb des Streifens eine Funktion von λ_*, die für alle λ_* außerhalb des Streifens definiert ist.

Begründung: Das folgt aus der Monotonie und dem Wertebereich der Funktion I_1 als Funktion von Δ (Ziff. 4).

---

[1] „Funktion von Δ" bedeutet, dass es zu jedem Wert Δ genau einen passenden Wert λ_* gibt.

(c) Lage der Niveaulinien von I_1 zu nicht verschwindenden I_1-Werten C_1

Die Niveaulinien [20.19] der Funktion I_1 zu nicht verschwindenden I_1-Werten C_1 bestehen aus zwei Ästen. Jeder Ast liegt entweder in der oberen Halbebene oder in der unteren Halbebene (kurz: oben oder unten) und er liegt entweder links oder rechts von der Nullniveaulinie von I_1 (kurz: links oder rechts). Die beiden Äste einer Niveaulinie liegen sich immer diagonal gegenüber: Für negativen I_1-Wert liegt ein Ast links unten und der andere Ast rechts oben, für positiven I_1-Wert liegt ein Ast links oben und der andere Ast rechts unten.

Begründung: Das folgt aus der Monotonie von I_1 in λ_* (Ziff. 3).

(d) Richtung der Niveaulinien und der Gradienten von I_1 außerhalb des Streifens

Die Niveaulinien sind immer zu einer Koordinatenachse hingerichtet und von der anderen Koordinatenachse weggerichtet. Die Gradienten zu den Niveaulinien links oben und rechts unten sind von beiden Koordinatenachsen weggerichtet und die Gradienten zu den Niveaulinien links unten und rechts oben sind zu beiden Koordinatenachsen hingerichtet.

Begründung: Das folgt aus den Vorzeichen der Ableitungen [20.15], [20.16] von I_1.

(e) Asymptote der Niveaulinien von I_1 zu nicht verschwindenden I_1-Werten C_1

Die Niveaulinien [20.19] der Funktion I_1 zu nicht verschwindenden I_1-Werten C_1 haben die Abszisse als Asymptote und gehen bei Annäherung an diese Asymptote in Hyperbeln über. [20.23]

Begründung: Wenn man sich auf der Niveaulinie der Abszisse nähert, dann bleibt in dem Ausdruck für die Konstante C_1 [20.22] das Produkt aus den beiden Koordinaten Δ und $\lambda_{C_1}(\Delta)$ beschränkt, weil die Fließgesetzfunktion Φ gleichmäßige asymptotische Eigenschaften [20.3], [20.4] hat. Daher spielt sich alles in einem kompakten Bereich innerhalb des zweidimensionalen Definitionsbereiches der Fließgesetzfunktion Φ ab. In diesem kompakten Bereich ist diese Funktion Φ gleichmäßig stetig, weshalb man man in dem Ausdruck für die Konstante C_1 [20.22] den Grenzübergang mit der Integration vertauschen kann. Daraus folgt, dass die Niveaulinie von I_1 zum Wert C_1 asymptotisch in eine Hyperbel übergeht, da das Produkt aus ihren beiden Koordinaten Δ und $\lambda_{C_1}(\Delta)$ einem nicht verschwindenden Grenzwert [20.23] zustrebt.

7. Die Werte der Funktion I_2 auf den Niveaulinien von I_1

(a) Monotonie der Funktion I_2

Der Wert der Funktion I_2 nimmt zu, wenn man sich im λ_*-Δ-Koordinatensystem auf einer I_1-Niveaulinie von unten nach oben bewegt, wenn also Δ zunimmt.

Begründung: Die Ableitungen der Funktion I_2 nach der Bogenlänge der I_1-Niveaulinie in Richtung wachsender Δ-Werte sind positiv. [20.27] Dabei sind die Ableitungsrichtungen in der unteren Halbebene durch die Tangentialvektoren $\mathbf{t}$ [20.25] der I_1-Niveaulinie definiert, die durch Drehung der Gradientenvektoren um jeweils einen rechten Winkel entstehen. Dagegen sind die Ableitungsrichtungen in der oberen Halbebene durch die negativen Tangentialvektoren $-\mathbf{t}$ definiert.

(b) Ausgeschlossene Werte der Funktion I_2

Zu jeder I_1-Niveaulinie[2] gibt es einen ausgeschlossenen I_2-Wert, den die Funktion I_2 auf dieser Niveaulinie nicht annimmt und der durch die Funktion $\chi(C_1)$ des I_1-Wertes C_1 gegeben ist. Der I_2-Funktionswert konvergiert gegen diesen ausgeschlossenen I_2-Wert, wenn man sich auf der I_1-Niveaulinie der Abszisse nähert. [(20.28)]

Begründung: Dass dieser I_2-Wert [(20.28)] ausgeschlossen ist, folgt aus der Monotonie der Funktion I_2 auf der I_1-Niveaulinie.

(c) Wertebereich der Funktion I_2

Der Wertebereich der Funktion I_2 auf der I_1-Niveaulinie enthält alle Werte, ausgenommen den ausgeschlossenen I_2-Wert [(20.28)].

Begründung: Das folgt aus der Monotonie der Funktion I_2 auf der I_1-Niveaulinie, aus dem ausgeschlossenen I_2-Wert und aus dem Verhalten der Funktion I_2 bei unbeschränkt wachsendem Δ. [(20.30), (20.31)]

$$\Phi(\lambda,0) \overset{\text{vor.}}{=} 0 \tag{20.1}$$

$$\frac{\Phi(\lambda,d') - \Phi(\lambda,d)}{d'-d} \overset{\text{vor.}}{>} 0; \quad d' \neq d \tag{20.2}$$

$$|\check{\Phi}(d)| \overset{\text{vor.}}{\leq} |\Phi(\lambda,d)| \tag{20.3}$$

$$d \to \pm\infty: \quad |\check{\Phi}(d)| \overset{\text{vor.}}{\to} \infty \tag{20.4}$$

$$***$$

$$I_1(\lambda_*,\Delta) \overset{\text{def.}}{=} \int\limits_0^1 d\lambda \cdot \Phi[\lambda,\Delta(\lambda-\lambda_*)] \tag{20.5}$$

$$I_2(\lambda_*,\Delta) \overset{\text{def.}}{=} \int\limits_0^1 d\lambda \cdot \lambda \cdot \Phi[\lambda,\Delta(\lambda-\lambda_*)] \tag{20.6}$$

$$K_1(d) \overset{\text{def.}}{=} \int\limits_0^1 d\lambda \cdot \Phi[\lambda,d] \tag{20.7}$$

---

[2] Nur die obere und untere Halbebene des λ_*-Δ-Koordinatensystems werden betrachtet, die Abszisse $\Delta = 0$ wird also ausgespart.

$$K_2(d) \overset{\text{def.}}{=} \int\limits_0^1 d\lambda \cdot \lambda \cdot \Phi[\lambda, d] \tag{20.8}$$

$$\chi(C_1) \overset{\text{def.}}{=} K_2[\overset{-1}{K_1}(C_1)] \tag{20.9}$$

$$***$$

$$\text{Streifen} = \{(\lambda_*, \Delta) | 0 < \lambda_* < 1\} \tag{20.10}$$

$$***$$

$$d \to \pm\infty:$$

$$|K_1(d)| = \left| \int\limits_0^1 d\lambda \cdot \Phi(\lambda, d) \right| = \int\limits_0^1 d\lambda \cdot |\Phi(\lambda, d)| \geq \int\limits_0^1 d\lambda \cdot |\check{\Phi}(d)| \overset{(20.4)}{\to} \infty \tag{20.11}$$

$$|K_2(d)| = \left| \int\limits_0^1 d\lambda \cdot \lambda \cdot \Phi(\lambda, d) \right| = \int\limits_0^1 d\lambda \cdot \lambda \cdot |\Phi(\lambda, d)| \geq \int\limits_0^1 d\lambda \cdot \lambda \cdot |\check{\Phi}(d)| \overset{(20.4)}{\to} \infty \tag{20.12}$$

$$***$$

$$\Delta \neq 0; \quad \lambda_* \notin (0, 1); \quad \lambda_* \to \pm\infty \text{ oder } \Delta \to \pm\infty:$$

$$|I_1(\lambda_*, \Delta)| = \left| \int\limits_0^1 d\lambda \cdot \Phi[\lambda, \Delta(\lambda - \lambda_*)] \right| = \int\limits_0^1 d\lambda \cdot |\Phi[\lambda, \Delta(\lambda - \lambda_*)]|$$

$$\geq \int\limits_0^1 d\lambda \cdot |\check{\Phi}[\Delta(\lambda - \lambda_*)]| \overset{(20.4)}{\to} \infty \tag{20.13}$$

$$|I_2(\lambda_*, \Delta)| = \left| \int\limits_0^1 d\lambda \cdot \lambda \cdot \Phi[\lambda, \Delta(\lambda - \lambda_*)] \right| = \int\limits_0^1 d\lambda \cdot \lambda \cdot |\Phi[\lambda, \Delta(\lambda - \lambda_*)]|$$

$$\geq \int\limits_0^1 d\lambda \cdot \lambda \cdot |\check{\Phi}[\Delta(\lambda - \lambda_*)]| \overset{(20.4)}{\to} \infty \tag{20.14}$$

$$***$$

$$\partial_{\lambda_*} I_1(\lambda_*, \Delta) = -\Delta \cdot \int_0^1 d\lambda \cdot \partial_d \Phi[\lambda, \Delta(\lambda - \lambda_*)] \tag{20.15}$$

$$\partial_\Delta I_1(\lambda_*, \Delta) = \int_0^1 d\lambda \cdot (\lambda - \lambda_*) \cdot \partial_d \Phi[\lambda, \Delta(\lambda - \lambda_*)] \tag{20.16}$$

$$\partial_{\lambda_*} I_2(\lambda_*, \Delta) = -\Delta \cdot \int_0^1 d\lambda \cdot \lambda \cdot \partial_d \Phi[\lambda, \Delta(\lambda - \lambda_*)] \tag{20.17}$$

$$\partial_\Delta I_2(\lambda_*, \Delta) = \int_0^1 d\lambda \cdot \lambda \cdot (\lambda - \lambda_*) \cdot \partial_d \Phi[\lambda, \Delta(\lambda - \lambda_*)] \tag{20.18}$$

$$*** $$

$$\lambda_* = \lambda_{C_1}(\Delta); \quad I_1[\lambda_{C_1}(\Delta), \Delta] = C_1 \tag{20.19}$$

$$\lambda_* = \lambda_0(\Delta); \quad I_1[\lambda_0(\Delta), \Delta] = 0 \tag{20.20}$$

$$I_2(\lambda_0, \Delta) = \int_0^1 d\lambda \cdot \underbrace{(\lambda - \lambda_0) \cdot \Phi[\lambda, \Delta(\lambda - \lambda_0)]}_{\text{sign}=\text{sign}(\Delta)} \tag{20.21}$$

$$*** $$

$$C_1 = \int_0^1 d\lambda \cdot \Phi\{\lambda, \Delta[\lambda - \lambda_{C_1}(\Delta)]\} = \lim_{\Delta \to 0} \int_0^1 d\lambda \cdot \Phi\{\lambda, \Delta[\lambda - \lambda_{C_1}(\Delta)]\}$$

$$= K_1 \left[-\lim_{\Delta \to 0} \Delta \cdot \lambda_{C_1}(\Delta) \right] \tag{20.22}$$

$$\lim_{\Delta \to 0} \Delta \cdot \lambda_{C_1}(\Delta) = -\overset{-1}{K_1}(C_1) \tag{20.23}$$

$$*** $$

$$\nabla I_2(\lambda_*, \Delta) = \begin{bmatrix} \partial_{\lambda_*} I_2(\lambda_*, \Delta) \\ \partial_\Delta I_2(\lambda_*, \Delta) \end{bmatrix} \tag{20.24}$$

$$\mathbf{t} \overset{\text{def.}}{=} \begin{bmatrix} -\partial_\Delta I_1(\lambda_*, \Delta) \\ \partial_{\lambda_*} I_1(\lambda_*, \Delta) \end{bmatrix} \tag{20.25}$$

$$\int\limits_0^1 \int\limits_0^1 d\lambda \cdot d\lambda' \cdot f(\lambda, \lambda') \cdot q(\lambda) \cdot q(\lambda')$$

$$\overset{\text{id.}}{=} \int\limits_0^1 \int\limits_0^1 d\lambda \cdot d\lambda' \cdot \frac{[f(\lambda, \lambda') + f(\lambda', \lambda)]}{2} \cdot q(\lambda) \cdot q(\lambda') \tag{20.26}$$

$$-\frac{\text{sign}\,(\Delta) \cdot \mathbf{t}}{|\mathbf{t}|} \cdot \nabla I_2$$

$$= -\frac{|\Delta|}{|\mathbf{t}|} \cdot \int\limits_0^1 \int\limits_0^1 d\lambda \cdot d\lambda' \cdot (\lambda - \lambda_*)(\lambda' - \lambda) \cdot \partial_d \Phi[\lambda, \Delta(\lambda - \lambda_*)] \cdot \partial_d \Phi[\lambda', \Delta(\lambda' - \lambda_*)]$$

$$\overset{(20.26)}{=} \frac{|\Delta|}{2|\mathbf{t}|} \int\limits_0^1 \int\limits_0^1 d\lambda \cdot d\lambda' \cdot (\lambda' - \lambda)^2 \cdot \partial_d \Phi[\lambda, \Delta(\lambda - \lambda_*)] \cdot \partial_d \Phi[\lambda', \Delta(\lambda' - \lambda_*)] \overset{(20.2)}{>} 0$$

$$\tag{20.27}$$

$$* * *$$

$$\lim_{\Delta \to 0} I_2[\lambda_{C_1}(\Delta), \Delta] = \lim_{\Delta \to 0} \int\limits_0^1 d\lambda \cdot \lambda \cdot \Phi\{\lambda, \Delta[\lambda - \lambda_{C_1}(\Delta)]\}$$

$$= \int\limits_0^1 d\lambda \cdot \lambda \cdot \Phi\{\lambda, -\lim_{\Delta \to 0} \Delta \cdot \lambda_{C_1}(\Delta)\}$$

$$\overset{(20.23)}{=} K_2\left[\overset{-1}{K_1}(C_1)\right] \overset{\text{def.}}{=} \chi(C_1) \tag{20.28}$$

$$* * *$$

$$\Delta \to \pm\infty: \tag{20.29}$$

$$I_2[\lambda_{C_1}(\Delta), \Delta] = \int\limits_0^1 d\lambda \cdot \lambda \cdot \Phi\{\lambda, \Delta[\lambda - \lambda_{C_1}(\Delta)]\}$$

$$= \int\limits_0^1 d\lambda \cdot \underbrace{[\lambda - \lambda_{C_1}(\Delta)] \cdot \Phi\{\lambda, \Delta[\lambda - \lambda_{C_1}(\Delta)]\}}_{\text{sign}=\text{sign}(\Delta)} + \underbrace{\lambda_{C_1}(\Delta) \cdot C_1}_{\text{beschraenkt}} \tag{20.30}$$

$$\left| \int_0^1 d\lambda \cdot \underbrace{[\lambda - \lambda_{C_1}(\Delta)] \cdot \Phi\{\lambda, \Delta[\lambda - \lambda_{C_1}(\Delta)]\}}_{\text{sign}=\text{sign}(\Delta)} \right|$$

$$= \int_0^1 d\lambda \cdot |[\lambda - \lambda_{C_1}(\Delta)] \cdot \Phi\{\lambda, \Delta[\lambda - \lambda_{C_1}(\Delta)]\}|$$

$$> \int_0^1 d\lambda \cdot \left| [\lambda - \lambda_{C_1}(\Delta)] \cdot \check{\Phi}\{\Delta[\lambda - \lambda_{C_1}(\Delta)]\} \right| \stackrel{(20.4)}{\to} \infty \qquad (20.31)$$

20.2   Existenz und Eindeutigkeit der Lösung

Im Abschn. 11.3.4 wurde bereits gezeigt, dass es eine räumlich konstante Lösung [(11.71)] gibt, wenn die Konstanten C_1 und C_2 eine entsprechende Relation [(11.75)] erfüllen. Aus den Eigenschaften der Funktionen I_1 und I_2[3] folgt, dass es auch in allen anderen Fällen eine – dann räumlich nicht konstante – Lösung [(11.76)] gibt.

Weiterhin folgt aus diesen Eigenschaften der Funktionen I_1 und I_2, dass es in jedem Fall nur eine einzige Lösung gibt. Im Folgenden wird diese Eindeutigkeit der Lösung auf besonders einfache Weise bewiesen, indem man mit zwei Lösungen d_1 und d_2 einen positiv definiten Ausdruck bildet, der nur verschwinden kann, wenn beide Lösungen übereinstimmen. Dieser positiv definite Ausdruck muss aufgrund der für beide Lösungen gleichen seitlichen Randbedingungen [(20.33)] und wegen der Linearität der beiden Lösungen [(20.34)] tatsächlich verschwinden. [(20.35)] Deshalb müssen die beiden Lösungen d_1 und d_2 übereinstimmen.

$$\sigma_i(\lambda) \stackrel{(11.61)}{=} \Phi[\lambda, d_i(\lambda)]; \quad i = 1, 2 \qquad (20.32)$$

$$0 \stackrel{(11.57),(11.58)}{=} \int_0^1 d\lambda \cdot [\sigma_2(\lambda) - \sigma_1(\lambda)]$$

$$= \int_0^1 d\lambda \cdot \lambda \cdot [\sigma_2(\lambda) - \sigma_1(\lambda)] \qquad (20.33)$$

$$0 \stackrel{(11.52)}{=} \partial_\lambda^2 d_i(\lambda); \quad i = 1, 2 \qquad (20.34)$$

$$0 = \int_0^1 d\lambda \cdot \underbrace{[\sigma_2(\lambda) - \sigma_1(\lambda)] \cdot [d_2(\lambda) - d_1(\lambda)]}_{\stackrel{(20.2)}{\geq} 0} \qquad (20.35)$$

---

[3] S. Ziff. 7, Abschn. 20.1

20.3 Beispiele

In den Beispielen soll sich die negative Potenz $A^{-1/n}(\lambda)$ in vertikaler Richtung linear ändern, [(20.36)] wobei an der Sohle eine Temperatur von $0\,°C$ mit dem entsprechenden Wert $A_{0\,°C}$ des Fließgesetzparameters A und an der Oberfläche eine Temperatur T mit dem entsprechenden Wert A_T des Fließgesetzparameters A herrschen soll.

Ist das Kriterium für konstante räumliche Verzerrungsraten nicht erfüllt, [(20.48)] erhält man eine Bestimmungsgleichung für λ_*. [(20.50)] Hat man daraus λ_* bestimmt, lässt sich Δ berechnen [(20.51)] und die horizontale Verzerrungsrate d [(20.49)] liegt damit vor.

Ist das Kriterium für räumlich konstante Verzerrungsraten erfüllt, [(20.53)] erhält man eine räumlich konstante horizontale Verzerrungsrate d_c. [(20.55), (20.56)] Dieser Fall tritt nur ein, wenn der Fließgesetzparameter A_T an der Oberfläche einen durch das Kriterium festgelegten Wert [(20.54)] hat.

$$A^{-1/n}(\lambda) \overset{\text{def.}}{=} A_{0\,°C}^{-1/n} + \lambda \cdot [A_T^{-1/n} - A_{0\,°C}^{-1/n}] \tag{20.36}$$

$$\int\limits_0^1 d\lambda \cdot A^{-1/n}(\lambda) = \frac{1}{2} \cdot \left(A_{0\,°C}^{-1/n} + A_T^{-1/n}\right) \tag{20.37}$$

$$\int\limits_0^1 d\lambda \cdot \lambda \cdot A^{-1/n}(\lambda) = \frac{1}{6} \cdot \left(A_{0\,°C}^{-1/n} + 2A_T^{-1/n}\right) \tag{20.38}$$

$$\frac{\int_0^1 d\lambda \cdot \lambda \cdot A^{-1/n}(\lambda)}{\int_0^1 d\lambda \cdot A^{-1/n}(\lambda)} = \frac{1}{3} \cdot \frac{\left(1 + 2A_T^{-1/n}/A_{0\,°C}^{-1/n}\right)}{\left(1 + A_T^{-1/n}/A_{0\,°C}^{-1/n}\right)} \tag{20.39}$$

$$***$$

$$\mu \overset{\text{vor.}}{>} -1 \tag{20.40}$$

$$\partial_\lambda |\lambda - \lambda_*| \overset{\text{id.}}{=} \text{sign}(\lambda - \lambda_*) \tag{20.41}$$

$$|\lambda - \lambda_*|^\mu \cdot \text{sign}(\lambda - \lambda_*) \overset{\text{id.}}{=} \partial_\lambda \frac{|\lambda - \lambda_*|^{\mu+1}}{(\mu + 1)} \tag{20.42}$$

$$\int\limits_0^1 d\lambda \cdot |\lambda - \lambda_*|^\mu \cdot \text{sign}(\lambda - \lambda_*) \overset{\text{id.}}{=} \frac{\left(|1 - \lambda_*|^{\mu+1} - |\lambda_*|^{\mu+1}\right)}{(\mu + 1)} \tag{20.43}$$

$$|\lambda - \lambda_*|^\mu \overset{\text{id.}}{=} \partial_\lambda \frac{\left[|\lambda - \lambda_*|^{\mu+1} \cdot \text{sign}(\lambda - \lambda_*)\right]}{(\mu + 1)} \tag{20.44}$$

$$\int\limits_0^1 d\lambda \cdot |\lambda - \lambda_*|^\mu \overset{\text{id.}}{=} \frac{\left[|1 - \lambda_*|^{\mu+1} \cdot \text{sign}(1 - \lambda_*) + |\lambda_*|^{\mu+1} \cdot \text{sign}(\lambda_*)\right]}{(\mu + 1)} \tag{20.45}$$

$$\int\limits_0^1 d\lambda \cdot A^{-1/n}(\lambda) \cdot |\lambda - \lambda_*|^{1/n} \cdot \text{sign}(\lambda - \lambda_*)$$

$$= \frac{A_{0\,^\circ\text{C}}^{-1/n} \cdot \left[1 + \lambda_* \cdot \left(-1 + A_T^{-1/n}/A_{0\,^\circ\text{C}}^{-1/n}\right)\right]}{(1 + 1/n)} \cdot \left(|1 - \lambda_*|^{1+1/n} - |\lambda_*|^{1+1/n}\right)$$

$$+ \frac{A_{0\,^\circ\text{C}}^{-1/n} \cdot \left(-1 + A_T^{-1/n}/A_{0\,^\circ\text{C}}^{-1/n}\right)}{(2 + 1/n)}$$

$$\cdot \left[|1 - \lambda_*|^{2+1/n} \cdot \text{sign}(1 - \lambda_*) + |\lambda_*|^{2+1/n} \cdot \text{sign}(\lambda_*)\right] \tag{20.46}$$

$$\int\limits_0^1 d\lambda \cdot \lambda \cdot A^{-1/n}(\lambda) \cdot |\lambda - \lambda_*|^{1/n} \cdot \text{sign}(\lambda - \lambda_*)$$

$$= \frac{A_{0\,^\circ\text{C}}^{-1/n} \cdot \left(-1 + A_T^{-1/n}/A_{0\,^\circ\text{C}}^{-1/n}\right)}{(3 + 1/n)} \cdot \left(|1 - \lambda_*|^{3+1/n} - |\lambda_*|^{3+1/n}\right)$$

$$+ \frac{A_{0\,^\circ\text{C}}^{-1/n} \cdot \left[1 + 2\lambda_* \cdot \left(-1 + A_T^{-1/n}/A_{0\,^\circ\text{C}}^{-1/n}\right)\right]}{(2 + 1/n)}$$

$$\cdot \left[|1 - \lambda_*|^{2+1/n} \cdot \text{sign}(1 - \lambda_*) + |\lambda_*|^{2+1/n} \cdot \text{sign}(\lambda_*)\right]$$

$$+ \frac{A_{0\,^\circ\text{C}}^{-1/n} \cdot \lambda_* \cdot \left[1 + \lambda_* \cdot \left(-1 + A_T^{-1/n}/A_{0\,^\circ\text{C}}^{-1/n}\right)\right]}{(1 + 1/n)} \cdot \left(|1 - \lambda_*|^{1+1/n} - |\lambda_*|^{1+1/n}\right) \tag{20.47}$$

$$* * *$$

$$C_1 \overset{\text{vor.}}{\neq} 0$$

$$\frac{1}{3} \cdot \frac{\left(1 + 2A_T^{-1/n}/A_{0\,^\circ\text{C}}^{-1/n}\right)}{\left(1 + A_T^{-1/n}/A_{0\,^\circ\text{C}}^{-1/n}\right)} \overset{(11.96),(20.39)}{\neq} \frac{C_2}{C_1} \tag{20.48}$$

$$d(\lambda) = \Delta \cdot (\lambda - \lambda_*) \tag{20.49}$$

$$\frac{\left[|1 - \lambda_*|^{3+1/n} - |\lambda_*|^{3+1/n}\right]}{(3 + 1/n)} \cdot \left[(A_T/A_{0\,\circ}\text{c})^{-1/n} - 1\right]$$

$$+ \frac{\left[|1 - \lambda_*|^{2+1/n} \cdot \text{sign}(1 - \lambda_*) + |\lambda_*|^{2+1/n} \cdot \text{sign}(\lambda_*)\right]}{(2 + 1/n)}$$

$$\cdot \left\{1 + [2\lambda_* - (C_2/C_1)] \left[(A_T/A_{0\,\circ}\text{c})^{-1/n} - 1\right]\right\}$$

$$+ \frac{\left[|1 - \lambda_*|^{1+1/n} - |\lambda_*|^{1+1/n}\right]}{(1 + 1/n)}$$

$$\cdot \left\{1 + \lambda_* \left[(A_T/A_{0\,\circ}\text{c})^{-1/n} - 1\right]\right\} [\lambda_* - (C_2/C_1)] = 0 \tag{20.50}$$

$[\to (11.100); (20.46); (20.47)]$

$$|\Delta|^{1/n}\text{sign}(\Delta) = C_1\sqrt{3}^{(1-1/n)} \left\{ \underbrace{\int_0^1 d\lambda \cdot A^{-1/n}(\lambda) \cdot |\lambda - \lambda_*|^{1/n} \cdot \text{sign}(\lambda - \lambda_*)}_{(20.46)} \right\}^{-1} \tag{20.51}$$

$[\to (11.101)]$

$$***$$

$$C_1 \overset{\text{vor.}}{\neq} 0 \tag{20.52}$$

$$\frac{1}{3} \cdot \frac{\left(1 + 2A_T^{-1/n}/A_{0\,\circ\text{C}}^{-1/n}\right)}{\left(1 + A_T^{-1/n}/A_{0\,\circ\text{C}}^{-1/n}\right)} \overset{(11.102),(20.39)}{=} \frac{C_2}{C_1} \tag{20.53}$$

$$\left(\frac{A_T}{A_{0\,\circ}\text{c}}\right)^{-1/n} = \frac{(-1 + 3C_2/C_1)}{(2 - 3C_2/C_1)} \tag{20.54}$$

$$d(\lambda) = d_c \qquad (20.55)$$

$$|d_c|^{1/n} \cdot \text{sign}(d_c) \overset{(11.105),(20.37)}{=} C_1 \cdot \sqrt{3}^{(1-1/n)} \cdot 2 \left(A_{0\,^\circ\text{C}}^{-1/n} + A_T^{-1/n} \right)^{-1} \qquad (20.56)$$

20.4 Die Konstanten C_1 und C_2

20.4.1 Räumlich nicht konstante Dichten von Eis und Wasser

Es wird mit der dimensionslosen vertikalen Koordinate λ [(20.59)] gerechnet, die an der Sohle des Tafeleisberges verschwindet und an seiner Oberfläche den Wert 1 hat. Die Dicke des Tafeleisberges wird mit h [(20.57)] bezeichnet und die Dicke des vom Tafeleisberg ausgefüllten Wasserkörpers mit $\tilde{h}$ [(20.58)]. Alle Größen lassen sich einheitlich durch Mehrfachintegrale ausdrücken, wenn man den Integraloperator ∂_λ^{-1} [(20.63)] verwendet[4] und alle auftretenden Funktionen [(20.62)], wie z.B. die Dichten ρ [(20.60)] und $\tilde{\rho}$ [(20.61)] von Eis und Wasser, über ihren ursprünglichen Definitionsbereich hinaus nach oben hin durch den Wert Null fortsetzt.

Damit lassen sich das Archimedische Prinzip [(20.70)] sowie die Konstanten C_1 [(20.71)] und C_2 [(20.72)] durch Einfach- bzw. Mehrfachintegrale der Eis-Wasser-Dichtedifferenz ausdrücken.

$$h = z_0 - z_1 \qquad (20.57)$$

$$\tilde{h} = -z_1 \qquad (20.58)$$

$$\lambda = \frac{z - z_1}{z_0 - z_1} = \frac{z + \tilde{h}}{h} \qquad (20.59)$$

$$* * *$$

$$\rho(\lambda) \overset{\text{def.}}{=} 0; \quad \lambda \overset{\text{vor.}}{>} 1 \qquad (20.60)$$

$$\tilde{\rho}(\lambda) \overset{\text{def.}}{=} 0; \quad \lambda \overset{\text{vor.}}{>} \tilde{h}/h \qquad (20.61)$$

$$\psi(\lambda) \overset{\text{vor.}}{=} 0; \quad \lambda \overset{\text{vor.}}{>} 1 \qquad (20.62)$$

---

[4] S. Abschn. 3.1.

$$(\partial_\lambda^{-1}\psi)(\lambda) \overset{\text{def.}}{=} -\int\limits_\lambda^\infty d\lambda' \cdot \psi(\lambda') \tag{20.63}$$

$$\partial_\lambda^{-1}(\lambda \cdot \psi) \overset{\text{id.}}{=} \lambda \cdot \partial_\lambda^{-1}\psi - \partial_\lambda^{-2}\psi \tag{20.64}$$

$$\left[\partial_\lambda^{-1}(\lambda \cdot \psi)\right]_{\lambda=0} \overset{\text{id.}}{=} -\left[\partial_\lambda^{-2}\psi\right]_{\lambda=0} \tag{20.65}$$

$$\ast\ast\ast$$

$$p(\lambda) = -gh \cdot \partial_\lambda^{-1}\rho \tag{20.66}$$

$$\tilde{p}(\lambda) = -gh \cdot \partial_\lambda^{-1}\tilde{\rho} \tag{20.67}$$

$$\partial_\lambda^{-n}p = -gh \cdot \partial_\lambda^{-n-1}\rho; \quad n = 0, 1, \ldots \tag{20.68}$$

$$\partial_\lambda^{-n}\tilde{p} = -gh \cdot \partial_\lambda^{-n-1}\tilde{\rho}; \quad n = 0, 1, \ldots \tag{20.69}$$

$$\ast\ast\ast$$

$$0 = \left[\partial_\lambda^{-1}(\rho - \tilde{\rho})\right]_{\lambda=0} \tag{20.70}$$

$$C_1 \overset{(11.46)}{=} -\frac{1}{3} \cdot \left[\partial_\lambda^{-1}(p - \tilde{p})\right]_{\lambda=0} = \frac{gh}{3} \cdot \left[\partial_\lambda^{-2}(\rho - \tilde{\rho})\right]_{\lambda=0} \tag{20.71}$$

$$C_2 \overset{(11.47)}{=} -\frac{1}{3} \cdot \left\{\partial_\lambda^{-1}[\lambda \cdot (p - \tilde{p})]\right\}_{\lambda=0} \overset{(20.65)}{=} -\frac{gh}{3} \cdot \left[\partial_\lambda^{-3}(\rho - \tilde{\rho})\right]_{\lambda=0} \tag{20.72}$$

$$\frac{C_2}{C_1} = -\left[\frac{\partial_\lambda^{-3}(\rho - \tilde{\rho})}{\partial_\lambda^{-2}(\rho - \tilde{\rho})}\right]_{\lambda=0} \tag{20.73}$$

20.4.2 Räumlich konstante Dichten von Eis und Wasser

Haben die Dichten im Tafeleisberg bzw. im Gewässer räumlich konstante Werte ρ_c [(20.74)] bzw. $\tilde{\rho}_c$ [(20.75)], lassen sich das Archimedische Prinzip [(20.78)] sowie die Konstanten C_1 [(20.79)] und C_2 [(20.80)] durch diese Werte ausdrücken.

$$\rho(\lambda) = \theta(1 - \lambda) \cdot \rho_c \tag{20.74}$$

$$\tilde{\rho}(\lambda) = \theta\left(\frac{\tilde{h}}{h} - \lambda\right) \cdot \tilde{\rho}_c = \theta\left(\frac{\rho_c}{\tilde{\rho}_c} - \lambda\right) \cdot \tilde{\rho}_c \tag{20.75}$$

$$\partial_\lambda^{-n}\rho = \theta(1 - \lambda) \cdot \frac{(-1)^n}{n!} \cdot (1 - \lambda)^n \cdot \rho_c; \quad n = 0, 1, \ldots \tag{20.76}$$

$$\partial_\lambda^{-n}\tilde{\rho} = \theta\left(\frac{\rho_c}{\tilde{\rho}_c} - \lambda\right) \cdot \frac{(-1)^n}{n!} \cdot \left(\frac{\rho_c}{\tilde{\rho}_c} - \lambda\right)^n \cdot \tilde{\rho}_c; \quad n = 0, 1, \ldots \tag{20.77}$$

$$***$$

$$\frac{\rho_c}{\tilde{\rho}_c} = \frac{\tilde{h}}{h} \tag{20.78}$$

$$C_1 = \frac{gh\rho_c}{6} \cdot \left(1 - \frac{\rho_c}{\tilde{\rho}_c}\right) \tag{20.79}$$

$$C_2 = \frac{gh\rho_c}{18} \cdot \left(1 - \frac{\rho_c^2}{\tilde{\rho}_c^2}\right) \tag{20.80}$$

$$\frac{C_2}{C_1} = \frac{1}{3} \cdot \left(1 + \frac{\rho_c}{\tilde{\rho}_c}\right) \tag{20.81}$$

Erklärung und Verzeichnis der Symbole

Bei den cartesischen Koordinaten werden nummerierte und nicht nummerierte Bezeichnungen synonym verwendet mit $x = x_1$, $y = x_2$, $z = x_3$ für Koordinaten, $\partial_x = \partial_1$ usw. für partielle Ableitungen, $u_x = u_1$ usw. für Vektorkomponenten und $H_{xx} = H_{11}$ usw. für Tensorkomponenten. Es gilt die Summenkonvention, wonach über paarweise auftretende Indexvariable zu summieren ist.

Vektoren und Tensoren werden durch fettgedruckte lateinische Buchstaben bezeichnet, die jeweils in doppelter Bedeutung auftreten können. Sie können sowohl den jeweiligen Vektor oder Tensor bezeichnen als auch die Matrix seiner cartesischen Komponenten in Bezug auf ein definiertes Koordinatensystem. Das Symbol **r** kann in drei miteinander verwandten Bedeutungen auftreten: Es kann den Ortsvektor vom Koordinatenursprung zu dem jeweils betrachteten Punkt symbolisieren oder die Spaltenmatrix seiner cartesischen Komponenten x, y, z oder den Punkt selbst. Einige Symbole, wie beispielsweise χ, werden in mehreren, miteinander nicht verwandten Bedeutungen verwendet und sind in dem folgenden Verzeichnis entsprechend oft aufgeführt.

Mit oder ohne Punkt geschriebene Produkte sind entweder Skalarprodukte zwischen Spaltenmatrizen oder allgemeine Matrizenprodukte, die gemäß den Regeln der Matrizenrechnung definiert sind, wie beispielsweise der Skalar $|\mathbf{n}|^2 = \mathbf{nn} = \mathbf{n} \cdot \mathbf{n} = \mathbf{n}^T \mathbf{n} = \mathbf{n}^T \cdot \mathbf{n} = 1$ eines Einheitsvektors **n** oder die Matrix $\mathbf{nn}^T = \mathbf{n} \cdot \mathbf{n}^T$ des Projektors auf die durch **n** definierte Richtung. Die Transposition einer quadratischen Matrix **H** und ihr symmetrischer bzw. antisymmetrischer Anteil werden mit $\mathbf{H}^T$ bzw. $\mathbf{H}_+$ bzw. $\mathbf{H}_-$ bezeichnet. Schrägstriche durch fettgedruckte Symbole bezeichnen Zuordnungen zwischen Vektoren und antisymmetrischen Tensoren: Für einen Vektor **u** bezeichnet $\mathbf{\not u}$ den zugeordneten antisymmetrischer Tensor und für einen Tensor **H** bezeicnet $\mathbf{\not H}$ den Vektor, welcher seinem antisymmetrischen Teil $\mathbf{H}_-$ zugeordnet ist. Differentialoperatoren werden manchmal unkonventionell verwendet, wie beispielsweise der ∇-Operator, wenn er bei der Divergenzbildung eines Tensorfeldes oder der Gradientenbildung eines Vektorfeldes nach links wirkt, statt wie üblich nach rechts. In solchen unkonventionellen Fällen werden die Funktionen, auf welche ein Differentialoperator wirkt, durch einen vertikalen Pfeil gekennzeichnet.

Ein Querstrich über einer Funktion, wie beispielsweise $\bar\rho$, bedeutet, dass es sich um eine glatte (beliebig oft differenzierbare) Funktion handelt. Für eine auf einem Defini-

© Springer-Verlag Berlin Heidelberg 2016
P. Halfar, *Spannungen in Gletschern*, DOI 10.1007/978-3-662-48022-9

tionsbereich Ω_{def} definierte Funktion $[\cdot]$ bezeichnen die Symbole $[\cdot]_{z=z_0(x,y)}$ oder $[\cdot]_{z=z_0}$ oder $[\cdot]_{z_0}$ eine ebenfalls auf Ω_{def} definierte und von z unabhängige Funktion, deren Werte in einem Punkt (x, y, z) durch die Werte der Funktion $[\cdot]$ in dem Punkt $(x, y, z_0(x, y))$ gegeben sind. Wird eine auf einem Definitionsbereich Ω_{def} definierte Funktion $[\cdot]$ nur auf einer Fläche Σ ($\Sigma \subset \Omega_{\text{def}}$) betrachtet, dann wird diese auf ihrem eingeschränkten Definitionsbereich Σ gegebene Funktion mit $[\cdot]_\Sigma$ bezeichnet.

A, A_T	Fließgesetzparameter, bei Temperatur T (Abschn. 11.3.5, 11.3.6, 20.3)
$\mathbf{A}$	Spannungsfunktion, von der ihre Nachfolger $\mathbf{B}$, $\mathbf{C}$ und $\mathbf{T}$ abstammen (Abschn. 6.1)
$\mathbf{A}_*$	Spannungsfunktion mit Nachfolger $\mathbf{T}_*$, erzeugt auf Σ die Randspannungen $\mathbf{t}$ und auf den Flächen Λ_μ ($\mu \neq 0$) keine Kräfte und Drehmomente (Abschn. 7.3, 16.1)
$\mathbf{A}_{**}$	Spannungsfunktion mit Nachfolger $\mathbf{T}_{**}$, erzeugt auf Σ keine Randspannungen und auf den Flächen Λ_μ die Kräfte $\mathbf{F}_\mu$ und Drehmomente $\mathbf{G}_\mu$ ($\mu \neq 0$) (Abschn. 7.3, 16.2)
$\mathbf{A}_0$	Spannungsfunktion, verschwindet zusammen mit ihren ersten Ableitungen auf Σ (Abschn. 7.3, 9.1.1, 14.3)
$\mathbf{A}_\Sigma$	Randwert von $\mathbf{A}$ auf Σ (Abschn. 7.1)
$\mathbf{A}^\bullet$	Redundanzfunktion, Spannungsfunktion mit Nachfolger $\mathbf{T}^\bullet = \mathbf{0}$ (Abschn. 6.2.1, 14.1)
$\mathbf{A}_\mu$	Spannungsfunktion, erzeugt auf Σ keine Randspannungen, auf der Fläche Λ_μ die Kraft $\mathbf{F}_\mu$ und das Drehmoment $\mathbf{G}_\mu$ ($\mu \neq 0$), auf der Fläche Λ_0 die Kraft $-\mathbf{F}_\mu$ und das Drehmoment $-\mathbf{G}_\mu$ und auf den anderen Flächen Λ_ν keine Randspannungen und also keine Kräfte und Drehmomente (Abschn. 16.2)
dA	Flächenelement (Kap. 2, Abschn. 15.1)
$\mathbf{a}$	Punkt an der Unterseite eines Tafeleisberges bzw. Ortsvektor dieses Punktes (Abschn. 11.3.2)
$\mathbf{B}$	Matrixfeld, Nachfolger von $\mathbf{A}$ (Abschn. 6.1)
$\mathbf{B}_\Sigma$	Randwert von $\mathbf{B}$ auf Σ (Abschn. 7.1)
$\mathbf{B}^\bullet$	Matrixfeld, Nachfolger von $\mathbf{A}^\bullet$ (Abschn. 6.2.1, 14.1)
$\mathbf{B}_{**}$	Matrixfeld, Nachfolger von $\mathbf{A}_{**}$ (Abschn. 16.2)
$\mathbf{B}_\mu$	Matrixfeld, Nachfolger von $\mathbf{A}_\mu$ (Abschn. 16.2)
$\mathbf{b}$	Punkt an der Unterseite eines Tafeleisberges bzw. Ortsvektor dieses Punktes (Abschn. 11.3.2)
$\mathbf{b}_1, \mathbf{b}_2, \mathbf{b}_n$	Spaltenmatrixfelder, Entwicklungskoeffizienten von $\mathbf{B}_\Sigma$ (Abschn. 15.4)
$\mathbf{C}$	Matrixfeld, Nachfolger von $\mathbf{A}$ (Abschn. 6.1)
$\mathbf{C}_\Sigma$	Randwert von $\mathbf{C}$ auf Σ (Abschn. 7.1)
$\mathbf{C}^\bullet$	Matrixfeld, Nachfolger von $\mathbf{A}^\bullet$ (Abschn. 6.2.1, 14.1)
$\mathbf{C}_{**}$	Matrixfeld, Nachfolger von $\mathbf{A}_{**}$ (Abschn. 16.2)
$\mathbf{C}_\mu$	Matrixfeld, Nachfolger von $\mathbf{A}_\mu$ (Abschn. 16.2)

C_1, C_2	Konstante in den seitlichen Randbedingungen für Tafeleisberge (Abschn. 11.3.4, Kap. 20)
$\mathbf{c}_\omega$	Schwerpunktsvektor der Eismasse im Gebiet ω (Kap. 2)
$\mathbf{c}$	Eisberg-Schwerpunktsvektor (Abschn. 11.2)
$\tilde{\mathbf{c}}$	Wassermassen-Schwerpunktsvektor (Abschn. 11.2)
$\mathbf{c}_1, \mathbf{c}_2, \mathbf{c}_n$	Spaltenmatrixfelder, Entwicklungskoeffizienten von $\mathbf{C}_\Sigma$ (Abschn. 15.4)
$\mathbf{D}$	Tensorfeld der Verzerrungsraten (Abschn. 11.3.3)
D	Invariante von $\mathbf{D}$ (Abschn. 11.3.5)
d	horizontale Verzerrungsrate (Abschn. 11.3.3)
d_c	räumlich konstante horizontale Verzerrungsrate (Abschn. 11.3.3)
div	Divergenzoperator, wird auf Vektor- oder Tensorfelder angewandt (s. (13.8))
$\mathbf{e}_1, \mathbf{e}_2, \mathbf{e}_3$	Orthonormalbasis (Kap. 12)
$\mathbf{F}_{a,b}$	Kraft auf einer vertikale Schnittfläche im Tafeleisberg (Abschn. 11.3.2)
$\tilde{\mathbf{F}}_{a,b}$	hydrostatische Kraft auf einer vertikale Schnittfläche im Tafeleisberg (Abschn. 11.3.2)
$\mathbf{F}_\Sigma, \mathbf{F}_\Sigma[\mathbf{T}]$	Kraft von $\mathbf{T}$ auf der Randfläche Σ (Abschn. 7.1)
$\mathbf{F}_\nu, \mathbf{F}_\nu[\mathbf{T}]$	Kraft von $\mathbf{T}$ auf der Randfläche Λ_ν (Abschn. 7.1)
$\mathbf{F}_\nu[\mathbf{S}]$	Kraft von $\mathbf{S}$ auf der Randfläche Λ_ν (Abschn. 8.1)
$\mathbf{F}_\nu[\mathbf{S}_{bal}]$	Kraft von $\mathbf{S}_{bal}$ auf der Randfläche Λ_ν (Abschn. 8.1)
$\mathbf{f}_1, \mathbf{f}_2$	tangentiale Basisvektoren auf Σ (Abschn. 15.1)
$\mathbf{f}^1, \mathbf{f}^2$	duale tangentiale Basisvektoren auf Σ (Abschn. 15.1)
$\mathbf{G}_{a,b}$	Drehmoment auf einer vertikale Schnittfläche im Tafeleisberg (Abschn. 11.3.2)
$\tilde{\mathbf{G}}_{a,b}$	hydrostatisches Drehmoment auf einer vertikale Schnittfläche im Tafeleisberg (Abschn. 11.3.2)
$\mathbf{G}_\Sigma, \mathbf{G}_\Sigma[\mathbf{T}]$	Drehmoment von $\mathbf{T}$ auf der Randfläche Σ (Abschn. 7.1)
$\mathbf{G}_\nu, \mathbf{G}_\nu[\mathbf{T}]$	Drehmoment von $\mathbf{T}$ auf der Randfläche Λ_ν (Abschn. 7.1)
$\mathbf{G}_\nu[\mathbf{S}]$	Drehmoment von $\mathbf{S}$ auf der Randfläche Λ_ν (Abschn. 8.1)
$\mathbf{G}_\nu[\mathbf{S}_{bal}]$	Drehmoment von $\mathbf{S}_{bal}$ auf der Randfläche Λ_ν (Abschn. 8.1)
G	Funktion zur Lösung der hyperbolischen Differentialgleichung (Abschn. 3.2)
g	Betrag der Erdbeschleunigung (10.95)
$\mathbf{g}$	Erdbeschleunigung (Kap. 2)
grad	Gradientenoperator, wird auf Skalar- oder Vektorfelder angewandt (s. (13.5))
h	Eisdicke eines Tafeleisberges (Abschn. 11.3.2, 20.4.1)
$\tilde{h}$	Eintauchtiefe eines Tafeleisberges (Abschn. 11.3.2, 20.4.1)
$\mathbf{h}$	horizontaler Normalenvektor (Abschn. 10.3.3)
I_1	Funktion in den seitlichen Randbedingungen für Tafeleisberge (Abschn. 11.3.4, 20.1)
I_2	– (Abschn. 11.3.4, 20.1)

K_1	– (Abschn. 11.3.4, 20.1)
K_2	– (Abschn. 11.3.4, 20.1)
k	Kegelvektor des Modellkegels, der von allen Integrationskegeln erzeugt wird (Abschn. 3.2)
k	Spaltenmatrixfeld auf Σ, tritt bei der Berechnung der Normalableitung $\partial_n \mathbf{A}$ auf (Abschn. 15.3)
$\mathcal{L}$	Matrixdifferentialoperator, tritt bei der Berechnung der allgemeinen Lösung der Balance- und Randbedingungen aus drei unabhängigen Spannungskomponenten auf (Abschn. 3.4.2, (17.4)–(17.64))
$\mathcal{L}_{adj}$	zu $\mathcal{L}$ adjungierter Matrixdifferentialoperator (Abschn. 3.4.3)
$\det(\mathcal{L})$	Determinante von $\mathcal{L}$, Differentialoperator (Abschn. 3.4.3)
$\mathcal{L}^{-1}$	Inverse von $\mathcal{L}$, Matrixdifferential-integraloperator zur Berechnung der allgemeinen Lösung der Balance- und Randbedingungen aus drei unabhängigen Spannungskomponenten (Abschn. 3.4.3, (17.5)–(17.67))
$[\det(\mathcal{L})]^{-1}$	Integraloperator (Abschn. 3.4.3)
$\mathbf{M}_\omega$	Moment der Eismasse im Bereich ω (Kap. 2)
$\mathbf{M}_z(\Gamma)$	Projektionsmoment, Moment der Eismasse in z-Richtung von Γ (Abschn. 4.4)
m	Eisbergmasse (Abschn. 11.2)
$\tilde{m}$	Wassermasse (Abschn. 11.2)
m_ω	Eismasse im Bereich ω (Kap. 2)
$m_z(\Gamma)$	Projektionsmasse, Eismasse in z-Richtung von Γ (Abschn. 4.4)
n	Einheitsvektor, Normalenvektor auf Σ (Kap. 2, Kap. 12, Abschn. 15.1)
ň	Normalenvektor an der horizontalen Oberfläche eines starren Gletschers (s. (10.84))
$\mathbf{n}_0, \mathbf{l}_0, \mathbf{m}_0$	am stärksten Gefälle und an der Niveaulinie ausgerichtete Orthonormalbasis an der Gletscheroberfläche (Abschn. 10.3.3)
$\mathbf{n}_1, \mathbf{l}_1, \mathbf{m}_1$	am stärksten Gefälle und an der Niveaulinie ausgerichtete Orthonormalbasis an der Gletschersohle (Abschn. 10.3.3)
P	Projektor auf die Richtung von **n** (Kap. 12, Abschn. 15.1)
p	Schweredruck des Eises (Abschn. 10.3.3, 11.1)
$\tilde{p}$	hydrostatischer Druck (Kap. 2, 11)
$\check{p}$	Schweredruck des Eises in einem starren Gletscher (Abschn. 10.3.1)
p_1	Schweredruck des Eises an der Gletschersohle (Abschn. 10.3.3)
Q	Projektor auf die Tangentialebene von Σ (Kap. 12, Abschn. 15.1)
q_1, q_2, q_3	Funktionen in der distributionellen Formulierung der hyperbolischen Differentialgleichung (Abschn. 18.6, Kap. 19)
R	Abstand von einer Drehachse (Abschn. 16.2)
R_x, R_y	Krümmungsradien der Gletscheroberfläche in x- bzw y-Richtung (Abschn. 10.3.3)
r	Ortsvektor (Kap. 2, 12)

rot	Rotationsoperator, wird auf Vektor- oder Tensorfelder angewandt (s. (13.6))
$\mathbf{r}_\Sigma$	Ortsvektor der Punkte auf Σ (Abschn. 15.1)
$d\mathbf{r}$	vektorielles Wegelement (Abschn. 15.1)
$\mathbf{S}$	Spannungstensor, Spannungstensorfeld (Kap. 2)
$\mathbf{S}'$	deviatorischer Spannungstensor, d. Spannungstensorfeld (s. (11.79), (11.38))
$\mathbf{S}_*$	Spannungstensorfeld mit drei verschwindenden Komponenten (Abschn. 8.2.1, 9.1.2, (17.9)–(17.71))
$\mathbf{S}'_*$	deviatorisches Spannungstensorfeld, entsteht aus $\mathbf{S}_*$ (s. (8.6))
S'	Invariante von $\mathbf{S}'$ (Abschn. 11.3.5)
$\hat{\mathbf{S}}$	quasistarres Spannungstensorfeld (Abschn. 10.3.3)
$\check{\mathbf{S}}$	Spannungstensorfeld in einem starren Gletscher (Abschn. 10.3.1)
$\tilde{\mathbf{S}}$	hydrostatischer Tensor (Kap. 11)
$\mathbf{S}_a, \ldots \mathbf{S}_h$	Spannungstensorfelder mit drei verschwindenden Komponenten (s. (17.9)–(17.71))
$\mathbf{S}_b$	Spannungstensorfeld mit verschwindenden xx-, yy- und xy-Komponenten (Abschn. 5.1, (17.17), Abschn. 10.1.1)
$\mathbf{S}_{\text{bal}}$	Spannungstensorfeld, spezielle Lösung der Balancebedingungen (Kap. 2)
$\mathbf{S}_e$	Spannungstensorfeld mit verschwindenden nicht-diagonalen Komponenten (Abschn. 5.2, (17.41), (10.27))
$\mathbf{S}_f$	Spannungstensorfeld mit verschwindenden deviatorischen xx-, yy- und xy-Komponenten (Abschn. 10.1.3, (17.49))
s	Randspannung auf Σ (Kap. 2)
$\mathbf{T}$	gewichtsloses Spannungstensorfeld, stammt von $\mathbf{A}$ ab (Kap. 2, Abschn. 6.1)
$\mathbf{T}_*$	gewichtsloses Spannungstensorfeld, stammt von $\mathbf{A}_*$ ab (Abschn. 7.3, 16.1)
$\mathbf{T}_{**}$	gewichtsloses Spannungstensorfeld, stammt von $\mathbf{A}_{**}$ ab (Abschn. 7.3, 9.1.1, 10.2, 16.2)
$\mathbf{T}_0$	gewichtsloses Spannungstensorfeld, stammt von $\mathbf{A}_0$ ab (Abschn. 7.3, 9.1.1)
$\mathbf{T}_\mu$	gewichtsloses Spannungstensorfeld, stammt von $\mathbf{A}_\mu$ ab (Abschn. 16.2, (16.13))
$\mathbf{T}^\bullet$	verschwindendes Spannungstensorfeld, stammt von $\mathbf{A}^\bullet$ ab (Abschn. 6.2.1)
t	Randspannungen von $\mathbf{T}$ auf Σ (Kap. 2)
$\mathbf{v}$	Fließgeschwindigkeit des Eises (Abschn. 11.3.3)
dV	Volumenelement (Kap. 2)
$\mathbf{w}_\mu$	Vektorfeld zur Berechnung von $\mathbf{A}_\mu$ (Abschn. 16.2)
$x_0(y,z)$	Funktion zur Darstellung der freien Gletscheroberfläche (Abschn. 18.1)
x', y', x'_1, x'_2	krummlinige Flächenkoordinaten auf Σ (Abschn. 15.1)

$y_0(x, z)$	Funktion zur Darstellung der freien Gletscheroberfläche (Abschn. 18.1)
$z_0(x, y)$	Funktion zur Darstellung der freien Gletscheroberfläche ((15.16), Abschn. 11.1, 18.1)
$z_1(x, y)$	Funktion zur Darstellung der Gletschersohle (Abschn. 10.3.3, 11.1)
α_x, α_y	Oberflächenneigungswinkel in x- bzw. y-Richtung (Abschn. 10.3.3)
α_{max}	Oberflächenneigungswinkel in Richtung maximalen Gefälles (Abschn. 10.3.3)
β_{max}	Neigungswinkel der Sohle in Richtung maximalen Gefälles (Abschn. 10.3.3)
Γ	orientierte Fläche im Gletscher (Abschn. 4.1)
$\partial\Gamma$	orientierte Randkurve von Γ (Abschn. 4.1)
Δ	Differenz der Verzerrungsraten an Ober- und Unterseite eines Tafeleisberges (Abschn. 11.3.3)
δ	Diracsche Deltafunktion (Abschn. 3.1, 18.2)
δ'	Ableitung der Deltafunktion (Abschn. 18.2)
δ''	zweite Ableitung der Deltafunktion (Abschn. 18.2)
δ_{ij}	Kronecker-Symbol (Kap. 12)
ϵ	Funktion (Abschn. 10.3.3)
ϵ_{ijk}	antisymmetrische Tensorkomponenten (Kap. 12)
θ	Heaviside- oder Sprungfunktion (Abschn. 3.1, 18.2)
K_x, K_y, K_z	Integrationskegel von ∂_x^{-1} usw. (Abschn. 8.2.2)
K_{xy}, K_{yz}, K_{xz}	Integrationskegel von $\partial_x^{-1}\partial_y^{-1}$ usw. (Abschn. 8.2.2)
K_{xyz}	Integrationskegel von $\partial_x^{-1}\partial_y^{-1}\partial_z^{-1}$ (Abschn. 8.2.2)
$K_z^{\odot}$	Integrationskegel von $\square_z^{-1}$ (Abschn. 8.2.2)
K_{xz}'	Integrationskegel von $(\partial_x^2 - 2\partial_z^2)^{-1}$ (Abschn. 8.2.2)
K_{xz}''	Integrationskegel von $(\partial_x^2 - 2\partial_z^2)^{-1}$ (Abschn. 8.2.2)
K_{yxz}'	Integrationskegel von $\partial_y^{-1}(\partial_x^2 - 2\partial_z^2)^{-1}$ (Abschn. 8.2.2)
K_{yxz}''	Integrationskegel von $\partial_y^{-1}(\partial_x^2 - 2\partial_z^2)^{-1}$ (Abschn. 8.2.2)
Λ	Randfläche unbekannter Randspannungen, liegt auf $\partial\Omega$ (Abschn. 7.1)
Λ_ν	separate, zusammenhängende Teile von Λ (Abschn. 7.1)
$\partial\Lambda_\nu$	geschlossene Randkurve von Λ_ν (Abschn. 7.1)
λ	dimensionslose vertikale Koordinate in einem Tafeleisberg (Abschn. 11.3.2)
λ_*	dimensionslose vertikale Koordinate verschwindender Verzerrungsraten in einem Tafeleisberg (Abschn. 11.3.3)
$\lambda_{C_1}(\Delta)$	Niveaulinie der Funktion I_1 zum Wert C_1 als Funktion von Δ (Abschn. 20.1)
ρ	Eisdichte (Kap. 2)
$\breve{\rho}$	horizontal homogene Eisdichte in einem starren Gletscher (Abschn. 10.3.1)
ρ_c	räumlich konstante Eisdichte (Abschn. 10.3.3, 11.3.6, 20.4.2)
$\tilde{\rho}$	Wasserdichte (Kap. 11, Abschn. 20.4.1)
$\tilde{\rho}_c$	räumlich konstante Wasserdichte (Abschn. 11.3.6, 20.4.2)

Σ	Randfläche, auf der die Randspannungen vorgegeben sind (Kap. 2, Abschn. 18.1)
$\check{\Sigma}$	horizontale freie Oberfläche eines starren Gletschers (Abschn. 10.3.1)
Σ_0	Gletscheroberseite (Abschn. 11.1)
Σ_1	Gletschersohle, -unterseite (Abschn. 10.3.3, 11.1)
$\Sigma_\perp$	senkrechte Grenzfläche (Abschn. 11.1)
σ	deviatorische Longitudinalspannung (Abschn. 11.3.2)
τ	Testfunktion (Abschn. 3.5.2)
Φ	allgemeine Fließgesetzfunktion im horizontal isotrop-homogenen Fall (Abschn. 11.3.4)
$\check{\Phi}$	Funktion zur Charakterisierung einer Eigenschaft von Φ (Abschn. 11.3.4)
ϕ	Winkelkoordinate bezüglich einer Drehachse (Abschn. 16.2)
χ	Distribution (Abschn. 3.5.2)
χ	Funktion zur Analyse der Verzerrungsraten in einem Tafeleisberg (Abschn. 11.3.4, 20.1)
χ	Funktion, Lösung der hyperbolischen Differentialgleichung mit Randbedingungen (Kap. 19)
χ	Interpolationsfunktion, dient zur Konstruktion eines nicht singulären Vektorfeldes $\mathbf{w}_\mu$ (Abschn. 16.2)
ψ	glatte Funktion (Abschn. 18.3–18.6)
Ω	betrachteter Gletscherbereich (Kap. 2, Abschn. 18.1)
$\partial\Omega$	geschlossene Berandung von Ω (Kap. 2)
Ω_{def}	Definitionsbereich, enthält Ω (Abschn. 3.4.1, 18.1)
Ω_{ext}	externer Teilbereich von Ω_{def} (Abschn. 3.4.1, 18.1)
ω	Teilbereich von Ω (Kap. 2)
$\partial\omega$	geschlossene Berandung von ω (Kap. 2)
$\omega_z(\Gamma)$	in z-Richtung geworfener Projektionsschatten von Γ (Abschn. 4.1)
∇	Nablaoperator (s. (13.1))
$\overset{\vee}{\nabla}$	Rotationsoperator (s. (13.2), Abschn. 15.2)
∂_n	Ableitung in Richtung der Flächennormale $\mathbf{n}$ (s. (13.3), Abschn. 15.2)
∂_1', ∂_2'	Differentialoperatoren auf Σ (Abschn. 15.2)
$\partial_x^{-1}, \partial_y^{-1}, \partial_z^{-1}$	Integraloperatoren (Abschn. 3.1)
$(\mathbf{a}\nabla)^{-1}, (\mathbf{a}\nabla)^{-1*}$	Integraloperatoren (Abschn. 3.2, 3.5.2)
$\Box_z$	hyperbolischer Differentialoperator (Abschn. 3.2)
$\Box_z^{-1}, \Box_z^{-1*}$	Integraloperatoren (Abschn. 3.2, 3.5.2)

Literatur

1. Goldstein, H.: Klassische Mechanik. Akademische Verlagsgesellschaft, Wiesbaden (1978)

2. Gurtin, M.E.: The Linear Theory of Elasticity. In: Truesdell, C. (Hrsg.) Festkörpermechanik II, S. 1–296. In Flügge, S. (Hrsg.) Handbuch der Physik, Band VIa/2. Springer-Verlag, Berlin (1972)

3. Nye, J.F.: A comparison between the theoretical and the measured long profile of the Unteraar Glacier. J. Glaciol. **2**, 103–107 (1952)

4. Paterson, W.S.B.: The Physics of Glaciers. Elsevier, Oxford (1994)

5. Serrin, J.: Mathematical Principles of Fluid Mechanics. In: Truesdell, C. (Hrsg.) Strömungsmechanik I, S. 125–263. In Flügge, S. (Hrsg.) Handbuch der Physik, Band VIII/1. Springer-Verlag, Berlin (1959)

Printed in the United States
By Bookmasters